Tarsilla Gerthsen

Chemie für den Maschinenbau 2

Organische Chemie für Kraft- und Schmierstoffe

Polymerchemie für Polymerwerkstoffe

Chemie für den Maschinenbau 2

Organische Chemie für Kraft- und Schmierstoffe
Polymerchemie für Polymerwerkstoffe

von
Tarsilla Gerthsen

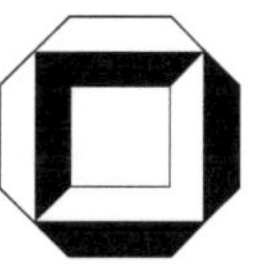

universitätsverlag karlsruhe

Anschrift der Autorin:

Dr. rer. nat.
Tarsilla Gerthsen
Strählerweg 95
76227 Karlsruhe

Impressum

Universitätsverlag Karlsruhe
c/o Universitätsbibliothek
Straße am Forum 2
D-76131 Karlsruhe
www.uvka.de

Universitätsverlag Karlsruhe 2008
Print on Demand

Satz: Steve Faraday, www.faraday-grafikdesign.de

ISBN: 978-3-86644-080-7

Vorwort

Dem vorliegenden Buch ‚Chemie für den Maschinenbau 2‘
  Organische Chemie für Kraftstoffe, Schmierstoffe und Polymerwerkstoffe
  Polymerchemie für Polmerwerkstoffe

geht das Buch ‚Chemie für den Maschinenbau 1‘
  Anorganische Chemie für Werkstoffe und Verfahren

voraus, in dem u.a. für den Studenten des Maschinenbaus eine Einführung in die ‚Chemie im Nebenfach‘ gegeben wird.

Für die während des Maschinenbaustudiums in einem höheren Semester angebotene Vorlesung ‚Polymerwerkstoffe‘ wurde von den Studenten stets der Wunsch vorgebracht, zunächst eine kurze Einführung in die ‚Organische Chemie‘ zu erhalten.

Im → Teil 1, Kapitel 1 werden daher zunächst die für dieses Buch notwendigen ‚Grundkenntnisse aus der Organischen Chemie‘ behandelt. Das → Kapitel 2: ‚Kraftstoffe und Schmierstoffe aus Kohle, Erdöl und Erdgas‘ war nicht nur Inhalt der Vorlesung, sondern zugleich die Vorbereitung für die Besichtigung eines Kohlekraftwerks und einer Ölraffinerie. Stets konnte man das Nebeneinander von Maschinenbauingenieuren und Chemikern feststellen.

Im → Teil 2, Kapitel 3 sind der Aufbau und die Strukturen der Polymere beschrieben, um anschließend im → Kapitel 4 auf die ‚Polymerwerkstoffe‘ im Einzelnen eingehen zu können. Im Hinblick auf das ‚Konstruieren mit Polymerwerkstoffen‘ ist der Schwerpunkt auf das mechanische und thermische Verhalten sowie auf das Langzeitverhalten gelegt.

Ausgewählte Basispolymere für Polymerwerkstoffe sind im → Kapitel 5 angegeben, im → Kapitel 6 Polysiloxane und im → Kapitel 7 Verbundwerkstoffe.

Für dieses fächerübergreifende Manuskript haben Herr Professor Dr.-Ing. A. Jess (vormals Engler-Bunte-Institut, Chemie und Technik von Gas, Erdöl, Kohle, Universität (TH) Karlsruhe), Herr Dr. Maurer (BASF, Ludwigshafen), Herr Dr.-Ing. Heiko Kubach (Institut für Kolbenmaschinen, Universität (TH) Karlsruhe), Herr Dr. rer. nat. Erich Mallon (Institut für Chemische Technik, Universität (TH) Karlsruhe), sowie Herr Thomas Meins (Institut für Polymerchemie, Universität (TH) Karlsruhe) ihr Fachwissen eingebracht. Ihnen möchte ich sehr herzlich danken für wertvolle Anregungen und Ratschläge sowie für Durchsicht, Verbesserungen und Ergänzungen einzelner Abschnitte.

Herzlichen Dank Herrn Prof. Dr. Dieter Eckhartt (Physiker) und Herrn Prof. Dr. Bernhard Ziegler (Physiker), sie haben sich der Mühe unterzogen, das ganze Manuskript durchzulesen und konnten überprüfen, ob das Manuskript auch für ‚Fachfremde‘ verständlich ist.

Karlsruhe, Frühjahr 2008   *Tarsilla Gerthsen*

Inhalt

Teil 1 — Seite

**Organische Chemie
für Kraftstoffe, Schmierstoffe und Polymerwerkstoffe**

Teil 2

Teil 1

Organische Chemie
für Kraftstoffe, Schmierstoffe
und Polymerwerkstoffe

1 Grundkenntnisse aus der Organischen Chemie

Einführung

Historisches
Anfang des 19. Jahrhunderts wurden die Stoffe in anorganische und organische Stoffe unterteilt:
Anorganische Stoffe sind Stoffe, die aus der leblosen Natur stammen z.B. aus dem Mineralreich wie Metalle, Oxide (Korund), Salze (Steinsalz), doch auch Wasser, Sauerstoff, Wasserstoff, Stickstoff u.a.
Organische Stoffe sind Stoffe, die nur von lebenden Systemen synthetisiert werden können, sie kommen also nur im Tier- und Pflanzenreich vor. Beispiele sind Holz, Wolle, Leder, Fette u.a. Man sagte damals, organische Stoffe können nicht synthetisiert werden. Diese Vorstellung wurde 1828 von dem deutschen Chemiker *Friedrich Wöhler (1800–1882)* widerlegt, ihm gelang es, aus der anorganischen Verbindung Ammoniumcyanat durch Erhitzen im Reagenzglas das Stoffwechselprodukt Harnstoff herzustellen.
Die Einteilung in anorganische und organische Stoffe hat sich auch später als sinnvoll erwiesen und wurde bis heute beibehalten.

Einige wenige Grundkenntnisse und Begriffe aus der *Organischen Chemie* sollten für den Studenten des Maschinenbaus insofern von Interesse sein, als sie für Eigenschaften und Reaktionsverhalten organisch-technischer Produkte, wie Kraftstoffe, Schmierstoffe und insbesondere auch für die im → Teil 2 zu besprechenden Polymerwerkstoffe ein besseres Verständnis vermitteln. Auch haben viele organisch-chemische Bezeichnungen, vor allem bei den Polymerwerkstoffen in die Umgangssprache Eingang gefunden. Beispiele sind Polyethylen PE, Polyamid PA, Polyester PET. Diese Bezeichnungen beziehen sich auf die organische Grundsubstanz und haben daher eine bestimmte Aussagekraft.

Die Polymerwerkstoffe selbst werden wegen ihres makromolekularen Aufbaus erst im → Teil 2 behandelt. Sie unterscheiden sich von den im vorliegenden → Teil 1 besprochenen so genannten niedermolekularen organischen Verbindungen, beispielsweise im Aufbau und in der Struktur, was zu völlig anderen, neuen Eigenschaften führt.

Im → Teil 1, Kapitel 1 ‚Grundkenntnisse aus der Organischen Chemie'

wird das Wesentliche und Notwendige über Organische Verbindungen beschrieben. Eine Übersicht gibt → Abb. 4.

Neben der Nomenklatur, empfohlen von der IUPAC (International Union of Pure and Applied Chemistry) sind die in der Technik noch weit verbreiteten historischen Namen – Trivialnamen – angegeben, z.B. Acetylen für Ethin, Glyzerin für Propan-1,2,3-triol.

Auf chemische Reaktionsmechanismen wird weitgehend verzichtet.

Allgemeine chemische Grundkenntnisse s. → Chemie für den Maschinenbau. Buch 1, Anorganische Chemie für Werkstoffe und Verfahren

Im → Teil 1, Kapitel 2 ‚Kraftstoffe und Schmierstoffe aus Kohle, Erdöl und Erdgas' wird auf die Bedeutung von Kohle, doch insbesondere von Erdöl und Erdgas als Energieträger z.B. auf Kraftstoffe hingewiesen. Doch nicht weniger wichtig ist ihre Bedeutung als Rohstoffquelle für die Gewinnung organischer Chemieprodukte wie z.B. für Schmierstoffe.

Die wichtigsten Kohleveredelungsverfahren und die Verfahren zur Erdöl- und Erdgasverarbeitung werden kurz gestreift. Technische Einzelheiten sollen der Verfahrenstechnik vorbehalten bleiben.

Die jeweils skizzierte erdgeschichtliche Entstehungsgeschichte von Kohle, Erdöl und Erdgas macht deutlich, dass die auf unserer Erde uns zur Verfügung stehenden Ressourcen sich nicht nachbilden können und daher *endlich* sind.

Die Organische Chemie ist die Chemie der Kohlenstoffverbindungen

Die Natur bevorzugt relativ stabile Anordnungen. Chemisch ausgedrückt heißt dies, die Natur bevorzugt energiearme, reaktionsträge Verbindungen. Dies gilt nicht nur für anorganische Stoffe sondern insbesondere auch für die organischen Stoffe aus dem Tier- und Pflanzenreich. Andererseits werden für die Synthese dieser organischen Stoffe reaktionsfähige Zwischenverbindungen benötigt. Warum der Kohlenstoff sich in einzigartiger Weise dafür eignet, darüber gibt die Stellung des Elements Kohlenstoff im Periodensystem Auskunft.

» *Kohlenstoff steht in der vierten Hauptgruppe des Periodensystems*

Kohlenstoff verfügt über vier Valenzelektronen ($[He]2s^2 2p^2$), d.h. über die Hälfte der maximal acht möglichen Elektronen auf der äußersten Schale, der Valenzschale. Alle vier Valenzelektronen sind bindungsfähig und können, wie das Molekül Methan CH_4 zeigt, *vier einfache Atombindungen* z.B. mit vier Wasserstoffatomen ausbilden. Die räumliche Anordnung der vier Einfachbindungen um das Kohlenstoffatom im Methanmolekül weist jeweils in die vier Ecken eines Tetraeders s. → Abb. 1.

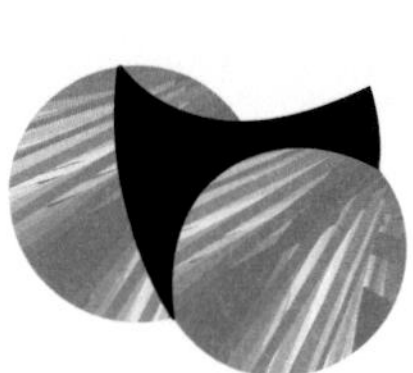

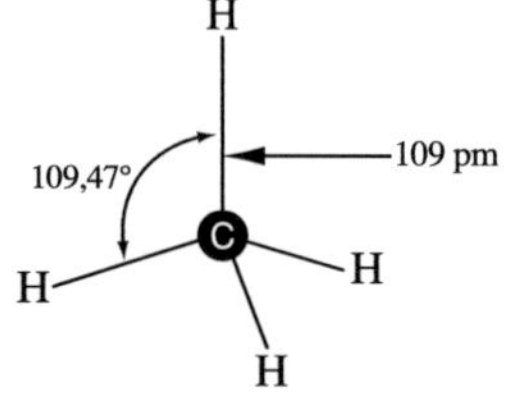

a Kalottenmodell   b Stäbchenmodell

Abb. 1 Der räumliche Aufbau des Methanmoleküls CH_4
a Das Kalottenmodell gibt eine Vorstellung von der Raumausfüllung im Methanmolekül.
Quelle BASF AG, Ludwigshafen/Rhein, Kunststoffwerkstoffe im Gespräch. Aufbau und Eigenschaften.
b Das Stäbchenmodell ist überschaubarer. Die Länge einer C–H-Bindung beträgt 109 pm.

Die Atombindung ist eine relativ starke von Nichtmetallatom zu Nichtmetallatom ‚gerichtete' Bindung. In den entsprechenden Abschnitten wird darauf gesondert eingegangen: s. → Abschn. 1.1.1, 1.1.2 und 1.2.1. Siehe auch ‚Vierbindigkeit des Kohlenstoffs. Der räumliche Aufbau von Kohlenstoffverbindungen' im → Buch 1, Abschn. 4.2.1, Seite 149.

» *Kohlenstoff ist ein Ketten- und Ringbildner*

Kohlenstoff verfügt über die Fähigkeit, mit sich selbst Bindungen einzugehen und kann eine Vielzahl von Molekülen mit C–C-Ketten und C–C-Ringen bilden.

Wie sich aus der tetraedrisch angeordneten Vierbindigkeit des Kohlenstoffatoms sowohl eine ketten- wie eine ringförmige Anordnung ergibt, ist bereits in der Diamant-Struktur angelegt. Die verschiedenen Anordnungen sind in der → Abb. 2 verstärkt eingezeichnet.

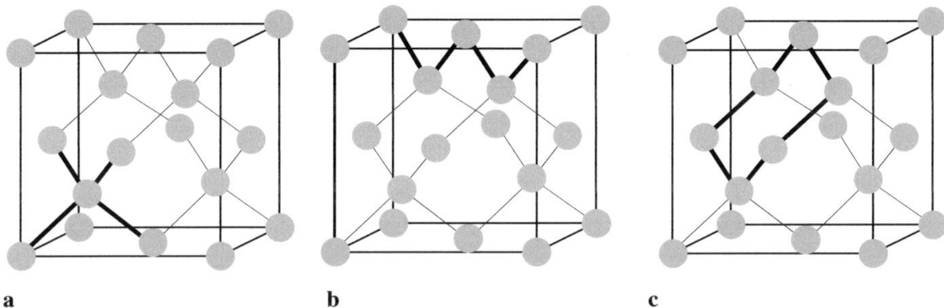

Abb. 2 Diamant-Struktur in der gitterhaften Darstellung
Zeichnung von Dipl. Ing.(BA) Carsten Lanz (s. auch → Buch 1, Abb. 4.30, Seite 161)
a Tetraedrische Anordnung der vier Kohlenstoff-Einfachbindungen. Die Länge einer C–C-Bindung beträgt 154 pm.
b eine Kohlenstoffkette ist eingezeichnet.
c Aus der Diamant-Struktur lässt sich auch eine ringförmige Anordnung, eine Sesselform der Kohlenstoffatome ableiten.

» *Kohlenstoff steht in der zweiten Periode*

Das Kohlenstoffatom ist relativ klein. Kohlenstoff hat die Fähigkeit zur Ausbildung von C=C-Doppel- und C≡C-Dreifachbindungen. Diese Eigenschaft fehlt dem größeren Siliciumatom, das im Periodensystems unter Kohlenstoff steht, also in der dritten Periode mit ebenfalls vier Valenzelektronen.

Organische Verbindungen mit C=C-Doppel- und C≡C-Dreifachbindungen sind für die Organische Chemie von besonderer Bedeutung. Diese Verbindungen haben das Bestreben wieder in die relativ reaktionsträge, energetisch stabile Anordnung von vier Einfachbindungen überzugehen. Es sind daher Verbindungen, die sich auch als Ausgangs- und Zwischenprodukte zur Herstellung organischer Verbindungen eignen.

Kohlenstoff bildet nicht nur C=C-Doppel- und C≡C-Dreifachbindungen, sondern auch eine

• Doppelbindung mit Sauerstoff und eine
• Dreifachbindung mit Stickstoff.

Beispiele:
Ethen $H_2C=CH_2$, Ethin (Acetylen) $HC≡CH$, Formaldehyd $H_2C=O$, Essigsäurenitril (Acetonitril) $H_3C– C≡N$

Das zweite wichtige Element in der Organischen Chemie ist der Wasserstoff

Wasserstoffatome fehlen in fast keiner organischen Verbindung. Da nahezu alle organischen Moleküle H–C-Bindungen enthalten und das Wasserstoffatom zum vorhandenen Elektron in seiner Valenzschale nur noch ein Elektron aufnehmen kann, geht Wasserstoff auch nur *eine* Atombindung mit Kohlenstoff ein. Während die Kohlenstoffatome die Kette bzw. den Ring des Moleküls bilden, befinden sich die H-Atome an der Oberfläche und sind daher stets nach außen gerichtet (s. → Abb. 3).

Kohlenstoff bildet mit Wasserstoff die große Gruppe der Kohlenwasserstoffe (s. → Abb. 4).

Aus dem tetraedrisch-räumlichen Aufbau der Bindungen um das Kohlenstoffatom ergibt sich, dass ein Kettenmolekül oder ein Ring aus Kohlenstoffatomen nicht in der Ebene, sondern räumlich aufzuzeichnen wäre. Ein Beispiel ist in der → Abb. 3 für die Moleküle Hexan und Cyclohexan angegeben. Diese Schreibweise lässt sich in der Praxis für die chemischen Formeln in der Organischen Chemie nicht realisieren. Ketten- und ringförmige Moleküle werden in die Ebene projiziert.

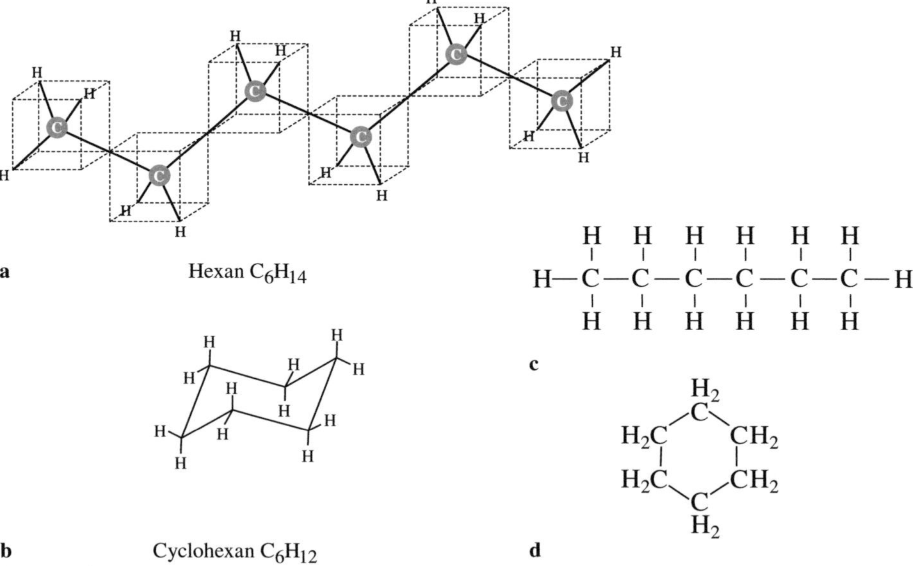

Abb. 3 Kohlenstoff ist ein Kettenbildner (a) und ein Ringbildner (b). (c) und (d) geben die Formeln in die Ebene projiziert an.

Weitere Nichtmetallatome in der Organischen Chemie

Verbindungen mit den Heteroatomen Sauerstoff, Stickstoff, Schwefel und Halogene führen in der Organischen Chemie zu weiteren Verbindungsklassen (s. → Abb. 4 und Tabelle 1.4, Seite 41).

Einteilung der organischen Verbindungen, wie sie in diesem Buch angewendet wird.

Einteilung der organischen Verbindungen im → Teil 1, Kapitel 1:

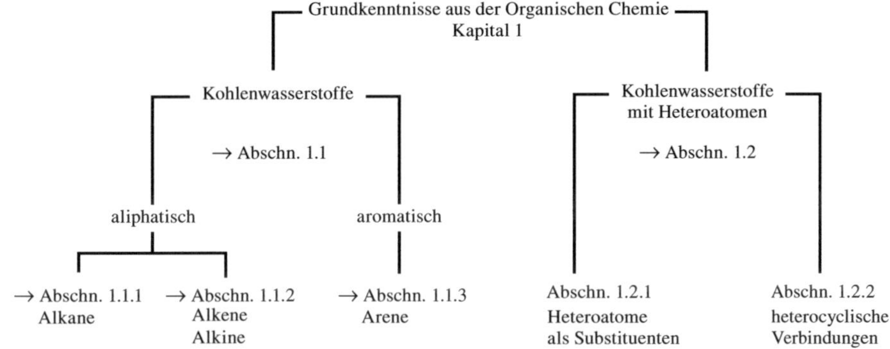

Abb. 4 Einteilung der organischen Verbindungen

» *Kohlenwasserstoffe*

Kohlenwasserstoffe nennt man organische Verbindungen, die nur aus Kohlenstoff- und Wasserstoffatomen bestehen. Man unterscheidet aliphatische und aromatische Kohlenwasserstoffe.

Historisches
Der Name ‚aliphatisch', gr. aleiphar Fett, Öl, stammt aus einer Zeit als man die Fette als typische Vertreter der kettenförmigen Kohlenwasserstoff-Verbindungen betrachtet hat. Heute kennt man in dieser Verbindungsklasse auch cyclische (alicyclische) Verbindungen.

   Der Begriff ‚aromatisch', gr. aromaticos würzig, geht auf das 1824 von *Faraday (Michael Faraday 1791–1867, Physiker und Chemiker, England)* im Leuchtgas entdeckte, charakteristisch ‚aromatisch' riechende Benzol zurück. Der Wortteil ‚Benz' erinnerte an das nach Weihrauch duftende Baumharz des *Benz*oebaums. Die Endung –ol wurde aus dem lateinischen Wort oleum für Öl übernommen, sie ist heute der Verbindungsklasse der Alkohole vorbehalten. Erst 1865 hat Kekulé *(Friedrich August Kekulé von Stradonitz 1829–1896, Chemiker, Deutschland)* eine Strukturformel für Benzol aufgestellt.

Aliphatische Kohlenwasserstoffe

Bei den aliphatischen Kohlenwasserstoffen unterscheidet man zwischen den Alkanen, den *gesättigten* Kohlenwasserstoffen sowie den Alkenen und Alkinen, den *ungesättigten* Kohlenwasserstoffen.

- Bei den *Alkanen* wird die Vierbindigkeit des C-Atoms voll ausgenützt. Die Diamant-Struktur liefert dazu das Grundmuster sowohl für die kettenförmige wie für die ringförmige Anordnung (s. → Abb. 2).

- Bei den *Alkenen* und *Alkinen* kommt die Fähigkeit des Kohlenstoffs zu Doppel- und Dreifachbindungen zur Anwendung. Bei der gleichen Anzahl an Kohlenstoffatomen verfügen sie über weniger Wasserstoffatome als die Alkane.

Historisches
Eine historische Bezeichnung der Alkane ist Paraffine (lat. parum affinis zu wenig, nicht genug beteiligt). Für Alkene wird häufig noch die Bezeichnung Olefine angegeben, was ‚Ölbildner' bedeutet. Die ehemals bekannten Halogenverbindungen der ungesättigten Verbindungen bildeten ölige Produkte. Alkine werden auch Acetylene genannt, da Acetylen der bekannteste Vertreter dieser Verbindungsklasse ist.

Aromatische Kohlenwasserstoffe

Die aromatischen Kohlenwasserstoffe klassifizieren eine weitere wichtige Gruppe von organischen Verbindungen. Den im Ring angeordneten Kohlenstoffatomen liegt ein besonderes Bindungssystem zugrunde, wie es in der Graphit-Struktur vorgegeben ist s. → Abb. 5. *Benzol* mit dem charakteristischen π-Elektronensextett ist der einfachste Vertreter. Für Benzol werden die sechs π-Elektronen, die ebenfalls wie im Graphit, nicht einem bestimmten Kohlenstoffatom zugeordnet d.h. delokalisiert sind, mit einem Kreis gekennzeichnet.

Anmerkung: Benzol, auch Benzen genannt: Der Wortteil ‚Benz' wurde aus der Bezeichnung Benzol beibehalten und mit der Endsilbe ‚en' verbunden als Ausdruck dafür, dass jedes Kohlenstoffatom nicht vier Einfachbindungen, sondern nur drei Einfachbindungen ausbildet wie in den Alkenen.

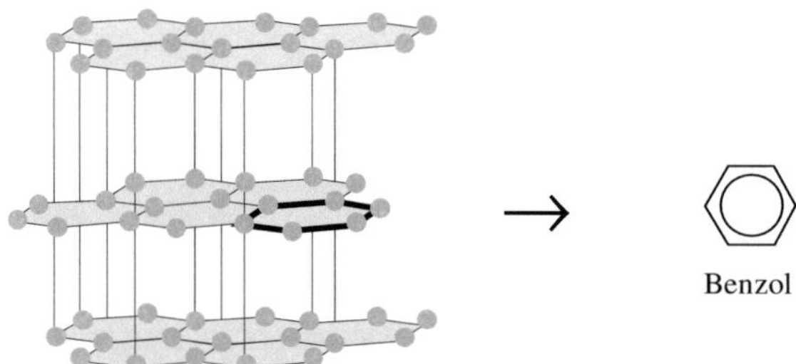

Abb. 5 Graphit-Struktur.
Zeichnung von Dipl. Ing.(BA) Carsten Lanz.
Die Graphit-Struktur ist im Vergleich zur Diamant-Struktur in Abb. 4 verkleinert: Die Länge einer C–C-Bindung im Graphit beträgt 142 pm, der Abstand der Sechseckschichten beträgt 335 pm. In der Sechseckschichtstruktur des Graphits ist ein Sechsring hervorgehoben, wie er bei aromatischen Kohlenwasserstoffen z.B. bei Benzol vorliegt.

» *Kohlenwasserstoffe mit Heteroatomen*
    gr. hetero andersartig, verschiedenartig

Die Heteroatome Sauerstoff, Stickstoff, Schwefel und Halogene können

- Wasserstoffatome substituieren und können – außer den Halogenen – auch als
- Ringglied eingebaut sein. Diese Verbindungen nennt man *heterocyclische Verbindungen* s. → Abb. 4.

Zusammenfassung

Kohlenwasserstoffe und Kohlenwasserstoffe mit Heteroatomen ermöglichen in der Organischen Chemie unzählige verschiedene organische Verbindungen. Sie übersteigen bei weitem die Anzahl der anorganischen Verbindungen.

Nicht nur in der Tier- und Pflanzenwelt, sondern auch bei organisch-technischen Produkten sind Kohlenstoff, Wasserstoff und die erwähnten Heteroatome die wichtigsten Elemente. Allerdings hat die Natur durch ihre Biokatalysatoren (Enzyme) den Vorteil, komplizierte Substanzen und Strukturen zu synthetisieren. Für technische Produkte setzt dagegen das Gebot des ‚ökonomisch noch Machbaren' eine Grenze.

Hinweis: Im Vergleich zur Vielzahl der organischen Kohlenstoffverbindungen gibt es relativ wenig Kohlenstoffverbindungen, die der Anorganischen Chemie zugerechnet werden. Zur Anorganischen Chemie gehören Diamant, Graphit, Fullerene, die Oxide CO und CO_2 sowie die Carbide und Carbonate, z.B. CaC_2 und $CaCO_3$. Eine Zwischenstellung zwischen Anorganischer und Organischer Chemie nehmen die Kohlenstoffverbindungen mit Halogenen, z.B. Tetrachlorkohlenstoff CCl_4, mit Schwefel, z.B. Schwefelkohlenstoff CS_2 und mit Stickstoff, z.B. Cyanide wie Kaliumcyanid KCN ein.

1.1   Kohlenwasserstoffe

1.1.1 Alkane
Gesättigte Kohlenwasserstoffe

Alkane sind – was ihren Aufbau anbetrifft – die einfachsten organischen Verbindungen. Diese Verbindungsklasse ist in der → Tabelle 1.1 dargestellt: sie beginnt mit dem niedrigsten Glied, dem Methan CH_4. Wird formal ein H-Atom im Methanmolekül durch eine CH_3-Gruppe ersetzt, so wird die Kohlenstoffkette um ein C-Atom verlängert. Wird ein endständiges H-Atom wiederum durch eine CH_3-Gruppe ersetzt, so entsteht das nächste Glied der Kohlenstoffkette mit insgesamt drei C-Atomen usw. usw.

Die Kohlenstoff-Wasserstoff-Einfachbindung

Im Methanmolekül CH_4 bildet Kohlenstoff vier einfache Atombindungen mit je einem Wasserstoffatom aus s. → Abb. 1.1 b. Diese Vierbindigkeit und der tetraedrische Aufbau des Moleküls können mit dem sonst üblichen Orbitalmodell nicht erklärt werden. Für die vier gleichwertigen Atombindungen mit den Wasserstoffatomen müssen dem Kohlenstoffatom vier gleichwertige ungepaarte Elektronen zur Verfügung stehen. Dazu wird ein verfeinertes Modell, das *Hybridisierungsmodell* angegeben. In der → Abb. 1.1 a ist die Ausbildung der vier so genannten $2sp^3$-Hybridorbitale in der Kästchenschreibweise dargestellt. Dazu wird das 2s-Orbital mit den drei 2p-Orbitalen zu vier gleichwertigen Orbitalen kombiniert, d.h. zu vier $2sp^3$-Hybridorbitalen ‚gemischt'. Ihre Energieniveaus liegen etwas unterhalb der ursprünglichen 2p-Orbitale. Jedes der vier entstandenen $2sp^3$-Hybridorbitale ist mit einem ungepaarten Elektron besetzt.

(lat. hybrid gemischt, aus Verschiedenem zusammengesetzt)

Die Form eines $2sp^3$-Hybridorbitals wird graphisch als eine einfache Keule dargestellt, im Gegensatz zur Doppelkeule (s. → Abb. 1.1 c) für ein 2p-Orbital (s. auch → Buch 1, Abb. 3.7, Seite 42). Die vier keulenförmigen $2sp^3$-Hybridorbitale, d.h. die vier Raumbereiche (Elektronenwolken) im CH_4-Molekül, in denen sich die Elektronen aufhalten, stoßen sich gegenseitig ab und richten sich in die vier Ecken eines regulären Tetraeders aus.

Die H–C-Einfachbindung ist eine nahezu *unpolare* Atombindung. Der Unterschied der Elektronegativitäten (EN) zwischen Kohlenstoff (EN 2,5) und Wasserstoff (EN 2,2) beträgt $\Delta EN = 0,3$. Der Unterschied ist also relativ gering, somit treten keine nennenswerten Ladungsverschiebungen zwischen C- und H-Atomen auf. Diese einfache, unpolare Atombindung ist eine gerichtete, relativ starke Bindung. Anschaulich ausgedrückt spricht man von einem gemeinsamen oder bindenden Elektronenpaar.

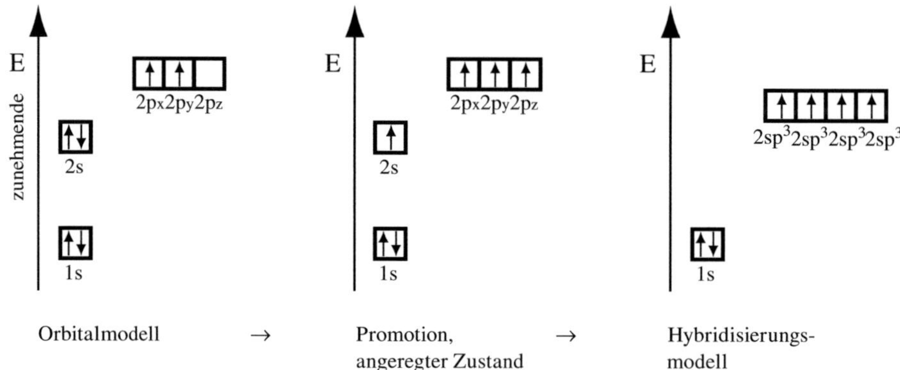

Orbitalmodell   →   Promotion,   →   Hybridisierungs-
angeregter Zustand   modell

a Das 2s-Orbital wird mit den drei 2p-Orbitalen zu vier gleichwertigen Orbitalen kombiniert, d.h. zu vier $2sp^3$-Hybridorbitalen ‚gemischt'. Die vier Elektronen können vier einfache Atombindungen ausbilden.

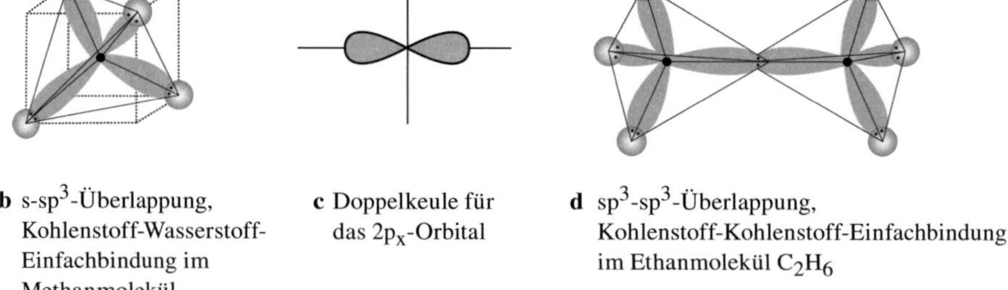

b s-sp^3-Überlappung, Kohlenstoff-Wasserstoff-Einfachbindung im Methanmolekül

c Doppelkeule für das $2p_X$-Orbital

d sp^3-sp^3-Überlappung, Kohlenstoff-Kohlenstoff-Einfachbindung im Ethanmolekül C_2H_6

Abb. 1.1 Die Vierbindigkeit des Kohlenstoffatoms
a Kästchenschreibweise für das Hybridisierungsmodell
b Das Methanmolekül CH_4. Die vier $2sp^3$-Hybridorbitale des Kohlenstoffatoms sind als keulenförmige Elektronenwolken in die Ecken eines Tetraeders ausgerichtet. Das C-Atom befindet sich im Zentrum des Tetraeders. Das 1s-Orbital von Wasserstoff hat die angedeutete kugelförmige Gestalt. Die H–C-Einfachbindung nennt man eine s-sp^3-Überlappung.
c Doppelkeule für ein 2p-Orbital, z.B. das $2p_X$-Orbital.
d Das Ethanmolekül C_2H_6 s. → Tabelle 1.1, Seite 11. Darstellung einer C–C-Einfachbindung einer sp^3-sp^3-Überlappung. Zwei Tetraeder treffen sich mit der Spitze.
E = Energie

Die Kohlenstoff-Kohlenstoff-Einfachbindung

Wie bereits in der → Einführung, Abb. 3 gezeigt, ist Kohlenstoff ein Kettenbildner.

» *Darstellung und Schreibweise der kettenförmigen Alkane*

Die vier tetraedrisch, also räumlich angeordneten Einfachbindungen eines Kohlenstoffatoms erschweren die bildliche Darstellung der kettenförmigen Kohlenwasserstoffe. In → Abb. 1.2 wird an einer Kette mit vier Kohlenstoffatomen – dem Butan – gezeigt, wie Darstellung und Schreibweise vereinfacht werden: die tetraedrische Anordnung ist in die Ebene projiziert, oft genügt nur die Angabe des Kohlenstoffgerüsts unter Weglassung aller Wasserstoffatome. Die gebräuchlichste Schreibweise ist die Summenformel C_4H_{10}.

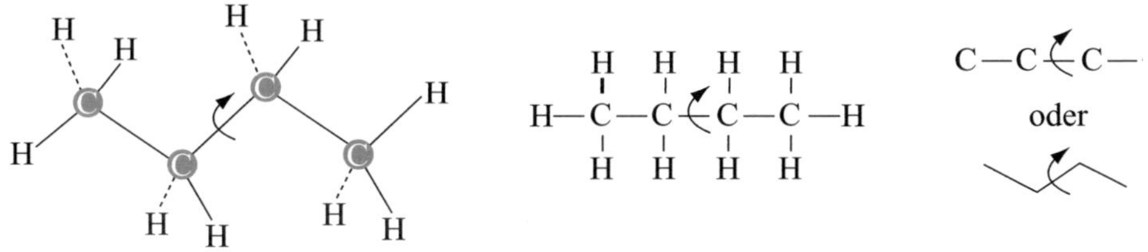

Die räumliche Anordnung der C–C-Einfachbindungen im kettenförmigen Butan C_4H_{10}

Projektion in die Ebene

Kohlenstoffgerüst

Abb. 1.2 Darstellung der kettenförmigen Alkane am Beispiel Butan mit der Summenformel C_4H_{10}. Der Pfeil deutet die freie Drehbarkeit um eine C–C-Einfachbindung – eine so genannte σ-Bindung – an, wie sie in → Abb. 1.3 räumlich dargestellt ist.

» *Freie Drehbarkeit der Kohlenstoff-Kohlenstoff-Einfachbindung*

Eine C–C-Einfachbindung – auch σ-Bindung genannt – kann sich räumlich verdrehen, was beim Anwachsen der Kohlenstoffkette zu langen Ketten, beispielsweise bei den höheren Alkanen mit großer Molmasse und insbesondere bei den Makromolekülen von besonderer Bedeutung ist (s. → Abb. 3.5, Seite 123). Eine σ-Bindung liegt rotationssymmetrisch zur Verbindungsachse der Atomkerne. Nach Drehung um diese Achse besteht kein Unterschied zum ursprünglichen Zustand. Die freie räumliche Drehbarkeit ist in → Abb. 1.3 dargestellt. Man sieht, dass das dritte C-Atom (von links nach rechts) in → Abb. 1.3 a sich an einer beliebigen Stelle auf dem Kreis anlagern kann. Seine Lage ist allein durch den Tetraederwinkel 109,5° und den Gleichgewichtsabstand der C–C-Bindung von 154 pm festgelegt. So kann sich eine gestreckte Kette **b**, bei langen Ketten aber eine stark verdrehte Kette **c** bilden.

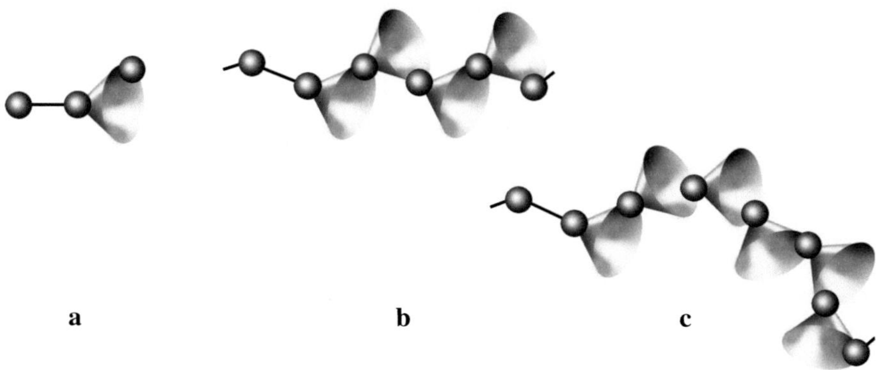

Abb. 1.3 Freie Drehbarkeit der C–C Einfachbindung führt zu verschiedenen räumlichen Anordnungen.

Ausgewählte Beispiele für Alkane

In der → Tabelle 1.1 sind Alkane in ihren verschiedenen Darstellungsmöglichkeiten angegeben.

Tabelle 1.1 Ausgewählte Beispiele für Alkane
Zusammengestellt und gezeichnet von Dipl.-Ing.(BA) Carsten Lanz.

Anmerkung:
   Die zweite Spalte zeigt die Summenformeln z.B. CH_4, C_2H_6, C_3H_8 usw.
   * Anstelle von ‚Konstitution' wird oft der Ausdruck ‚Struktur' angegeben.
   Unter Struktur versteht man im eigentlichen Sinne den räumlichen Aufbau eines Moleküls, während die Konstitution unter Verzicht auf die räumliche Darstellung nur die Projektion der Formel in die Ebene wiedergibt.
   ** Die Kohlenstoffatome werden nummeriert 1, 2, 3 usf. Die Vorsilbe Iso wird nur noch in Ausnahmen z.B. bei Isobutan benützt. Es gilt stets die Bezeichnung nach IUPAC s. → Glossar.

Tabelle 1.1 Ausgewählte Beispiele für Alkane

Name	Summen-formel	Konstitution* Die räumliche Tetraederanordnung in die Ebene projiziert	vereinfachte Darstellung	Sdp. in °C
Methan	CH_4	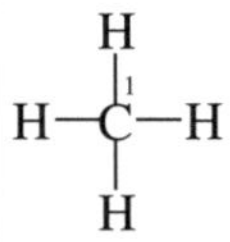	CH_4	– 161
Ethan	C_2H_6	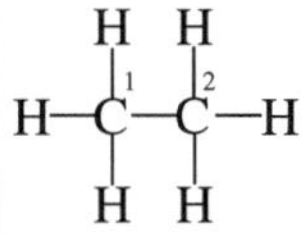	H_3C-CH_3	– 88
Propan	C_3H_8	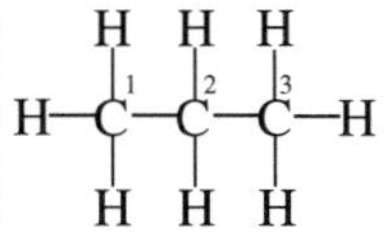	$H_3C-CH_2-CH_3$	– 42
Butan	C_4H_{10}	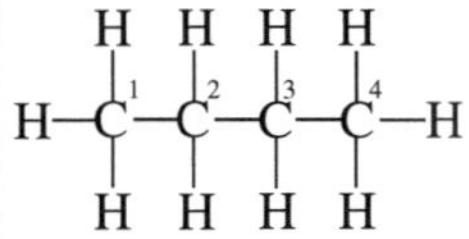	$H_3C-CH_2-CH_2-CH_3$	– 0,5
2-Methylpropan Isobutan**	C_4H_{10}	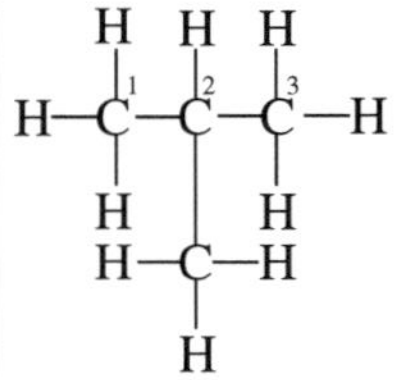	$H_3\overset{1}{C}-\overset{2}{C}H-\overset{3}{C}H_3$ $\quad\quad\;\; |$ $\quad\quad CH_3$	– 11,7

Fortsetzung Tabelle 1.1 Ausgewählte Beispiele für Alkane

Pentan	C_5H_{12}	$H_3C - (CH_2)_3 - CH_3$	+ 36
Hexan	C_6H_{14}	$H_3C - (CH_2)_4 - CH_3$	+ 68,7
Heptan	C_7H_{16}	$H_3C - (CH_2)_5 - CH_3$	+ 98,4
Octan	C_8H_{18}	$H_3C - (CH_2)_6 - CH_3$	+ 126

Fortsetzung Tabelle 1.1 Ausgewählte Beispiele für Alkane

Name	Summenformel	Strukturformel	Sdp.
2,2,4-Trimethyl-pentan In der Technik als ‚Isooktan' bekannt.	C_8H_{18}	$H_3C-\underset{CH_3}{\overset{CH_3}{C}}-CH_2-\underset{CH_3}{CH}-CH_3$	+ 99,5
Dodecan	$C_{12}H_{26}$	$H_3C-(CH_2)_{10}-CH_3$	+ 215 °C (Smp. − 12 °C)
Hexadecan Cetan	$C_{16}H_{34}$	$H_3C-(CH_2)_{14}-CH_3$	+ 287 °C (Smp. + 18,2 °C)
Cyclohexan	C_6H_{12}	Ringstruktur (CH_2-Einheiten)	+ 80,7 °C (Smp. + 6,5 °C)

Die allgemeine Summenformel für kettenförmige Alkane ist C_nH_{2n+2}

Alkane bilden eine so genannte *homologe Reihe*, d.h. mit jedem C-Atom wächst die Kohlenstoffkette jeweils um eine CH_2-Gruppe.

» *Bezeichnungen*

Die ersten Glieder in der Reihe der Alkane tragen die historischen Namen (Trivialnamen) Methan, Ethan, Propan und Butan. Ab Pentan (Hexan, Heptan, Octan, Nonan, Decan, Undecan, Dodecan usw.) wird die Bezeichnung von den griechischen Zahlen abgeleitet. Allen gemeinsam ist die Endung –an.

Fehlt dem Alkan ein endständiges H-Atom, so spricht man allgemein von einem Alkylrest oder einer Alkylgruppe, abgekürzt mit R.

Beispiele:
H_3C- Methylgruppe, H_3C-CH_2- Ethylgruppe, $H_3C-CH_2-CH_2-$ Propylgruppe usf.

Isomerie

Organische Verbindungen können in zwei oder mehr Verbindungen mit gleicher Summen(Brutto)formel aber verschiedener Strukturformel auftreten, man nennt sie Isomere.

Isomerie ist eine Sammelbezeichnung für verschiedene *Strukturisomerien*: neben der Konformationsisomerie und der Konstitutionsisomerie gibt es die im → Abschn. 1.1.2, Seite 24 zu besprechende Konfigurationsisomerie. Isomere haben unterschiedliche chemische und physikalische Eigenschaften.

» *Konformation*

Konformation ist die Bezeichnung für eine der zahlreichen Raumstrukturen eines Moleküls, die durch Rotation von Atomgruppen um eine Einfachbindung entstehen können (s. → Abb. 1.3, Seite 10). Durch Zufuhr relativ kleiner thermischer Energiebeträge treten Änderungen der räumlichen Anordnungen von Atomgruppen – der Konformation – ein. Es entstehen *Konformationsisomere*. Theoretisch existieren davon unendlich viele. Eine Isolierung der einzelnen Konformationsisomere ist bei kleinen Molekülen nicht möglich, isolieren lassen sie sich bei sehr großen Molekülen, den Makromolekülen (s. → Abb. 3.5, Seite 123).

» *Konstitution*

Die Konstitution stellt den Aufbau eines Moleküls in einer ebenen Darstellung aus Atomen dar, die entsprechend ihrer Oxidationszahlen (Valenzen) durch chemische Bindung miteinander verknüpft sind. Die Konstitution verzichtet also auf die räumliche Darstellung und gibt nur die Projektion der Formel in die Ebene wieder. Die Verknüpfungsarten können verschieden sein.

Konstitutionsisomere gibt es ab Butan: Bei gleicher Summenformel können *unverzweigte und verzweigte Ketten* hergestellt werden. Man bezeichnet dies auch als

Gerüstisomerie. Sowohl für das unverzweigte wie das verzweigte Molekülgerüst gilt die systematische Bezeichnung nach IUPAC s. → Tabelle 1.1, Seite 11. Die Kennzeichnung mit der Vorsilbe Iso- ist nur noch für Isobutan (2-Methylpropan), Isopentan, Isohexan und die Isopropyl-Gruppe $(H_3C)_2CH-$ (letztere nicht in der Tabelle 1.1) zugelassen. Das unverzweigte und verzweigte Alkan unterscheidet sich beispielsweise in Siedepunkt und Schmelzpunkt. Das verzweigte Octan, das 2,2,4-Trimethylpentan ist in der Technik als *Isooktan* bekannt. Octan und Isooctan unterscheiden sich im Einfluss auf das Klopfverhalten des Ottokraftstoffs (s. → Abschn. 2.2.1, Seite 82).

Primäres, sekundäres und tertiäres Kohlenstoffatom

Die Art der Verzweigung eines primären, sekundären und tertiären C-Atoms zeigt → Abb. 1.4.

Ein primäres C-Atom ist mit nur einem Nachbar-C-Atom durch Einfachbindung verbunden.	Ein sekundäres C-Atom ist mit zwei Nachbar-C-Atomen durch Einfachbindungen verbunden.	Ein tertiäres C-Atom ist mit drei Nachbar-C-Atomen durch Einfachbindungen verbunden.

Abb. 1.4 Primäres, sekundäres und tertiäres Kohlenstoffatom (fett hervorgehoben)

Cycloalkane

Als Beispiel für ein ringförmiges Alkan ist in der → Tabelle 1.1, Seite 13 das *Cyclohexan* angegeben. Das Cyclohexan C_6H_{12} bildet sich aus dem kettenförmigen Hexan C_6H_{14} unter Abgabe von zwei H-Atomen.

Die allgemeine Summenformel für die gesättigten ringförmigen Kohlenwasserstoffe ist C_nH_{2n}. Eine andere Bezeichnung für Cycloalkane ist *Naphthene.*

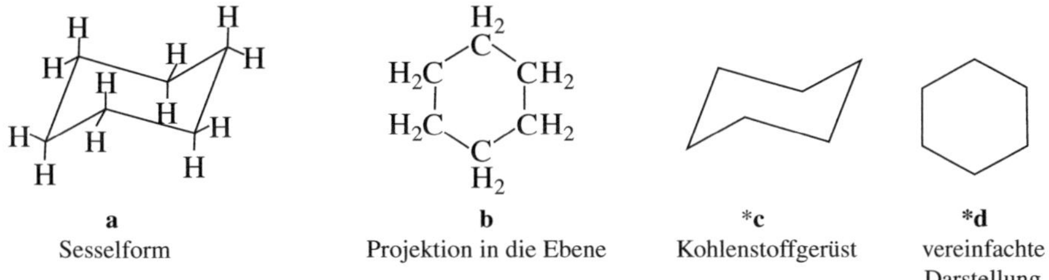

a Sesselform

b Projektion in die Ebene

***c** Kohlenstoffgerüst

***d** vereinfachte Darstellung

Abb. 1.5 Cyclohexan mit unterschiedlichen Darstellungsmöglichkeiten
*Jede Ecke steht für eine CH_2-Gruppe

Die freie Drehbarkeit der C–C-Einfachbindung ist bei den Cycloalkanen aufgehoben. Es resultiert aus dem stets festgelegten Winkel und dem Abstand der C–C-Einfachbindungen die energetisch günstige Sesselform, wie sie in der Diamant-Struktur vorgegeben ist (s. → Einführung, Abb. 2c, Seite 3). Daneben gibt es noch eine weniger stabile Wannenform (s. → Buch 1, Abb. 4.33 a und b, Seite 166).

Cyclohexan ist eine farblose, leicht entflammbare, angenehm riechende Flüssigkeit. Dichte 0,788 g/cm^3, Smp. 6,6°C, Sdp. 81°C.

Gewinnung und Verwendung der Alkane

Alkane erhält man in großen Mengen aus *Erdöl* und *Erdgas*. Ihre Gewinnung und technische Bedeutung als Energieträger und Rohstoffquelle für organische Produkte werden in den → Abschn. 2.2, ab Seite 71 und Abschn. 2.3, ab Seite 96 beschrieben.

Eine weitere Methode zur Gewinnung von Alkanen ist die *Fischer-Tropsch*-Synthese (s.→ Abschn. 2.1.2, Seite 68). Aus dem zunächst hergestellten Synthesegas – einem Gemisch aus (CO + H$_2$) – werden anschließend bei erhöhter Temperatur und Atmosphärendruck oder auch unter Druck an Katalysatoren unter Zugabe von Wasserstoff Alkane mit unterschiedlichen Kettenlängen gewonnen.

Alkane sind eine der wichtigsten industriellen Produktgruppen. Der größte Teil einer eingesetzten Erdölmenge wird nach Umwandlung in so genannte *Sekundärenergieträger* in Form von

- Flüssiggas (niedrig siedend bis etwa 30 °C bestehend aus Propan, Butan, Isobutan),
- Ottokraftstoff (Sdp. 80–180 °C),
- Kerosin (Flugturbinenkraftstoff Sdp. 150–250 °C),
- Dieselkraftstoff (Sdp. 180–350 °C),
- Leichtes Heizöl (etwa wie Dieselkraftstoff mit speziellen Additiven zur Unterscheidung von Dieselkraftstoff)

verbraucht (s. → Abschn. 2.2.1, Seite 76). Nur etwa

- 10 % der eingesetzten Erdölmenge stehen als Chemierohstoffe für die Produktion von Chemieprodukten zur Verfügung (s. → Abb. 2.3, Seite 70).

Methan als Hauptbestandteil von Erdgas ist neben der Verwendung als Energieträger auch eine wichtige Rohstoffquelle für die Herstellung von Synthesegas und Acetylen (s. → Abschn. 2.3.2, Seite 99).

Eigenschaften der Alkane

Kleine Moleküle wie Methan bis Butan sind unter Normalbedingungen gasförmig, größere Moleküle ab Pentan bis n-Dodecan flüssig. Bei höherer Anzahl von Kohlenstoffatomen gehen sie in einen öligen Zustand über und liegen schließlich in fester Form vor, so z.B. Eikosan C$_{20}$H$_{42}$ (Smp. 34 °C). Man spricht dann von Paraffinölen bzw. festen Paraffinen. Eine Grenze zu den Makromolekülen lässt sich nicht genau festlegen.

Flüssige Alkane sind unpolare Lösemittel, sie lösen nur unpolare Verbindungen wie Fette und Öle. Mit Wasser (polares Molekül) vermischen sie sich nicht.

Zwischen unpolaren Molekülen wirken Dispersionskräfte, allgemein *van der Waals-Kräfte (Nebenvalenzkräfte)* genannt. Die gegenseitige Anziehung der Moleküle aufgrund von Schwankungen in der Ladungsdichte der Elektronenhüllen der einzelnen Atome ist schwach und ungerichtet. Im Mittel ist die Ladungsverteilung der Elektronen in der Elektronenhülle jedoch symmetrisch, so entstehen keine Partialladungen (s. → Buch 1, Abschn. 4.2.7, Seite 190).

Die Dispersionskräfte verstärken sich mit der Anzahl der Atome im Molekül. Je mehr Atome vorhanden sind, desto mehr Elektronen sind im Molekül vorhanden, umso stärker werden die zeitlich wechselnden induzierten Dipole im Molekül. Dadurch verstärkt sich der Zusammenhalt zwischen den Molekülen und es wird verständlich, dass kleine Kohlenwasserstoffmoleküle gasförmig, größere flüssig und Makromoleküle fest sind (s. → Tabelle 1.1, Seite 11, Spalte Siedepunkte).

Alkane zeichnen sich als reaktionsträge Verbindungen aus. Sie reagieren bei Raumtemperatur weder mit Säuren und Basen noch mit Oxidationsmitteln und werden auch nicht von Salpetersäure angegriffen. Dies beruht auf den relativ hohen Bindungsenergien von 345 kJ/mol der C–C-Einfachbindung und von 416 kJ/mol der H–C-Einfachbindung.

Reaktionen der Alkane

Die wichtigste hier zu besprechende Reaktion ist die *Verbrennung* der Alkane als Hauptbestandteile von Kraftstoffen und Heizöl.

» *Reaktion mit Sauerstoff bei hoher Temperatur*

Als Beispiel wird die Verbrennung von Octan – als Hauptbestandteil des Ottokraftstoffs – mit reinem Sauerstoff angegeben.

Die folgenden Reaktionsgleichungen geben den stöchiometrischen Umsatz, den Bruttoumsatz bei Verwendung von reinem Sauerstoff bei vollständiger und unvollständiger Verbrennung an. In Wirklichkeit laufen die Reaktionen in einer schnellen, komplizierten Folge von exothermen Radikalkettenreaktionen ab.

Vollständige Verbrennung: Es entsteht CO_2 und H_2O

$$2\,C_8H_{18} + 25\,O_2 \longrightarrow 16\,CO_2 + 18\,H_2O \qquad (1.1)$$
Octan

Unvollständige Verbrennung: Es entsteht CO und H_2O

$$2\,C_8H_{18} + 17\,O_2 \longrightarrow 16\,CO + 18\,H_2O \qquad (1.2)$$
Octan

Ein Gemisch aus Alkanen und Sauerstoff ist bei Raumtemperatur ein so genanntes kinetisch gehemmtes, ein metastabiles System. Zunächst muss einem Bruchteil der Moleküle eine Mindestenergie, die Aktivierungsenergie zugeführt werden, um beim Zusammenstoß der Moleküle erfolgreich reagieren zu können. Erst nach erfolgter Zündung läuft die stark exotherme *Radikalkettenreaktion* bei hoher Temperatur mit hoher Reaktionsgeschwindigkeit ab. Sie kann vor allem bei kurzkettigen Alkanen, wenn sich die Reaktion unkontrolliert fortsetzt und die Reaktionswärme nicht schnell genug abgeführt wird, explosionsartig erfolgen. Verbrennungsreaktionen sind schnell ablaufende Reaktionen, bei denen in der Regel eine Flamme entsteht.

Hinweis: Eine Radikalkettenreaktion wurde im → Buch 1, Abschn. 5.2.2, Seite 311, für die Knallgasreaktion $2\,H_2 + O_2 \rightarrow 2\,H_2O$ beschrieben.

Im Verbrennungsmotor wird Luft anstelle von reinem Sauerstoff für die Verbrennung von Alkanen – von Otto- und Dieselkraftstoff – verwendet. Dabei bilden sich neben CO_2 und H_2O auch CO, NO_x und HC (hydrocarbons, s. → Seite 61 und im Buch 1, Abschn. 5.2.7, Seite 335)

Steht nur sehr wenig Sauerstoff bei hohen Temperaturen (etwa 1000 °C) zur Verfügung, so entsteht aus den Alkanen in einer komplizierten Radikalkettenreaktion Ruß. Dieser besteht aus etwa 88 bis 99% Kohlenstoff mit Graphitstruktur und ist entsprechend dem Ausgangsmaterial (Dieselruß, Schornsteinruß) mehr oder weniger verunreinigt.

» *Reaktionen unter Sauerstoffausschluss*

Cracken (engl. zerbrechen): Bei der Behandlung von Alkanen bei hohen Temperaturen (500 °C und höher) unter Sauerstoffausschluss brechen Kohlenstoffketten. Das Cracken ist ein wichtiges Verfahren, um weniger wertvolle Fraktionen des Erdöls mit langen Kohlenstoffketten in wertvollere, kurzkettige Fraktionen (Ottokraftstoff, Flugturbinenkraftstoff, Dieselkraftstoff, leichtes Heizöl) umzuwandeln (s. → Abschn. 2.2.1, Seite 77/78).

Steamcracken (Crack-Prozess mit Wasserdampf bei etwa 800 °C s. → Abschn. 2.2.1, Seite 78): Mit diesem Verfahren können aus Alkanen mit Kettenlängen von etwa sechs C-Atomen ungesättigte Kohlenwasserstoffe (Alkene s. → Abschn. 1.1.2, Seite 23), vor allem Ethen und Propen gewonnen werden. Diese Verbindungen sind wichtige Ausgangsstoffe (Monomere) für die Synthesen von Polymerwerkstoffen.

Steamreforming (Dampfreformierung) insbesondere von Methan (Erdgas) führt zu Synthesegas und Acetylen (s. → Abschn. 2.3.2, Seite 99).

Die erwähnten Verfahren werden bei Kohle, Erdöl und Erdgas in den → Abschn. 2.1, 2.2 und 2.3 besprochen.

Feuergefährliche Systeme

Ein metastabiles, kinetisch gehemmtes System, wie es z.B. ein Gemisch aus Alkanen und Sauerstoff/Luft darstellt, nennt man allgemein ein feuergefährliches System. Es wird durch den *Flammpunkt* (FP.) charakterisiert, der sich auch zur Beurteilung der Explosionsgefahr des Systems eignet.

Flammpunkte verschiedener organischer Verbindungen s. → Anhang Tabelle 4, Seite 226.

Der Flammpunkt. gibt die niedrigste Temperatur in °C (101,3 kPa) an, bei der unter Anwendung einer Zündflamme unter den vorgeschriebenen Versuchsbedingungen die Entflammung der Dämpfe der Probe erfolgt. Die Flamme erlischt jedoch wieder, wenn die Zündflamme entfernt wird (s. → Tabelle 4, Seite 226). Der Transport derartiger Flüssigkeiten unterliegt gewissen Vorschriften. Der Flammpunkt unterscheidet sich vom Brennpunkt, der höher liegt und bei dem die Dämpfe nach der Entflammung von selbst weiter brennen.

Gruppe 1, FP. unter 0 °C
Dazu zählen Kohlenwasserstoffe mit kurzen Kohlenstoffketten z.B. Ottokraftstoff, einem Gemisch mit Kettenlängen von etwa C_5 bis C_{12} sowie Benzol.

Gruppe 2, FP. von 0 °C bis 21 °C
Beispiele sind Methanol, Ethanol und Toluol.

Gruppe 3, FP. von 21 °C bis 35 °C
Beispiele sind Butanol, Styrol und Xylol.

Gruppe 4, FP. von 35 °C bis 55 °C
Beispiel Kerosin (Flugturbinenkraftstoff Kettenlängen von etwa C_{12} bis C_{15}).

Gruppe 5, FP. höher als 55 °C
Beispiele sind Dieselkraftstoff, leichtes Heizöl (Kettenlängen etwa C_{15} bis C_{20}) und Schmieröle (Kettenlängen etwa C_{20} bis C_{40}).

1.1.2 Alkene
Alkine
Ungesättigte Kohlenwasserstoffe

Alkene sind ungesättigte Kohlenwasserstoffe, die mindestens *eine* C=C-Doppelbindung enthalten. Eine ältere Bezeichnung für Alkene war Olefine. Bei der Doppelbindung liegt neben der reaktionsträgen C–C-Einfachbindung – der σ-Bindung – noch eine reaktionsfähige so genannte π-Bindung vor.

Alkine sind ungesättigte Kohlenwasserstoffe, die mindestens *eine* C≡C-Dreifachbindung enthalten. Eine andere Bezeichnung für Alkine ist Acetylene. Bei der Dreifachbindung liegen neben der reaktionsträgen C–C-Einfachbindung noch zwei reaktionsfähige π-Bindungen vor.

Die Kohlenstoff-Doppelbindung und -Dreifachbindung

Die C=C-Doppelbindung und C≡C-Dreifachbindung lassen sich ebenfalls durch das Hybridisierungsmodell in der Kästchenschreibweise angeben.

Für die Ausbildung einer C=C-Doppelbindung wird das 2s-Orbital mit nur zwei 2p-Orbitalen gemischt zu drei äquivalenten $2sp^2$-Hybridorbitalen, die jeweils σ-Bindungen ausbilden (s. → Abb. 1.6 a). Ein Elektron im energetisch höher liegenden $2p_z$-Orbital nimmt an der Hybridisierung nicht teil. Dieses Elektron hat somit eine größere Reaktionsfähigkeit und kann sich mit einem ebenso reaktionsfähigen, einzelnen Elektron eines anderen Kohlenstoffatoms überlappen, dabei entsteht eine so genannte *π-Bindung*.

Die drei $2sp^2$-Hybridorbitale nehmen nahezu eine trigonal-planare Gestalt an, die Bindungswinkel zwischen ihnen haben sich auf etwa 120° verändert (s. → Abb. 1.7). Ein C-Atom bildet nun drei σ-Bindungen und eine π-Bindung aus, letztere führt zu einer C=C-Doppelbindung. Wird eine π-Bindung ausgebildet, so ist die räumliche Anordnung um die Doppelbindung festgelegt und es besteht keine freie Drehbarkeit mehr zwischen den beiden C-Atomen.

Hinweis: *Cis-trans*-Isomerie s. → Seite 24

Für die Ausbildung einer C≡C-Dreifachbindung wird das 2s-Orbital mit nur einem 2p-Orbital gemischt zu zwei 2sp-Hybridorbitalen (s. → Abb. 1.6 b). Zwei Elektronen in den energetisch höher stehenden $2p_y$- und $2p_z$-Orbitalen nehmen an der Hybridisierung nicht teil, sie haben daher eine größere Reaktionsfähigkeit und können mit ebenso reaktionsfähigen, einzelnen Elektronen in den $2p_y$- und $2p_z$-Orbitalen eines anderen Kohlenstoffatoms überlappen. Es entstehen zwei π-Bindungen. Die beiden 2sp-Hybridorbitale bilden nun einen Bindungswinkel von 180° und erstrecken sich entlang der Verbindungslinie zwischen den beiden C-Atomen (s. → Abb. 1.7).

Bei der 2sp-Hybridisierung liegen folglich um ein C-Atom zwei σ-Bindungen und zwei π-Bindungen vor. Auch bei der Dreifachbindung ist die räumliche Anordnung festgelegt, es besteht keine freie Drehbarkeit mehr zwischen den beiden C-Atomen.

Wiederholung $2sp^3$-Hybridisierung s. → Abb. 1.1a, Seite 8:

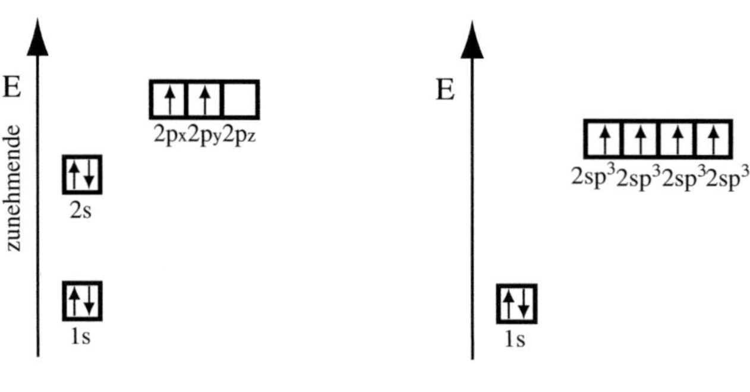

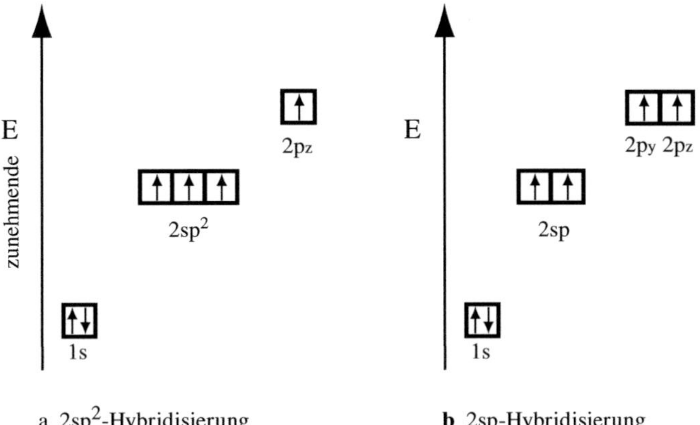

Abb. 1.6 2sp²- und 2sp-Hybridisierung für das Kohlenstoffatom in der Kästchenschreibweise zur Ausbildung einer C=C-Doppelbindung und einer C≡C-Dreifachbindung.

Anschaulicher lässt sich die Ausbildung einer C=C-Doppelbindung und C≡C-Dreifachbindung ausgehend von der Figur des Tetraeders erklären:

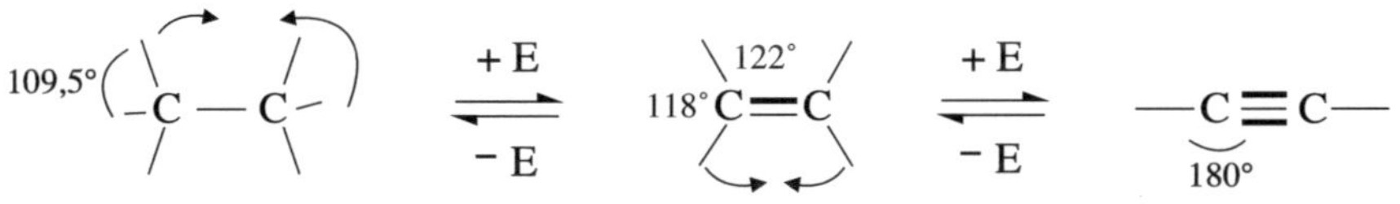

Das reguläre Tetraeder mit vier σ-Bindungen um jedes C-Atom.

E = Bindungsenergie

Das reguläre Tetraeder wird zur trigonal-planaren Anordnung deformiert.

Die trigonal-planare Anordnung wird zur linearen Anordnug deformiert.

Abb. 1.7 Die Ausbildung einer C=C-Doppelbindung und einer C≡C-Dreifachbindung. Die π-Bindungen sind verstärkt eingezeichnet.

Die trigonal-planare Anordnung hat also nur noch drei σ-Bindungen um jedes C-Atom, während mit dem jeweils vierten Elektron der beiden C-Atome ein zweites gemeinsames Elektronenpaar zur π-Bindung ausgebildet wird. Man kann sich vorstellen, dass das Molekül durch die entstandene π-Bindung unter ‚erhöhter Spannung' steht und eine bestimmte ‚Rückstellkraft' besitzt, um die energetisch günstigere, d.h. beständigere und reaktionsträge Tetraeder-Anordnung wieder zurückzuerhalten. Dies äußert sich in einer erhöhten Reaktionsfähigkeit.

Für die Ausbildung einer Dreifachbindung wird noch einmal zusätzliche Energie erforderlich, um ein weiteres Elektronenpaar, eine zweite π-Bindung zwischen zwei C-Atomen zu erreichen. Die trigonal-planare Form wird dabei zur linearen Anordnung (180°) deformiert. Wie bei einer Verbindung mit Doppelbindungen besteht hier ebenfalls die Tendenz, die energetisch günstigere Tetraeder-Anordnung mit den vier σ-Bindungen um jedes C-Atom wieder herzustellen.

Eine Bestätigung des steigenden Energieinhalts von der C−C- zur C=C- und C≡C-Bindung erhält man durch die ansteigenden Bindungsenergien. Die C−C-Bindung ist die energieärmste und daher stabilste Bindung, die C≡C-Bindung die energiereichste und daher reaktionsfähigste Bindung.

Bindungsenergien (25°C):
C−C-Einfachbindung 345 kJ/mol
C=C-Doppelbindung 615 kJ/mol
C≡C-Dreifachbindung 811 kJ/mol.

Die Länge der Kohlenstoff-Kohlenstoff-Bindung
nimmt ab von C−C > C=C > C≡C
      154 > 134 > 120 pm

» *Bezeichnungen*

Die Namen der Alkene bzw. Alkine unterscheiden sich von den Alkanen durch die Endungen. An Stelle von −an tritt die Endung −en bzw. −in.

Beispiele:
Das einfachste Alken ist Ethen, auch Ethylen genannt mit der Formel $H_2C=CH_2$. Das einfachste Alkin ist Acetylen mit der Formel $HC\equiv CH$.

Doppel- und Dreifachbindungen können wiederum in kurzen und langen kettenförmigen Molekülen, Doppelbindungen auch in verzweigten Molekülen oder in Ringen eingebaut sein und zwar an sehr unterschiedlichen Stellen. Die Lage der Doppel- bzw. Dreifachbindung wird mit Ziffern angegeben. Die Zählung soll mit 1 an dem Ende der Kohlenstoffkette beginnen, an dem die Doppelbindung bzw. Dreifachbindung eine möglichst niedrige Zahl erhält (s. → Tabelle 1.2, 1-Buten u.a).

1.1.2.1 Alkene

Ausgewählte Beispiele für Alkene

In der nachfolgenden → Tabelle 1.2 sind ausgewählte Beispiele für Alkene angegeben, die für später zu besprechende Polymerwerkstoffe von Interesse sind.

Tabelle 1.2 Ausgewählte Beispiele für Alkene

Name	Summen-formel	Konfiguration	vereinfachte Darstellung	Siede-punkt °C
Ethen Ethylen	C_2H_4		$H_2C{=}CH_2$	− 104
Propen Propylen	C_3H_6		$H_2C{=}CH{-}CH_3$	− 48
1-Buten Butylen	C_4H_8		$H_2C{=}CH{-}CH_2{-}CH_3$	− 6
cis-2-Buten	C_4H_8		$H_3C{-}HC{=}CH{-}CH_3$	3,7
trans-2-Buten	C_4H_8		$H_3C{-}HC{=}CH{-}CH_3$	0,9
2-Methyl-propen	C_4H_8		$H_3C{-}C{=}CH_2$ mit CH_3	− 7
1,3-Butadien	C_4H_6		$H_2C{=}CH{-}CH{=}CH_2$	− 4,5
2-Methyl-1,3-Butadien Isopren	C_5H_8		$H_2C{=}C{-}CH{=}CH_2$ mit CH_3	+ 34

Die allgemeine Summenformel der Alkene mit nur einer Doppelbindung in der Kette ist C_nH_{2n}

Vgl.: Cycloalkane haben ebenfalls als Summenformel C_nH_{2n}

Cis-trans-Isomerie

Um eine Doppelbindung besteht im Gegensatz zur C–C-Einfachbindung keine freie Drehbarkeit. Befinden sich an einer Doppelbindung unterschiedliche Atome oder Atomgruppen, so sind diese räumlich festgelegt. Beim *cis*-Isomer befinden sie sich auf der gleichen Seite der Doppelbindung, beim *trans*-Isomer auf den gegenüberliegenden Seiten. Sie unterscheiden sich in den chemischen und physikalischen Eigenschaften. *cis-trans*-Isomere lassen sich nur dadurch ineinander umwandeln, indem mindestens eine Einfachbindung gelöst wird. *cis-trans*-Isomere bezeichnet man als Konfigurationsisomere.

» Konfiguration

Die Bezeichnung steht für die starre räumliche Anordnung der Atome und Atomgruppen in einem Molekül bekannter Konstitution (s. → Abschn. 1.1.1, Seite 14).

Beispiel (s. → Tabelle 1.2, Seite 23)
Bei *cis*-2-Buten liegen die beiden CH_3-Gruppen auf der gleichen Seite der Doppelbindung, bei der *trans*-Form auf den gegenüberliegenden Seiten.

Für Buten gibt es bei gleicher Summenformel C_4H_8 insgesamt vier Isomere. Sie unterscheiden sich nicht nur durch *cis-trans*-Isomerie, sondern auch durch die Anordnung der Doppelbindung und die Verzweigung der Kohlenstoffkette. (s. → Tabelle 1.2, 1-Buten und 2-Methylpropen, Seite 23).

Die Bezeichnung Struktur

Unter Struktur versteht man *den räumlichen Aufbau* eines Moleküls. Vereinfachend wird oftmals auch für Konformation, Konstitution und Konfiguration die Bezeichnung Struktur verwendet. Wie jedoch beschrieben, haben diese Bezeichnungen jeweils eine ganz spezielle Bedeutung (s. → oben sowie Abschn. 1.1.1, Seite 14).

Diene, Triene ... Polyene

Im Molekül können eine oder mehrere Doppelbindungen vorhanden sein. Die Bezeichnung ist dann: -dien, z.B. Butadien, -trien z.B. Hexa-1,3,5-trien. *Polyen* ist eine Sammelbezeichnung für organische Verbindungen mit mehreren Doppelbindungen. Die Lage der Doppelbindungen wird durch die Ziffern der C-Atome gekennzeichnet, an denen die Doppelbindung beginnt.

Beispiele aus der → Tabelle 1.2:

1,3-Butadien, 2-Methyl-1,3-Butadien (Isopren)

Liegen mehrere Doppelbindungen in einer Kette vor, so können diese verschieden angeordnet sein. Es gibt folgende Anordnungen (vereinfachte Kohlenstoffgerüst-Darstellung s. → Abschn. 3.1.3, Seite 119):

kumuliert –C=C=C–C–C–C–C–C–
konjugiert –C=C–C=C–C=C–C=C–
isoliert –C=C–C–C–C–C–C=C–

Gewinnung der Alkene

Historisches
Bis in die sechziger Jahre des 20. Jh. waren Koks und Kalkstein die Rohstoffbasis für Alkene. Zunächst wurde daraus Acetylen hergestellt, das anschließend durch Additionsreaktionen – so genannte *Reppe-Reaktionen* – unter bestimmten Vorsichtsmaßnahmen zu einer Anzahl unterschiedlicher Alkene umgesetzt wurde. Diese ermöglichten damals die ersten großtechnischen Synthesen vieler Kunststoffe.

Alkene gewinnt man heute aus *Erdölfraktionen*, hauptsächlich aus der Rohbenzinfraktion durch *Steamcracken* (s. → Abschn. 2.2.1, Seite 78). Ethen und Propen sind wichtige Grundstoffe für die Synthese der Standardpolymere Polyethylen und Polypropylen.

Reaktionen und Verwendung der Alkene

Alkene sind aufgrund der C=C-Doppelbindung reaktionsfähige Verbindungen und eignen sich daher als Zwischenverbindungen oder als Ausgangsstoffe für ‚technologisch und wirtschaftlich machbare' Synthesen. Einige Reaktionen von Alkenen werden hier im Hinblick auf ihre Verwendung zu Synthesen von Polymerwerkstoffen schematisch angegeben, ohne auf Reaktionsmechanismen einzugehen. Die meisten dieser Reaktionen werden katalytisch durchgeführt.

» *Polymerisation*

$$\cdots\ \ \overset{C=C}{}\ \ \overset{C=C}{}\ \ \overset{C=C}{}\ \cdots\ \longrightarrow\ \cdots -C-C-C-C-C-C-\cdots \quad (1.3)$$

Ethen	Ethen	Ethen	usw.	Polyethylen PE
Monomer				Makromolekül
(Olefin)				Polymer
				(Polyolefin)

Die Polymerisationsreaktion kann man bildlich gesprochen als das ‚Aufklappen von Doppelbindungen' bezeichnen, was durch die Pfeile angezeigt ist. Dabei reagieren die reaktionsfähigen π-Elektronenpaare der einzelnen Ethen-Moleküle miteinander unter Ausbildung stabiler Kohlenstoff-Einfachbindungen zu einem mehr oder weniger langen Kettenmolekül. Die trigonal-planare Anordnung um das C-Atom der

Einzelmoleküle verändert sich zur stabilen tetraedrischen Anordnung im so genannten *Makromolekül* (in die Ebene projiziert gezeichnet). Diese Polymerisationsreaktion von Alkenen ist von besonderer Bedeutung für die Synthese von technisch wichtigen Makromolekülen, die *Polymere* genannt werden. Es hat sich auch der ältere Name *Polyolefine* erhalten, nach der alten Bezeichnung Olefine für Alkene. Der systematische Name des Makromoleküls, das durch Polymerisation aus Ethen (Ethylen) hergestellt wird, ist *Polyethylen PE*.

Einige technisch wichtige Reaktionen von Alkenen sind nachfolgend aufgeführt.

» *Oxidation von Ethen führt zu Ethylenoxid*

$$H_2C{=}CH_2 \; + \; \tfrac{1}{2}\,O_2 \quad \longrightarrow \qquad H_2\overset{\displaystyle O}{\overbrace{C{-}C}}H_2 \tag{1.4}$$

Ethen Sauerstoff Ethylenoxid,
für die Synthese von
Polyethylenoxid PEOX
(s. → Abschn. 2.2.2, Seite 94)

Mit Wasser reagiert Ethylenoxid zu Glykol:

$$H_2\overset{\displaystyle O}{\overbrace{C{-}C}}H_2 \; + \; H_2O \; \longrightarrow \; HO{-}CH_2{-}CH_2{-}OH \tag{1.5}$$

Ethylenoxid Wasser Glykol (Ethan-1,2-diol
Ethylenglykol) eine der
Ausgangsverbindungen für
die Synthese von Polyester PET

» *Hydrierung von Ethen mit Wasserstoff führt zu Ethan*

$$H_2C{=}CH_2 \; + \; H{-}H \;\; \underset{\text{Dehydrierung}}{\overset{\text{Hydrierung}}{\rightleftharpoons}} \;\; H_3C{-}CH_3 \tag{1.6}$$

Ethen Wasserstoff Ethan

Die Rückreaktion der Hydrierung nennt man *Dehydrierung*.

» *Additionsreaktionen*

Die Additionsreaktion von Ethen mit Cl_2 und anschließender HCl-Abspaltung führt zu Chlorethen, genannt Vinylchlorid:

$$H_2C{=}CH_2 + Cl_2 \; \longrightarrow \; Cl{-}H_2C{-}CH_2{-}Cl \; \overset{-HCl}{\longrightarrow} \; H_2C{=}CH{-}Cl \tag{1.7}$$

Ethen Chlor Dichlorethan Vinylchlorid (Chlorethen)
für die Synthese von Poly-
vinylchlorid PVC

Historisches:
Vinyl von vinum der Wein, in dem man einen Vinylalkohol $H_2C=CH-OH$ vermutete. Dieser existiert in freier Form nicht.

Die Additionsreaktion von Ethen mit Benzol und anschließender Dehydrierung führt zu Phenylethen, genannt Styrol:

$$H_2C=CH_2 \; + \; \bigcirc \; \longrightarrow \; \bigcirc\!-CH_2-CH_3 \; \xrightarrow{-H_2} \; \bigcirc\!-CH=CH_2 \qquad (1.8)$$

Ethen   Benzol   Ethylbenzol   Styrol, Vinylbenzol
Phenylethen (Phenylethylen)
für die Synthese von
Polystyrol PS

Historisches
Styrol (Styren) wurde erstmals 1830 beim Erhitzen von <u>Sty</u>rax (griech., Storax spätlat.) gewonnen. Styrax ist eine Sammelbezeichnung für eine Gruppe von aromatisch riechenden Balsamen aus dem Styraxbaum und anderen, zur Gattung der Styraxgewächse gehörigen Arten.

» *Weitere Reaktionen*

Propen reagiert mit Ammoniak und Sauerstoff zu Acrylnitril:

$$H_2C=CH-CH_3 \; + \; NH_3 \; + \; 1{,}5\,O_2 \quad \longrightarrow \quad H_2C=CH-CN \; + \; 3\,H_2O \qquad (1.9)$$

Propen   Acrylnitril, für die Synthese von
Polyacrylnitril PAN

Propen kann direkt mit Sauerstoff zu Propencarbonsäure, genannt Acrylsäure, oxidiert werden:

$$H_2C=CH-CH_3 \; + \; 1{,}5\,O_2 \quad \longrightarrow \quad H_2C=CH-COOH \; + \; H_2O \qquad (1.10)$$

Propen   Acrylsäure, Propensäure
für die Synthese von
<u>Poly</u>methyl<u>meth</u>acrylat PMMA (Plexiglas)

Anmerkung: In Klammern sind alternative Bezeichnungen angegeben.

1.1.2.2 Alkine

Die allgemeine Summenformel der Alkine mit nur einer Dreifachbindung in der Kette ist C_nH_{2n-2}

Die einfachste und zugleich für den Maschinenbau wichtigste Verbindung der Alkine ist das Ethin C_2H_2, das als Acetylen bekannt ist.

Acetylen C_2H_2 $H–C{\equiv}C–H$

Synthese von Acetylen

Historisches
Acetylen hat Anfang des 20. Jh. besondere Bedeutung erlangt, zunächst 1906 für das damals neue Verfahren des autogenen Schweißens, dem so genannten Gasschmelzschweißen, doch ab 1928 auch zur Synthese von neuen Kunststoffen. Das alte Verfahren zur Herstellung von Acetylen aus Calciumcarbid und Wasser wurde bis in die sechziger Jahre des 20. Jh. angewendet.

Die wichtigsten Rohstoffquellen für die Herstellung von Acetylen waren Kohle bzw. Koks und Kalkstein. Die chemischen Reaktionen für das Herstellungs-Verfahren sind nachfolgend angegeben. Zunächst wurde Kalkstein durch Erhitzen in gebrannten Kalk umgewandelt, welcher dann mit Koks im Lichtbogenofen das erforderliche Calciumcarbid lieferte. Lässt man auf Calciumcarbid Wasser einwirken, so entwickelt sich momentan Acetylen.

$$CaCO_3 \xrightarrow{\text{erhitzen}} CaO + CO_2$$

Kalkstein   gebrannter

Kalk + Kohlendioxid

$$CaO + 3\,C \xrightarrow[\text{2200 - 2300 °C}]{\text{Lichtbogenofen}} CaC_2 + CO$$

Calciumcarbid + Kohlenmonoxid

$$CaC_2 + 2\,H_2O \xrightarrow{\text{zutropfen}} HC{\equiv}CH(g) + Ca(OH)_2$$

Acetylen   + Calciumhydroxid

Solange Acetylen noch nicht in Stahlflaschen zur Verfügung stand, wurde es durch Auftropfen von Wasser auf Calciumcarbid an Ort und Stelle zum Schweißen entwickelt. Diese Reaktion kam früher auch in den Carbidlampen zur Anwendung, in denen brennendes Acetylen als Lichtquelle diente.

Heute gewinnt man Acetylen zu einem großen Teil durch thermische Zersetzung (Pyrolyse) von Erdgas mit der Hauptkomponente Methan. Die Energie, die notwendig ist, um die energiereiche $C{\equiv}C$-Bindung des Acetylens aufzubauen, kann durch einen Lichtbogen oder durch Kopplung mit einer exothermen Reaktion erreicht werden.

$$2\,CH_4 \xrightarrow{\text{Energie}} HC{\equiv}CH + 3\,H_2 \qquad \Delta H^0 = +398 \text{ kJ/mol} \tag{1.11}$$

In elektrischen Kraftwerken kann beispielsweise zur Korrektur des zeitlichen Verbrauchsprofils eine Anlage zur Acetylengewinnung angeschlossen werden. Ungefähr 2/3 der für den Lichtbogen (2000–3000 °C) aufgewendeten elektrischen Energie ist in der $C{\equiv}C$-Dreifachbindung gespeichert. Als Nebenprodukt entsteht Ruß.

Eigenschaften von Acetylen

Acetylen ist gasförmig (Sdp. −83,4 °C), geruchlos und in reiner Form ungiftig, hohe Dosen wirken narkotisch. Es muss bei geringen, noch nicht narkotisch wirkenden Konzentrationen mit giftigen Begleitverbindungen des technischen Produkts, unangenehmen Geruch und mit CO gerechnet werden.

Die Reaktionen von Acetylen laufen sehr heftig, oft explosionsartig ab, so dass es geboten ist, unter bestimmten Vorsichtsmaßnahmen zu arbeiten. Unverdünntes Acetylen kann unter Normaldruck schon ab 160 °C zerfallen und detonieren. Es verbrennt an der Luft mit stark leuchtender, rußender Flamme von 1900 °C. 1 m^3 Acetylen liefert 60 MJ Energie (14300 kcal).

Unter Druck zerfällt Acetylen explosionsartig in die Elemente Kohlenstoff und Wasserstoff:

$$C_2H_2 \xrightarrow{\text{Druck}} 2\,C + H_2 \qquad\qquad \Delta H^0_{\text{Zerfall}} = -226{,}7 \text{ kJ/mol} \qquad\qquad (1.12)$$

$$\text{Acetylen} \qquad\qquad \text{Ruß} + \text{Wasserstoff}$$

Für die praktische und sichere Handhabung kommt Acetylen als so genanntes *Dissousgas* in den Handel. Acetylen – in Aceton gelöst – steht in mit Kieselgur gefüllten Stahlflaschen unter einem Druck von 10–20 bar. Kieselgur besteht aus hochporösen Kieselsäure(SiO_2)schalen von Kieselalgen, die im Süßwasser leben.

Reaktionen von Acetylen

Unter den Reaktionen von Acetylen ist vor allem die Reaktion mit Sauerstoff bzw. Luft zu erwähnen. Acetylen-Luft-Gemische sind ein feuergefährliches System. Die *Zündtemperatur* liegt relativ niedrig bei 335 °C. Acetylen hat den größten Explosionsbereich aller Brenngase, die Explosionsgrenzen in Luft reichen von 1,5 bis 82 % Volumenanteilen an Acetylen.

Vgl.: Zündtemperaturen: Wasserstoff 560 °C, Methan 645 °C s. → Anhang Tabelle 4, Seite 226.

In der Chemie kann die reaktionsfähige Dreifachbindung für gezielte chemische Reaktionen ausgenützt werden. Dabei führt – wie es die nachfolgenden Reaktionen mit Wasserstoff zeigen – die hohe Rückstellkraft (Rückdeformation) von der linearen, gestreckten Form des Acetylen-Moleküls HC≡CH über die nahezu trigonal-planare Form (118°) des Ethens mit einer Doppelbindung zur stabilen, energiearmen, regulären Tetraederanordnung des Ethans.

$$HC \equiv CH \quad + \quad H_2 \quad \longrightarrow \quad H_2C = CH_2$$
Acetylen   Wasserstoff   Ethen

$$H_2C = CH_2 \quad + \quad H_2 \quad \longrightarrow \quad H_3C - CH_3$$
Ethen   Wasserstoff   Ethan

Historisches
Reppe-Chemie *(Walter Julius Reppe 1892–1969, Chemiker, Deutschland)*:
In der BASF haben *Reppe* und Mitarbeiter ab 1928 eine Reihe von Reaktionen entwickelt, die von
Acetylen ausgehend zu technisch wichtigen Alkenen für die Synthese von damals neuen und interessanten Kunststoffen führten. Heute hat Acetylen für die Synthese von Kunststoffen keine Bedeuung
mehr. Ausgangsstoffe sind heute Ethen, Propen u.a., die aus Erdölfraktionen gewonnen werden.

Technische Bedeutung von Acetylen

Die technische Bedeutung von Acetylen liegt vor allem in der Verwendung zum autogenen Schweißen, dem so genannten Gasschmelzschweißen und zum autogenen Trennen, dem so genannten Brennschneiden sowie zur Herstellung von Industrieruß.
(autogen gr. aus sich selbst entstanden)

» Gasschmelzschweißen

Im Folgenden wird hauptsächlich auf die chemischen Vorgänge beim Gasschmelzschweißen eingegangen. Zu Einzelheiten der Arbeitstechnik, der Schweißausrüstung u.a. wird auf die Fachliteratur verwiesen.

Das Gasschmelzschweißen – in der Praxis nennt man es autogenes Schweißen – wurde zunächst mit dem stark exothermen Knallgasgemisch $H_2 + O_2$ durchgeführt (s. → Buch 1, Abschn. 5.2.2, Seite 311).

Historisches
Wiss hat 1903 im Hoechst-Werk Griesheim die autogene Schweiß- und Trenntechnik begründet. Nach dieser
Methode wurde es erstmals möglich, Stahlplatten mit Hilfe des Knallgasgemischs (Wasserstoff + Sauerstoff) autogen zu schweißen und zusammenzufügen. Die Schweißnaht wurde aus dem Stahl selbst erzeugt.
Vernietung und Verschraubung von Stahlplatten wurden dadurch abgelöst. Ein Überschuss an Wasserstoff
diente beim Schweißen als Schutzgas. Anstelle von Wasserstoff konnten auch die Brenngase Methan und
Propan verwendet werden. Flammentemperaturen etwa 2800 °C

Seit 1906 wird mit Acetylen geschweißt. Acetylen verbrennt in einer *Radikalkettenreaktion* je nach dem Mischungsverhältnis mit Sauerstoff mit stark leuchtender bis zu einer bläulichen, sehr heißen Flamme. Man erreicht eine Flammentemperatur von etwa 3000 °C.

Das stöchiometrische Verhältnis von Acetylen zu Sauerstoff ist $1 : 2{,}5$:

Stoffmengengleichung:

$$HC{\equiv}CH \ + \ 2{,}5 \, O_2 \ \longrightarrow \ 2 \, CO_2 \ + \ H_2O \, (g)$$

Energiegleichung:

$$\Delta H^0 \ = \ \Sigma \Delta H^0_{f \, Produkte} \ - \ \Sigma \Delta H^0_{f \, Edukte}$$

$$\Delta H^0 \ = \ \Delta H^0_f(2 \, CO_2 + H_2O) \ - \ \Delta H^0_f(CH{\equiv}CH + 2{,}5 \, O_2)$$

$$\Delta H^0 \ = \ [2 \cdot (-393{,}5) + (-241{,}8)] \ - \ (+226{,}7 + 0)$$

$$\Delta H^0 \ = \ -1255{,}5 \ kJ/mol$$

Zahlenwerte für die Standardbildungsenthalpien $\Delta H^0_f \rightarrow$ Buch 1, Tabelle 5.1, Seite 285

In der Praxis wird jedoch mit einem Verhältnis von etwa $3 : 4$ geschweißt, also mit drei Teilen Acetylen und nur vier Teilen Sauerstoff. Dies bedeutet, dass ein Überschuss an Acetylen vorhanden ist und die Verbrennung zunächst unvollständig bleibt.

» *Der Schweißbrenner*

Der Schweißbrenner ist nach dem Prinzip des *Daniellschen Hahns* (1830) konstruiert (s. $\rightarrow$ Buch 1, Abb. 5.8, Seite 313). Er erlaubt die getrennte, kontrollierte Zufuhr von Acetylen und Sauerstoff.

Bei einem Acetylen-Sauerstoff-Gemisch reicht die Raumtemperatur zunächst nicht aus, um die Radikalkettenreaktion einzuleiten. Ein Zündfunken muss die nötige Aktivierungsenergie liefern. Allerdings darf erst im Moment des Zündens der zur Verbrennung notwendige Sauerstoff zugemischt werden. Sobald die stark exotherme Radikalkettenreaktion eingeleitet ist, läuft sie bei hoher Temperatur und mit hoher Reaktionsgeschwindigkeit ab. Die vollständige Verbrennung von Acetylen liefert CO_2 und H_2O.

» *Die Schweißflamme* (s. $\rightarrow$ Abb. 1.8, Seite 33)

Die Schweißflamme hat vier unterschiedliche Zonen:

Im Flammkern sind das Acetylen und der Sauerstoff noch unverändert:

$$(1) \quad C_2H_2 \ + \ O_2$$

In der Hülle um den Flammkern, dem leuchtenden Flammkegel zerfällt Acetylen exotherm unter Wärmeabgabe in Kohlenstoff und Wasserstoff:

$$(2) \quad C_2H_2 \ \longrightarrow \ 2 \, C + H_2 \qquad \Delta H^0 = -226{,}7 \ kJ/mol$$

Wird dem Gasgemisch zu viel Acetylen – über das stöchiometrische Verhältnis hinaus – zugeführt, vergrößert sich der Flammkern und es tritt freier Kohlenstoff auf. (Er kann eine Aufkohlung beim Schweißen von Stahl bewirken.)

Es folgt die 1. Verbrennungsstufe. Freigesetzter Kohlenstoff verbrennt mit Sauerstoff aus der Stahlflasche zu Kohlenmonoxid CO:

$$(3) \quad 2\,C + O_2 \longrightarrow 2\,CO \qquad \Delta H^0 = -221 \text{ kJ/mol}$$

Diese Zone ist äußerlich nicht zu erkennen, daher ist die Begrenzung in → Abb. 1.8 gestrichelt gezeichnet. Die Verbrennung ist unvollständig, da Sauerstoff nicht im stöchiometrischen Verhältnis vorhanden ist. Die Temperatur kann hier auf etwa 3100 °C steigen. In diesem Bereich wird geschweißt.

Neben CO liegt nach der Reaktionsgleichung (2) noch H_2 vor. Beide Gase haben eine reduzierende Wirkung und verhindern die Bildung von Metalloxiden.

Es folgt die 2. Verbrennungsstufe mit dem aus der Umgebungsluft eindiffundierenden Sauerstoff. Hier verbrennen der beim Zerfall (2) frei gewordene Wasserstoff H_2 zu Wasser H_2O und das nach (3) entstandene Kohlenmonoxid CO zu Kohlendioxid CO_2.

(4)   Stoffmengengleichung für die 2. Verbrennungsstufe:

$$2\,CO + H_2 + 1{,}5\,O_2 \longrightarrow 2\,CO_2 + H_2O$$

Energiegleichung:

$$\Delta H^0 = \Sigma\Delta H^0_{f\,\text{Produkte}} - \Sigma\Delta H^0_{f\,\text{Edukte}}$$

$$\Delta H^0 = \Sigma\Delta H^0_f(2\,CO_2 + H_2O) - \Sigma\Delta H^0_f(2\,CO + H_2 + 1{,}5\,O_2)$$

$$\Delta H^0 = [2 \cdot (-393{,}5) + (-241{,}8)] - (2 \cdot -110{,}5 + 0 + 0)$$

$$\Delta H^0 = -807.8 \text{ kJ/mol}$$

Auch die 2. Verbrennungsstufe liefert Verbrennungswärme, die jedoch auf ein relativ großes Volumen verteilt ist, so dass sich in dieser Streuflamme niedrigere Temperaturen ergeben. Die Streuflamme kann zum Schweißen nicht genutzt werden.

In geschlossenen Räumen kann durch die 2. Verbrennungsstufe Sauerstoffmangel auftreten und das giftige CO nicht zu CO_2 oxidiert werden.

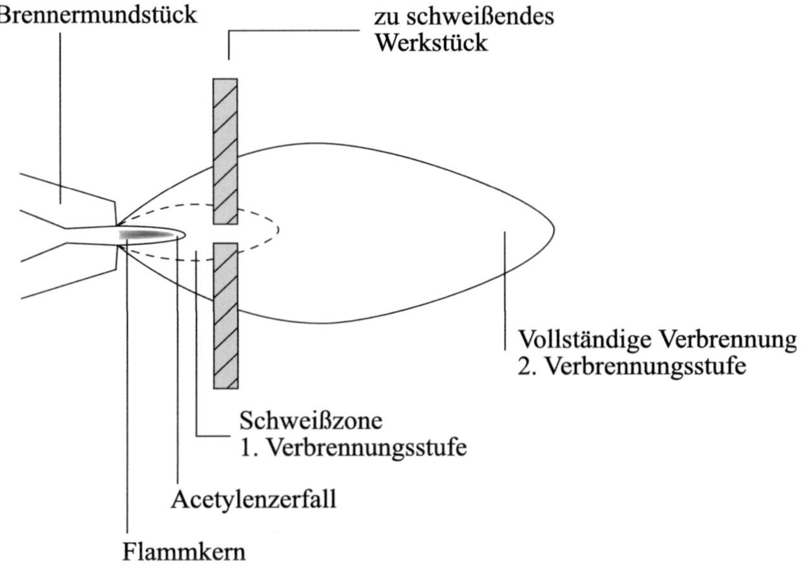

Abb. 1.8 Die Schweißflamme

» *Die Energiebilanz für die Schweißflamme*

Berechnung der Energiebilanz aus den Einzelreaktionen:

Reaktionsgleichung (2)	$-226{,}7$ kJ/mol
Reaktionsgleichung (3)	$-221{,}0$ kJ/mol
Reaktionsgleichung (4)	$\underline{-807.8}$ kJ/mol
Summe	$-1255{,}5$ kJ/mol

Mit ausreichend einströmender Umgebungsluft erreicht das Acetylen einen vollständigen stöchiometrischen Umsatz mit der Reaktionsenthalpie von $-1255{,}5$ kJ/mol. Das stöchiometrische Stoffmengenverhältnis: 1 Mol Acetylen reagiert mit 2,5 Molen Sauerstoff, ergibt sich aus den Gln. (2), (3) und (4).

» *Anwendung des Gasschmelzschweißens*

Der Schwerpunkt der Anwendung des Gasschmelzschweißens liegt bei unlegierten bis niederlegierten Stählen, wozu keine weiteren Hilfsmittel benötigt werden. Das Gasschmelzschweißen kann auch für dünnes Material in schwierigen räumlichen Anordnungen angewendet werden.

» *Schneidtechnik, autogenes Brennschneiden*

Das Acetylen-Sauerstoff-Gemisch kann auch zum Schneiden (Trennen) von unlegiertem oder niedriglegiertem Stahl verwendet werden.

Wird dem Brenner mehr Sauerstoff zugeführt, als dem stöchiometrischen Verhältnis entspricht, dann befindet sich in der Schweißzone (1. Verbrennungsstufe) freier Sauerstoff. Man erkennt dies an einem kurzen Flammkegel. Sauerstoff führt zur Oxidation und damit zum Verlust des zu schweißenden Metalles.

Bei der praktischen Durchführung erwärmt man die Anschnittstelle mit dem Acetylen-Sauerstoff-Gemisch bis zur Weißglut vor. Dann wird mit einem gebündelten Sauerstoffstrahl weiter geblasen. Der Stahl verbrennt (oxidiert) an dieser Stelle. Die Schlacke (Oxide) wird durch den Druck des Strahls weggeblasen. Man will an der Schnittstelle einen Materialverlust durch Oxidation erreichen. Die bei der Oxidbildung auftretende Reaktionswärme liefert die erforderliche Verbrennungswärme. Durch die Bewegung des Schneidbrenners entsteht eine Schnittfuge.

1.1.3 Arene
Aromatische Kohlenwasserstoffe

Aromatische Kohlenwasserstoffe unterscheiden sich in ihren Bindungsverhältnissen von den in → Abschn. 1.1.1 und 1.1.2 besprochenen aliphatischen Verbindungen.

Der Benzolring mit dem charakteristischen π-Elektronensextett

Der einfachste Vertreter der aromatischen Verbindungen ist das *Benzol (Benzen)* C_6H_6. Die → Abb. 1.9 a zeigt, dass im Benzolring um jedes C-Atom drei σ-Bindungen trigonal-planar angeordnet sind mit einem Bindungswinkel von 120°, was einer sp^2 Hybridisierung entspricht. Je eine Bindung geht zu zwei benachbarten C-Atomen, die dritte Bindung zu einem H-Atom. Die trigonal-planare Anordnung um jedes der sechs C-Atome führt zu einem ebenen Sechsring. Das vierte Elektron eines jeden C-Atoms befindet sich in einem p-Orbital und nimmt an der Hybridisierung nicht teil. Seine Doppelkeule steht senkrecht zur Ringebene s. → Abb. 1.9 b.

Eine Besonderheit tritt ein, wenn sich die senkrecht auf der Ringebene, nicht hybridisierten $2p_z$-Orbitale der sechs C-Atome miteinander überlappen. Es entsteht ein delokalisiertes π-Elektronensystem, indem die einzelnen Elektronen sich frei bewegen können. Die Doppelkeulen-Orbitale bilden eine geschlossene Elektronenwolke oberhalb und unterhalb der Ringebene, was in → Abb. 1.9 b mit den eingezeichneten Sechsringen angedeutet ist. Sie üben eine starke Wechselwirkung (Resonanz) aufeinander aus, so dass das Reaktionsverhalten nach der Strichformel von konjugierten Doppelbindungen nicht eintritt. Diese Wechselwirkung bezeichnet man als Mesomerie (s. → Glossar). Um die Mesomerie zu kennzeichnen, werden zwei Grenzstrukturen mit einem Doppelpfeil angegeben (s. → Abb. 1.9 c). Der Doppelpfeil soll ausdrücken, dass der wahre Zustand nicht durch Strichformeln angegeben werden kann, vielmehr nimmt das

Molekül zwischen den beiden Grenzstrukturen den energieärmsten (resonanzstabilisierten) Zustand der mesomeren Formen an. Da keine exakte Elektronenverteilung angegeben werden kann, wird dies mit einem Kreis im Sechsring gekennzeichnet (s. → Abb. 1.9 d).

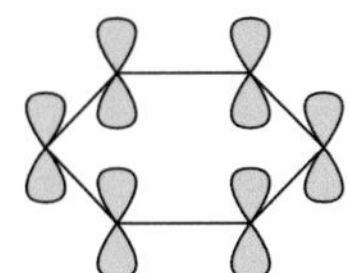

a alte Schreibweise von Benzol

b Die Doppelkeulen der p-Orbitale stehen senkrecht zur Ringebene. Sie bilden oberhalb und unterhalb der mittleren Ringebene geschlossene Elektronenwolken.

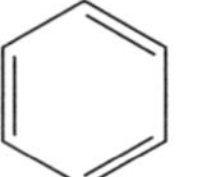

c mesomere Grenzstrukturen

d Benzol. Die sechs delokalisierten Elektronen werden mit einem Kreis symbolisiert. Die H-Atome werden nicht angeschrieben.

Abb. 1.9 Benzol C_6H_6 der einfachste Vertreter der aromatischen Verbindungen. Die Doppelkeulen der p-Orbitale stehen senkrecht zur Ringebene.

Vgl.: Im Graphit s. → Einführung Abb. 5, Seite 6 bewegen sich die delokalisierten Elektronen in den p-Orbitalen zwischen den ebenen Sechseckschichten.

Einen solchen Bindungszustand – er zeichnet sich durch besondere Stabilität aus – nennt man *aromatisch*. Aromatische Verbindungen sind energieärmer und wesentlich reaktionsträger als offenkettige Verbindungen mit konjugierten Doppelbindungen. Beispielsweise ist Benzol um 151 kJ/mol energieärmer als ein Alken mit sechs Kohlenstoffatomen und drei konjugierten Doppelbindungen. Im aromatischen Ring werden C-Atome und H-Atome meistens nicht angeschrieben. Die C–C-Bindungslänge im Benzolring beträgt 140 pm.

Vgl.: Die Bindungslänge einer C–C-Einfachbindung im Diamant beträgt 154 pm, die einer C=C-Doppelbindung 134 pm, C≡C-Dreifachbindung 120 pm.

Der aromatische Charakter ist nicht auf den Sechsring beschränkt. Das Cyclopentadienyl-Anion (s. → Tabelle 1.3, Seite 36) hat ebenfalls sechs cyclisch konjugierte π-Elektronen. Die *Hückel*-Regel besagt: Ebene cyclische Moleküle sind dann aromatisch, wenn sie ein geschlossenes System aus (4n + 2) π-Elektronen besitzen, n = 1, 2, 3 ... Es gibt daher größere aromatische Ringe mit mehr als sechs π-Elektronen, beispielsweise mit 10, 14 usf. Ein Ring mit acht π-Elektronen verhält sich wie ein Molekül mit offener Kette und vier konjugierten Doppelbindungen.

» *Ausgewählte Beispiele für Arene*

In der nachfolgenden → Tabelle 1.3 sind ausgewählte Beispiele für Arene angegeben, die für die im → Teil 2, ab Seite 103 zu besprechende Polymerwerkstoffe von Interesse sind.

Tabelle1.3 Ausgewählte Beispiele für Arene

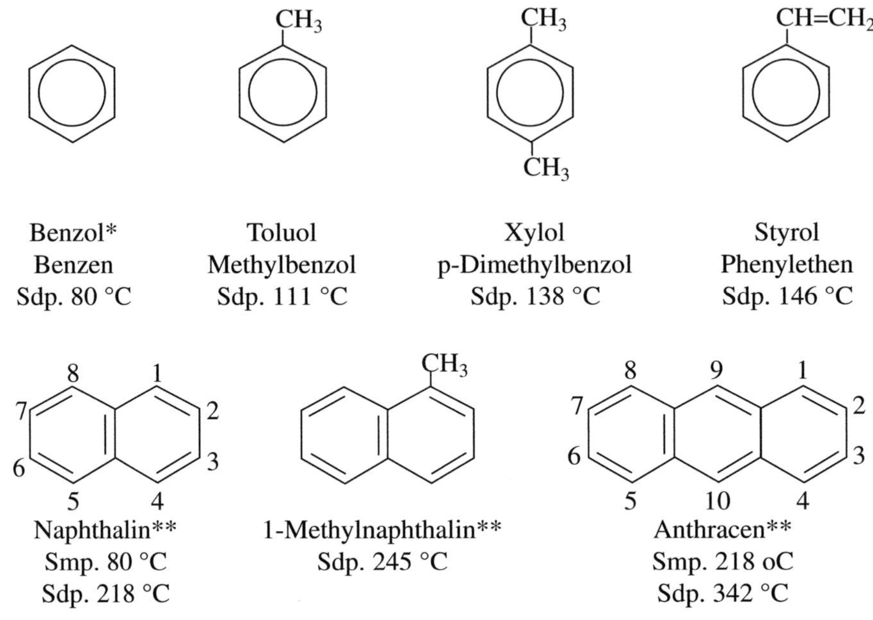

Benzol*	Toluol	Xylol	Styrol
Benzen	Methylbenzol	p-Dimethylbenzol	Phenylethen
Sdp. 80 °C	Sdp. 111 °C	Sdp. 138 °C	Sdp. 146 °C

Naphthalin**	1-Methylnaphthalin**	Anthracen**
Smp. 80 °C	Sdp. 245 °C	Smp. 218 oC
Sdp. 218 °C		Sdp. 342 °C

*Kann zu Krebs führen

**Darstellung einer der mesomeren Grenzstrukturen.

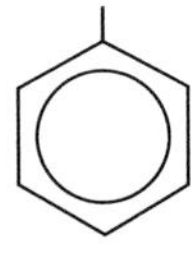

H_5C_6-

Fehlt dem Benzolring ein H-Atom, so nennt man die H_5C_6-Gruppe *Phenylgruppe* (nicht Benzylgruppe!).

Die allgemeine Bezeichnung für den Rest der Arene, denen ein H-Atom fehlt, ist Arylgruppe, beispielsweise Arylhalogenid (s. → Tabelle 1.4, Seite 41)

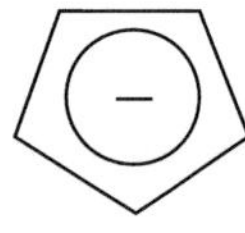

$H_5C_5^-$

Cyclopentadienyl-Anion mit sechs π-Elektronen.

Es gibt z.B. die Verbindung Lithium-cyclopentadienid: $H_5C_5^-Li^+$

Wasserstoffatome am Benzolring können z.B. durch Alkylgruppen ersetzt – substituiert – werden. Sind zwei dieser Substituenten am aromatischen Ring, so gibt es eine o-(ortho) Stellung, wenn die Substituenten in 1,2-Stellung stehen, eine m-(meta)Stellung, wenn die Substituenten in 1,3 Stellung angeordnet sind und eine p-(para)Stellung, wenn sich die Substituenten in 1,4-Stellung gegenüber stehen. Man nennt dies *Konstitutions- oder Stellungsisomere*.

Beispiele mit Methylgruppen CH_3-:

Benzol	o-(ortho)Stellung 1,2-Stellung o-Xylol	m-(meta)Stellung 1,3-Stellung m-Xylol	p-(para)Stellung 1,4-Stellung p-Xylol

Wasserstoffatome am Benzolring können durch kurze, lange und verzweigte Ketten sowie verschiedenartige so genannte funktionelle Gruppen (s. → Tabelle 1.4, Seite 41) ersetzt werden. Da auch mehrere aromatische Sechsringe aneinander gereiht werden können, wird verständlich, dass dies zu einer großen Anzahl von Derivaten führt.

Gewinnung von Arenen

Benzol, Toluol, Xylole werden aus Naphtha – es ist die C_5/C_6-Fraktion bei der Erdölfraktionierung (s. → Tabelle 2.1, Seite 76) – durch Steamcracken (s. → Abschn. 2.2.1, Seite 78) gewonnen. Als Nebenprodukte kommen sie im Kokereigas vor. Sie haben einen relativ niedrigen Siedepunkt. Naphthalin, Methylnaphthalin, Anthracen, Styrol u.a. sind Bestandteile des Steinkohlenteers und können daraus isoliert werden. Synthesen von Benzol und Styrol sind aus Acetylen möglich, Styrol auch aus Benzol mit Ethen über Ethylbenzol nach Dehydrierung (Reaktionsgleichung → Gl.(1.8), Seite 27).

Polycyclische aromatische Kohlenwasserstoffe PAK

Das Aneinanderreihen von aromatischen Ringen, d.h. die Bildung von polycyclischen aromatischen Verbindungen ist ein Vorgang, der bei unvollständiger Verbrennung von organischen Substanzen abläuft.

PAK entstehen

- beim Erhitzen von Kohle unter Luftabschluss bei Temperaturen zwischen 650 °C bis 850 °C (Verkokung),
- bei der unvollständigen *Verbrennung* von langkettigen Alkanen im Dieselkraftstoff. Die langen kettenförmigen Alkane sind gegen hohe Temperaturen wenig beständig. Sie werden bei hohen Temperaturen gespalten und gehen unter Dehydrierung und Cyclisierung in die beständigeren polycyclischen aromatischen Verbindungen über. Sie haften an dem ebenfalls entstehenden Ruß und werden mit dem Abgas des Dieselmotors ausgeschieden.
- PAK entstehen neben Benzol und Koks beim *Cracken* des Vakuumrückstands bei der Erdölraffination,
- beim katalytischen Reformieren von Schwerbenzin und
- als Nebenprodukt beim Steamcracken.

Historisches:

Das Aneinanderreihen von aromatischen Ringen fand auch bei der *erdgeschichtlichen Entstehung von Kohle* aus dem riesigen Pflanzenmaterial der Wälder statt. Bei der in der Natur vorkommenden Kohle kommen daher alle Zwischenstufen von hochmolekularen, langkettigen, ringförmigen, gesättigten und ungesättigten bis zu polycyclischen aromatischen und heterocyclischen Kohlenwasserstoffen vor und als Endprodukt hauptsächlich Graphit.

Eigenschaften einiger Arene

» *Benzol*

Dichte 0,879 g/cm^3, Smp. 5,5 °C, Sdp. 80,1 °C, Flammpunkt (FP.) –11 °C, Zündtemperatur 560 °C, Explosionsgrenze in Luft mit Volumenanteilen von 1,2–8 %. Die farblose, leichtbewegliche und leicht entflammbare, giftige Flüssigkeit von charakteristischem Geruch kann zu Krebs führen. Mit Wasser ist Benzol nicht mischbar, dagegen mit organischen Lösemitteln. Benzol hat eine relativ hohe Octanzahl (Maß für die Klopffestigkeit von Ottokraftstoff s. → Abschn. 2.2.1, Seite 82). Wird der ebene, beständige aromatische Ring in eine Kohlenstoffkette eingebaut, so wirkt er für das Molekül versteifend und erhöht die Temperaturbeständigkeit. Diese Eigenschaft wird beispielsweise für die Herstellung von Flüssigkristallen (LCP, liquid cristal polymers) ausgenutzt. (Aramid und andere Spezialpolymere s. → Abschn. 5.3.4, Seite 187).

» *Styrol*

Dichte 0,909 g/cm^3, Smp. –30 °C, Sdp. 145 °C, Flammpunkt (FP.) 32 °C, zündfähiges Gemisch mit Volumenanteilen von 1,2–8,9 %. Styrol ist eine farblose, benzolartig riechende, stark lichtbrechende, leicht entflammbare und giftige Flüssigkeit. Die Dämpfe reizen Augen und Atemwege. Die ungesättigte Verbindung lässt sich leicht zu Polystyrol PS polymerisieren und dient zur Synthese von Kautschuk SBR (s. → Seite 200) und anderen Copolymerisaten (ABS, SAN, s. → Seite 185, 186, 203).

» *1-Methylnaphthalin*

Der schlecht zündende Kohlenwasserstoff wird als Maßzahl für die Zündwilligkeit des Dieselkraftstoffs verwendet. Er hat die Cetanzahl 0 (s. → Abschn. 2.2.1, Seite 84).

» *Metallocene*

Metallocene : Kurzwort aus Metall und Ferrocen.
Der Gruppenname der Metallocene ist nach IUPAC Bis(η^5-cyclopentadienyl)-Metall-Komplexe. Metallocene sind fest und meist stark gefärbt. Charakteristisch ist ihre *Sandwichstruktur.*

Definitionen für Flammpunkt, Zündtemperatur und Zündbereich s. → Anhang Tabelle 4, Seite 226.

Als erste Verbindung wurde 1951 *Ferrocen*, das Bis(η^5-cyclopentadienyl)eisen beobachtet und beschrieben, das durch seine große thermische und chemische Stabilität auffiel. Im Ferrocen verbindet sich das zweifach positiv geladene Eisen(II)-Ion Fe^{2+}-Ion mit dem π-Elektronensystem von zwei Cyclopentadienyl-Anionen. Es liegt keine direkte Metall-Kohlenstoff-Bindung vor, sondern eine Bindung des Metall-Kations über die π-Elektronen des Cyclopentadienyl-Anions $H_5C_5^-$ (s. → Tabelle 1.3 unten, Seite 36). Das Fe^{2+}-Kation benützt die sechs π-Elektronen der beiden Cyclopentadienyl-Anionen um seine 4p- und 3d-Orbitale zur Kryptonschale aufzufüllen. Mit anderen Übergangsmetallen wie Ni, Co, Pd u.a. sind die Bindungsverhältnisse komplizierter.

» *Die Sandwichstruktur von Ferrocen*

Das Fe ist zwischen den beiden Cyclopentadienyl-Anionen eingeschlossen. Die Cyclopentadienyl-Gruppen sind gegeneinander drehbar, sie können deckungsgleich übereinander liegen oder auch in verschiedene Richtungen weisen.

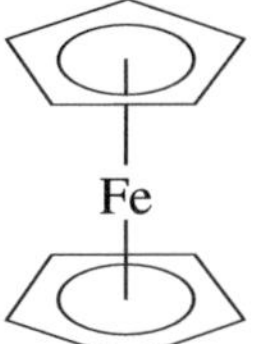

Bis(η^5-cyclopentadienyl)eisen $(C_5H_5)_2Fe$
Ferrocen

Vor allem die Zirconium-Komplexe haben als Katalysatoren zur selektiven Polymerisation von Polymeren, z.B. von isotaktischem Polypropylen PP-i große Bedeutung erlangt (s. → Abschn. 5.3.1, Seite 174). Man beobachtete, dass durch Veränderungen am Zirconium-Komplex gezielt Eigenschaften von Polypropylen wie Molmasse, Molmassenverteilung und Taktizität beeinflusst werden können. Eine Besonderheit ist, dass die Strukturen dieser Katalysatoren ganz genau bekannt sind.

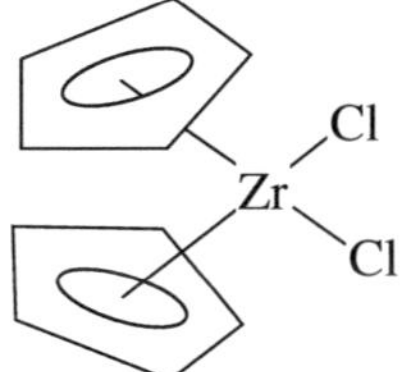

Bis(η^5-cyclopentadienyl)zircoium-dichlorid

ansa-Metallocen-Katalysator
zur selektiven Polymerisation von
Polymeren

Nach dem Baukastenprinzip werden heute am Zirconium-Komplex die aromatischen Gruppierungen und die Komponente X (s. → im Bild X) gezielt verändert. Mit einer Komponenten X spricht man von ansa-Metallocen (ansa gr. Henkel). Diese Katalysatoren sind relativ kostengünstig.

Ein Beispiel für die Komponente X ist die Dimethylsilyl-Brücke $(H_3C)_2Si$ ⟨

1.2 Kohlenwasserstoffe mit Heteroatomen

Die Einführung von Heteroatomen oder Heteroatomgruppen in eine Kohlenwasserstoff führt zu weiteren Verbindungsklassen der Organischen Chemie.

1.2.1 Heteroatome und Hetroatomgruppen als Substituenten

Funktionelle Gruppen

Als Heteroatome kommen hauptsächlich Fluor-, Chlor-, Brom-, Sauerstoff-, Stickstoff- und Schwefelatome in Betracht, auch Eisenatome wie in Ferrocen und Siliciumatome in Polysiloxanen.

Heteroatomgruppen sind die Hydroxygruppe –OH, Aldehydgruppe –CHO, die Ketogruppe –C=O, die Säuregruppe –COOH, die Amingruppe $–NH_2$ und die Nitrilgruppe – CN.

Heteroatome und Heteroatomgruppen nennt man funktionelle Gruppen. Sie können H-Atome in aliphatischen ketten- und ringförmigen, ebenso in aromatischen Kohlenwasserstoffen substituieren. In einem Molekül können mehrere gleiche oder verschiedenartige funktionelle Gruppen vorhanden sein.

In der → Tabelle 1.4 sind funktionelle Gruppen aufgeführt, wie sie im Weiteren, insbesondere bei den Polymerwerkstoffen vorkommen.

Tabelle 1.4 Beispiele für funktionelle Gruppen
R = -rest oder auch -gruppe z.B. Methylrest oder Methylgruppe.

Allgemeine Formel einer Verbindung mit funktioneller Gruppe Name der funktionellen Gruppe, Name der Endsilbe	Verbindungsklassen Bei einzelnen Beispielen werden die Trivialnamen genannt.
$R-F$ $R-Cl$ $R-Br$ $R-\overline{\underline{X}}\vert$ Halogen- (F, Cl, und Br allgemein als X bezeichnet) -halogenid	Halogenkohlenwasserstoffe (Alkyl-, Alkylen-, Aryl-halogenide) H_3C-Cl Chlormethan, Methylchlorid H_3C-Br Brommethan, Methylbromid $H_2C=CH-Cl$ Chlorethen, Vinylchlorid F_2C-CF_2 Tetrafluorethan H_5C_6-Cl Chlorbenzol, Phenylchlorid

$R-OH$ Hydroxygruppe
 	
$\overset{\frown}{O}$ -ol
R   H
	Alkanole, Alkohole
	H_3C-OH Methanol, Methylalkohol
	H_3C-CH_2-OH Ethanol, Ethylalkohol
	$HO-CH_2-CH_2-OH$ Ethan-1,2-diol, Ethylenglykol, Glykol
	$HO-CH_2-CH_2-CH_2-CH_2-OH$
	     Butan-1,4-diol
	$HO-CH_2-CHOH-CH_2-OH$
	     Propan-1,2,3-triol, Glycerin

OH (am Benzolring) Hydroxygruppe	Hydroxybenzol Phenol
R_1-O-R_2 Alkoxygruppe -ether $\overset{\frown}{O}$ R_1 R_2	Ether $H_3C-CH_2-O-CH_2-CH_3$ Diethylether, Ether $H_3C-C(CH_3)_2-O-CH_3$ *tert*-Butyl-methyl-ether MTBE* $CH_3-C(CH_3)_2-O-C_2H_5$ *tert*-Butyl-ethyl-ether ETBE* H_2C-CH_2 / H_2C CH_2 / O (Ring) Tetrahydrofuran THF
$R=CHO$ Carbonyl- oder Aldehydgruppe $R-C\overset{O}{\underset{H}{<}}$ -al	Alkanale, Aldehyde $H-CHO$ Methanal, Formaldehyd H_3C-CHO Ethanal, Acetaldehyd

* In der Technik MTBE und ETBE genannt, s. → Seite 51

Fortsetzung Tabelle 1.4 Beispiele für funktionelle Gruppen

$R_1 - C$ mit O und R	Carbonyl- oder Ketogruppe -on	Alkanone, Ketone $H_3C–CO–CH_3$ Propanon, Aceton $H_3C–CO–CH_2–CH_3$ Butanon, Methylethylketon MEK
R–COOH $R_1 - C$ mit O und $O–H$	Carboxygruppe -säure	Carbonsäuren $H_3C–COOH$ Ethansäure, Essigsäure $H_3C–(CH_2)_{14}–COOH$ Hexadecansäure Palmitinsäure $H_3C–(CH_2)_{16}–COOH$ Octadecansäure Stearinsäure $H_3C–(CH_2)_7–CH=CH–(CH_2)_7–COOH$ cis-9-Octadecensäure Ölsäure $HOOC–(CH_2)_4–COOH$ Hexandisäure Adipinsäure Benzol-2,3-dicarbonsäure Phthalsäure Benzol-1,4-dicarbonsäure Terephthalsäure
$R_1–COOR_2$ $R_1 - C$ mit O und $O–R_2$	Estergruppe -ester	Ester $H_3C–CO–O–CH_2–CH_3$ Essigsäureethylester (hier steht der Säurename am Anfang) Ethylacetat (hier steht der Name der Alkoholgruppe am Anfang, die Säuregruppe bekommt die Endung at) $H_2C=C(CH_3)–CO–O–CH_3$ Methacrylsäuremethylester Methylmethacrylat
R–NH$_2$ $R–N$ mit H und H	Amingruppe -amin	Amine $H_2N–CH_2–CH_2–CH_2–CH_2–CH_2–CH_2–NH_2$ Hexan-1,6-diamin NH_2 Phenylamin Anilin

Fortsetzung Tabelle 1.4 Beispiele für funktionelle Gruppen

R–CN Nitrilgruppe $R-C\equiv N\vert$ -nitril	Nitrile H_3C-CN Essigsäurenitril $H_2C=CH-CN$ Acrylnitril (Nitril der Acrylsäure)
R–NCO Isocyanatgruppe $R-\bar{N}=C=\underline{O}\vert$ -isocyanat	Isocyanate $OCN-(CH_2)_6-NCO$ 1,6-Hexamethylendiisocyanat
R–SH Thiolgruppe $R-\bar{S}-H$ Thio- -thiol	Thiole, Merkaptane Derivate sind in Kohle und Erdöl
$R_1-S-S-R_2$ Disulfidgruppe $R_1-\bar{S}-\bar{S}-R_2$ -disulfid	Disulfide Derivate sind in Kohle und Erdöl
$R-CONH_2$ Amidgruppe $R-C\overset{O}{\underset{NH_2}{}}$ -amid	Carbonsäureamide $H_3C-CO-NH_2$ Essigsäureamid, Acetamid $HOOC-(CH_2)_4-CO-NH-(CH_2)_6-NH_2$ Hexamethylenadipin- säureamid

Die polare Atombindung bei Verbindungen mit funktionellen Gruppen

$$H-\underset{H}{\overset{H}{C^{\delta+}}}-X^{\delta-}$$

Im Unterschied zu den Kohlenwasserstoffen mit ihren unpolaren –C–C– und –C–H Atombindungen liegt bei der Substitution von H-Atomen durch eine funktionelle Gruppe (mit $X^{\delta-}$ bezeichnet) aufgrund ihrer höheren Elektronegativität (EN) eine polare Atombindung $-C^{\delta+}-X^{\delta-}$ im Molekül vor. Beispiel: Methylchlorid CH_3-Cl. Das elektronegativere Element hat eine stärkere Tendenz seine Valenzschale auf acht Elektronen aufzufüllen. Zur völligen Übertragung von Elektronen, wie bei der Ionenbindung, kommt es jedoch nicht. Es entsteht eine Partialladung und somit ein permanenter Dipol. Zwischen den polaren Molekülen wirken die stärkeren Dipol-Dipol-Kräfte, die sich auf die physikalischen und chemischen Eigenschaften auswirken.

Nachfolgend ist ein Vergleich angegeben zwischen den Siedepunkten der unpolaren und den polaren Verbindungen mit jeweils gleicher Anzahl an Kohlenstoffatomen, z.B. erhöhen sich die Siedepunkte von Methan zu Methylfuorid, Methylchlorid und Methylbromid.

Vgl.: Fluor ist das elektronegativste Element mit der dimensionslosen Zahl EN 4,1. EN für Cl 2,8; O 3,5; N 3,1; S 2,4; C 2,5; H 2,2.

Verbindung	Siedepunkt °C	Verbindung	Siedepunkt °C
Methan CH_4	−161	Ethan $H_3C{-}CH_3$	−88
Methylfluorid $H_3C{-}F$	−78	Ethanol $H_3C{-}CH_2{-}OH$	+78
Methylchlorid $H_3C{-}Cl$	−24		
Methylbromid $H_3C{-}Br$	+4		
Methanol $H_3C{-}OH$	+65		

Eine Sonderstellung nehmen Verbindungen mit einer funktionellen Gruppe ein, die ein positiv polarisiertes Wasserstoffatom $H^{\delta+}$ besitzen. Kommt dieses in die Nachbarschaft eines nichtbindenden Elektronenpaars eines elektronegativen Elements eines anderen Moleküls, so kann sich eine ‚Brücke' – eine *Wasserstoffbrückenbindung* – ausbilden. Stark elektronegative Elemente sind N, O, F, Cl, S (s. → Abschn. 3.1.2, Seite 118).

Wasserstoffbrückenbindung ist stärker, als die Dipol-Dipol-Bindung, dementsprechend erhöhen sich auch die thermischen Daten (s. → Buch 1, Abschn. 4.2.7, Seite 195).

Beispiele:
Der Siedepunkt von Methanol ist im Vergleich zu Methan und den Methylhalogeniden erhöht. Entsprechendes gilt für Ethanol und Ethan.

$$F^{\delta-} - \overset{\overset{\displaystyle F^{\delta-}}{|}}{\underset{\underset{\displaystyle F^{\delta-}}{|}}{C^{\delta\pm}}} - F^{\delta-}$$

Tetrafluormethan

Ist ein Molekül mit Heteroatomen symmetrisch aufgebaut, so wird die Dipolwirkung nach außen aufgehoben.

Beispiel:
Tetrafluormethan CF_4 ist ein unpolares Molekül mit entsprechend niederem Siedepunkt von −128°C, obwohl Fluor das elektronegativste Element ist.

Ausgewählte Verbindungen mit funktionellen Gruppen

Halogenkohlenwasserstoffe

Halogenkohlenwasserstoffe sind in den vergangenen Jahren in das öffentliche Interesse gerückt, da einige giftig sind und zu Krebs führen können. Besondere Aufmerksamkeit hat jedoch den Fluorchlorkohlenwasserstoffen (FCKW) gegolten, nachdem ihr zerstörender Einfluss auf die – die Erdoberfläche schützende – Ozonschicht in der Stratosphäre und ihr Beitrag zum Treibhauseffekt festgestellt wurde.

Historisches
In den 1930er Jahren haben Halogenkohlenwasserstoffe aufgrund ihrer Eigenschaften schnell Eingang in die Technik gefunden. Sie fanden Verwendung als Lösemittel für Lacke, Farben u.a., als Reinigungs- bzw. Entfettungsmittel für Elektronikteile und für die Metallbehandlung. Sie wurden zur Fett- und Öl-Extraktion aus organischen Rohstoffen sowie als Kältemittel für Wärmepumpen, Klimageräte, Kühlschränke und als Treibgase für Aerosole verwendet. Sie dienten als Narkosemittel, als Schäumungsmittel für Kunststoffe, als Imprägnierungsmittel in der Textil-, Leder- und Papierindustrie, in der chemischen Reinigung, doch auch als Feuerlöschmittel und Pestizide. Heute ist ihre Anwendung verboten oder zumindest stark eingeschränkt.

In der Öffentlichkeit erweckten vor allem die FCKW besondere Aufmerksamkeit. Eines der bekanntesten Beispiele war das vollhalogenierte Alkylhalogenid Dichlordifluormethan CCl_2F_2 mit der technischen Bezeichnung R 12. R steht für Refrigerant, was Kältemittel bedeutet. Aus der Zahl kann man nach einem etwas schwierigen Schlüssel die chemische Formel entziffern. R 12 ist eine farblose, nicht giftige, nicht wasserlösliche, schwer entflammbare, chemisch und thermisch sehr beständige, daher auch sehr langlebige Verbindung mit einem Siedepunkt von −29,8 °C. Da es leicht flüchtig ist, gelangt es bei Verwendung in die Atmosphäre und Luftbewegungen führen zu einer schnellen Verteilung. In den 1930er Jahren wurde es als billiges, reaktionsträges Kältemittel und Aerosol-Treibmittel (für Sprays) verwendet. Doch als sein schädigender Einfluss auf die Ozonschicht in der Stratosphäre über der Antarktis und sein Beitrag zum Treibhauseffekt festgestellt wurde, hat man seine Verwendung größtenteils verboten.

FCKW-Ersatzstoffe (Substitute) sind je nach Verwendungszweck Propan, Butan, Isobutan, Cyclopentan, Stickstoff, Luft, CO_2.

» Halogenalkane, Alkylhalogenide

Chlormethan, Methylchlorid H_3C-Cl Smp. −98 °C, Sdp. −24 °C
Brommethan, Methylbromid H_3C-Br Smp. −94 °C, Sdp. +4 °C

Es sind gasförmige Verbindungen. Sie werden als Stoffwechselprodukte von Algen und Meerestieren ausgeschieden und als natürliche Spurengase in die Atmosphäre abgegeben.

Dichlormethan, Methylenchlorid H_2C-Cl_2 Smp. −96,8 °C, Sdp. 39,6 °C
Trichlormethan, Chloroform, $HC-Cl_3$ Smp. −63,5 °C, Sdp. 61,3 °C
Tetrachlormethan, ‚Tetra‘, CCl_4 Smp. −22,9 C,   Sdp. 76,9 °C

Diese Verbindungen sind flüssig und wurden hauptsächlich als gute Reinigungs- und Lösemittel verwendet. Chloroform hat narkotische Wirkung. Wegen der unterschiedlichen Giftigkeit und des Verdachts, krebserregend zu wirken wurde ihre Verwendung stark eingeschränkt.

» Halogenalkene, Alkylenhalogenide

In der Technik werden Halogenalkene beispielsweise als Zwischenprodukte für die Synthese von Polymeren verwendet.

Chlorethen, Vinylchlorid $H_2C=CH-Cl$
Sdp. −13.9 °C, Zündbereich bei Volumenanteilen von 3,8–31 %

Vinylchlorid ist gasförmig, leicht entflammbar und in hohen Dosen krebserregend. Es dient zur Synthese von Polyvinylchlorid (PVC).

Tetrafluorethen, Tetrafluorethylen $F_2C=CF_2$
Dichte 1,515 g/cm^3, Smp. −142 °C, Sdp. −78,4 °C

Tetrafluorethylen dient zur Synthese von Polytetrafluorethylen (Teflon). Vorsicht ist bei der Polymerisationsreaktion in Anwesenheit von Luft geboten, da es unter Druck und bei Temperaturen oberhalb −20 °C explosionsartig zerfällt. Es ist giftig.

» *Halogencycloalkane, Cycloalkylhalogenide*

Hexachlorcyclohexan (abgekürzt HCH)
Smp. etwa 112,5 °C

Hexachlorcyclohexan $C_6H_6Cl_6$ ist ein Pestizid (s. → Glossar), das unter dem Namen Lindan früher als Holzschutzmittel verwendet wurde. Am Cyclohexan ist an jedem Kohlenstoffatom ein H durch Cl substituiert. Bei der Verbrennung von HCH getränktem Holz können die giftigen chlorierten Dioxine entstehen (s. → Abschn. 1.2.2, Seite 58).

» *Halogenarene, Arylhalogenide*

Polychlorierte Arylhalogenide sind chemisch und thermisch stabil. Einige sind giftig und in Deutschland verboten. Sie können sich über die Nahrungskette im Fettgewebe der Organismen anreichern und zu Krebs führen.

je 1 bis 5 Atome Cl		
Pentachlorphenol PCP	polychlorierte Biphenyle PCB	Dichlordiphenyl-trichlorethan DDT

PCP war Desinfektionsmittel, einige PCB-Derivate wurden als Isolier- und Kühlflüssigkeit, auch als flammhemmendes Mittel sowie als Hydraulikflüssigkeit verwendet. DDT kam als Insektizid (s. → Glossar) zur Anwendung. Bei Bränden sind sie die effektivsten Lieferanten für die giftigen Dioxine (s. → Abschn. 1.2.2, Seite 58).

Alkanole, Alkohole

Alkohole sind farblose Flüssigkeiten. Ihre Mischbarkeit mit Wasser nimmt mit der Länge der C-Ketten ab. Niedere Alkohole, d.h. mit kurzen C − C-Ketten, werden in der Technik größtenteils als Lösemittel und Desinfektionsmittel verwendet.

Vgl.: Die -OH Gruppe der Alkohole nennt man Hydroxygruppe. In der anorganischen Chemie bezeichnet man das OH^--Ion als Hydroxidion.

» *Methanol, Methylalkohol* H_3C-OH

Historisches

Methanol wurde erstmals 1661 von *Robert Boyle (1627–1691, England)* bei der Trockendestillation aus Holz beobachtet. Daher stammt der frühere Name Holzgeist.

Dichte 0,787 g/cm^3 (25 °C), Schmelzpunkt −98 °C, Siedepunkt 64,7 °C, Flammpunkt 11 °C, Zündtemperatur 455 °C, Zündbereich bei Volumenanteilen von 5,5–44 %, Dampfdruck 128 hPa bei 20 °C, Heizwert H$_u$ 15930 kJ/m^3

Methanol ist eine giftige, farblose, leicht bewegliche und leicht brennbare Flüssigkeit, sie wird von Mikroorganismen im Boden schnell abgebaut. Mit Wasser, Ethanol und Ether besteht gute Mischbarkeit. Methanol verbrennt mit bläulicher, nahezu unsichtbarer Flamme, die mit Wasser schnell gelöscht werden kann.

Gewinnung von Methanol

- Aus Erdgas

Methanol wird zu etwa 70 % aus *Erdgas* gewonnen, dazu sind zwei Reaktionsschritte notwendig:

Reaktionsschritt 1: Gewinnung von Synthesegas aus Erdgas (Methan) nach dem Verfahren des *Steamreforming* (Dampfreformierung):

$$CH_4 + H_2O(g) \xrightleftharpoons{\text{Katalysator}} CO + 3\,H_2 \qquad \Delta H^0 = +206 \text{ kJ/mol}$$

Methan   Synthesegas   (s. → Abschn. 2.3.2, Seite 99 Gl. (2.4))

Hinweis: Weitere Verfahren zur Gewinnung von Synthesegas Zusammenfassung s. → Abschn. 2.3.2, Seite 100.

Reaktionsschritt 2: Aus Synthesegas entsteht in einer katalytischen Reaktion unter Druck bei erhöhter Temperatur Methanol:

$$CO + 2\,H_2 \xrightleftharpoons[\text{Druck, 400 °C}]{\text{Katalysator,}} H_3C-OH \quad \Delta H^0 = -91 \text{ kJ/mol} \qquad (1.13)$$

Synthesegas   Methanol

Insgesamt ist die Gewinnung von Methanol ein endothermer Prozess, es sind 115 kJ/mol aufzubringen.

- Aus Biomasse oder Holzrückständen

Um die Kohlendioxid-Bilanz positiv zu beeinflussen, kann Methanol aus Biomasse oder Holzrückständen durch Gärung erzeugt werden.

- Nach partieller Reduktion von CO_2 mit erneuerbarer Energie

Dieses Verfahren wurde versuchsweise untersucht, um den fossilen Energieträger Erdgas einzusparen. Dabei erfolgt in einem ersten Reaktionsschritt die Synthesegas-Bildung nicht aus Erdgas, vielmehr nach *partieller Reduktion von CO_2* in Gegenwart von Wasserdampf. Dazu wird die Reduktion zu CO durch Hochtemperaturelektrolyse unter Verwendung von erneuerbaren Energien durchgeführt. Bei dieser Redoxreaktion entstehen Synthesegas und molekularer Sauerstoff s. → Gl. (1.14).

$$CO_2 + 2\,H_2O(g) \xrightarrow[1000°C]{\text{erneuerb. Energie}} \underbrace{CO + 2\,H_2}_{\text{Synthesegas}} + 3/2\,O_2 \qquad (1.14)$$

Anmerkung: Bei der partiellen Reduktion von CO_2 entsteht an der Katode CO und – ebenfalls durch Reduktion – H_2 aus H_2O. Entsprechend einer Redoxreaktion wird O^{2-} zu molekularem Sauerstoff O_2 oxidiert, der an der Anode entweicht. Grundsätzlich kann bei diesem Verfahren CO_2 platzunabhängig aus der Atmosphäre, doch auch direkt vor Ort aus Rauchgasen der Kraftwerke, aus anderen Industrieanlagen und aus dem beim Brennen von Kalksteinen (Zementindustrie) frei werdenden CO_2 verwendet werden. Dafür stehen Verfahren bereit. Die zur Absorption von CO_2 und seiner Freisetzung für die chemische Reaktion (Gl. (1.15)) erforderlichen Chemikalien können in einem Kreislauf geführt werden. Der freiwerdende Sauerstoff kann in die Atmosphäre entlassen oder auch für andere Oxidationsreaktionen aufgefangen werden.

Im zweiten Reaktionsschritt wird Synthesegas nach Gl. (1.13) ebenfalls unter Verwendung von erneuerbarer Energie in Methanol übergeführt.

Gesamtreaktion:

$$CO_2 + 2\,H_2O(g) \xrightleftharpoons{\text{erneuerb. Energie}} H_3C\text{–}OH + 3/2\,O_2\uparrow \qquad (1.15)$$

Dieses Verfahren wurde vor allem deshalb konzipiert, um die in Zukunft erforderlichen großen Mengen Methanol als wichtigen Grundstoff zu synthetisieren, u.a. im Hinblick auf die Verwendung als alternativen Kraftstoff für den Brennstoffzellenmotor (s. unter → Verwendung). Damit sollte der fossile Energieträger Erdgas eingespart und zugleich die CO_2-Bildung zurückgedrängt werden. Das CO_2, das bei der so genannten kalten Verbrennung in der Brennstoffzelle aus Methanol entsteht (Rückreaktion Gl. (1.15)), kann wieder aus der Luft absorbiert und für die Synthese verwendet werden.

Verwendung von Methanol

Methanol hat als wichtiger Grundstoff in den letzten Jahren an Bedeutung zugenommen und steigt weltweit an.

Als flüssiger Kraftstoff kann Methanol direkt im Verbrennungsmotor und für den elektrischen Antrieb im Brennstoffzellenmotor eingesetzt werden. Solange erneuerbare Energien noch nicht in ausreichendem Maße zur Verfügung stehen, wird Methanol aus Erdgas nach dem Verfahren der Dampfreformierung zu Synthesegas ($CO + H_2$) mit anschließender Überführung in Methanol hergestellt (s. → Reaktionsschritt 1 und 2).

Vgl.: Heizwerte H_u: Methanol 15930 kJ/nm^3, Ottokraftstoff normal 31800 kJ/Nm^3, Dieselkraftstoff 35600 kJ/m^3 s. → Anhang Tabelle 3, Seite 225. Die volumenbezogene Energiedichte von Methanol ist geringer als die der anderen Kraftstoffe, was berücksichtigt werden muss. Das Fahrzeug braucht Methanolresistente Materialien, da verschiedene Metalllegierungen mit Methanol korrodieren und viele Polymere (Schläuche, Dichtungen, Membranen, Filter u.a.) angegriffen werden.

Die Verwendung von Methanol in der Brennstoffzelle hat den Vorzug, dass es leichter zu handhaben ist als beispielsweise gasförmiger oder flüssiger Wasserstoff. Es besteht die Möglichkeit der direkten Verwendung in der Direktmethanol-Brennstoffzelle

(DMFC), ebenso kann Wasserstoff während des Fahrbetriebs durch Dampfreformierung bei gleichzeitiger CO-Konvertierung zu $CO_2 + H_2$ hergestellt werden (PEMFC s. → Buch 1. Abschn. 5.4.3, Seite 418).

Methanol dient auch zur Synthese von MTBE, Methyl-tertiär-butyl-ether, das dem Ottokraftstoff zur Erhöhung der Octanzahl zugesetzt wird (s. → unter Ether, Seite 51 und → Abschn. 2.2.1, Seite 84).

Für die Herstellung von *Biodiesel* benötigt man Methanol, um die Glycerinester der verschiedenen Fettsäuren im Rapsöl zu Rapsölmethylester (RME) umzuestern (s. → Seite 55, 63, 100, 237).

Methanol dient als Enteisungs- und Reinigungsmittel z.B. für Scheibenwaschanlagen. Ein weiterer großer Bedarf an Methanol besteht für die Herstellung von Formaldehyd (s. → unter Formaldehyd, Seite 51).

In einer katalytischen Reaktion reagiert Methanol mit Kohlenmonoxid CO zu Ethancarbonsäure mit dem Trivialnamen Essigsäure.

$$H_3C\text{–}OH + CO \xrightarrow{\text{Katalysator}} H_3C\text{–}COOH$$
$$\text{Essigsäure}$$

Methanol ist ein viel verwendetes Lösemittel.

» *Ethanol, Ethylalkohol* $H_3C\text{–}CH_2\text{–}OH$

Dichte 0,79 g/cm^3 (25 °C), Schmelzpunkt −114 °C, Siedepunkt 78,4 °C, Flammpunkt (FP.) 13 °C, Zündtemperatur 425 °C, Zündbereich bei Volumenanteilen von 3,5–15 %, Heizwert H_u 21400 kJ/m^3

Ethanol ist unter dem Namen ‚Alkohol oder Weingeist' bekannt und wird fast ausschließlich als Bioalkohol durch Gärung aus nachwachsenden Rohstoffen (zucker- und stärkehaltigen Pflanzen) gewonnen.

$$C_6H_{12}O_6 \xrightarrow[\text{Gärung}]{\text{Hefe}} 2\,H_3C\text{–}CH_2\text{–}OH + 2\,CO_2$$
$$\text{Zucker} \qquad\qquad \text{Ethanol}$$

Synthetisch kann Ethanol aus Ethen durch direkte katalytische Hydratisierung bei hohen Temperaturen und unter Druck hergestellt werden.

Ethanol dient als Lösemittel für Fette, Öle, Harze und Lacke. Der wirtschaftliche Einsatz von Ethanol als Kraftstoff, was prinzipiell wegen seines relativ hohen Heizwertes H_u (21400 kJ/m^3) möglich ist, hängt von großen Anbauflächen für zucker- und stärkehaltige Pflanzen ab. In Ländern (Brasilien, USA), die über große Mengen an vergärungsfähigen Biomassen verfügen, kann Ethanol in Reinform als Kraftstoff verwendet werden. Bioalkohol dient zur Herstellung von Ethyl-tertiär-butyl-ether ETBE und kann Methyl-tertiär-butyl-ether MTBE ersetzen (s. → unter Ether, Seite 51).

Spiritus ist mit Methanol, Aceton und Pyridin ungenießbar gemachtes Ethanol.

» *Ethan-1,2-diol, Ethylenglykol, Glykol* HO–CH$_2$–CH$_2$–OH

Smp. –11,5 °C, Sdp. 198 °C

Der Dialkohol Glykol wird nach → Gln. (1.4) und (1.5), Seite 26 synthetisiert. Glykol ist giftig. Wasser-Glykol-Mischungen dienen als Frostschutzmittel in Autokühlern und zur Enteisung von Flugzeug-Tragflächen. Er ist eine der Ausgangsverbindungen für die Synthese von Polyethylenterephthalat, den Polyester (PET) (s. → Abschn. 5.3.2, Seite 183) und wird auch zur Herstellung von Tensiden und synthetischen Schmierölen verwendet.

» *Propan-1,2,3-triol, Glycerin* HO–CH$_2$–CH(OH)–CH$_2$–OH

Smp. 18 °C, Sdp. 290 °C

Der Trialkohol Glycerin ist nicht giftig und wird ebenfalls als Frostschutzmittel eingesetzt. Beim Erhitzen bis zum Siedepunkt tritt Zersetzung ein. Fette und Öle, auch Rapsöl sind Gycerinester der höheren Fettsäuren (s. → Fette und Öle, Seite 54).

» *Butan-1,4-diol* HO–CH$_2$–CH$_2$–CH$_2$–CH$_2$–OH

Dichte 1,02 g/cm^3, Smp. 16 °C, Sdp. 230 °C

Dieser Dialkohol ist einer der Ausgangsverbindungen für die Synthese von Polyurethan (PUR) (s. → Abschn. 5.3.2, Seite 184).

Hydroxybenzol, Phenol C$_6$H$_5$–OH

Smp. 43 °C, Sdp. 181 °C

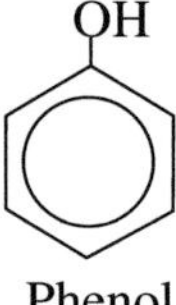

Die OH-Gruppe ist an einen Kohlenstoff des Benzolrings gebunden. Phenol ist eine giftige, farblose Substanz, mit Wasser liegt es flüssig vor. Phenol kann aus Steinkohlenteer isoliert werden. Es wird zur Synthese von Phenolharzen benötigt (s. → Abschn. 5.4, Seite 193).

Ether

» *Diethylether, Kurzname ‚Ether'* H$_3$C–CH$_2$–O–CH$_2$–CH$_3$

Smp. –16 °C, Sdp. 34,5 °C

Der Diethylether ist eine farblose, leicht flüchtige, süßlich riechende, narkotisch wirkende Flüssigkeit. Die Ether-Dämpfe sind mit Luft explosiv. Der Siedepunkt von Ether ist niedriger als der des entsprechenden Ethylalkohols (Sdp. 78,4 °C). Ether ist im Gegensatz zu Ethylalkohol in Wasser wenig löslich.

» *tert*-Butylmethylether oder <u>M</u>ethyl-<u>t</u>ertiär-<u>b</u>utyl-<u>e</u>ther *MTBE** genannt

$$H_3C-\underset{\underset{CH_3}{|}}{\overset{\overset{CH_3}{|}}{C}}-O-CH_3$$

MTBE wird in den Erdölraffinerien (Mineralölraffinerien) aus Methanol und 1-Isobuten in Gegenwart eines Katalysators als Benzin-Mischkomponente zur Erhöhung der Octanzahl hergestellt. MTBE ist in allen bleifreien Benzinsorten enthalten, allerdings in unterschiedlicher Menge; am wenigsten ist im Normalbenzin, am meisten im Super-Plus-Benzin.

MTBE ersetzte das bis dahin verwendete Bleitetramethyl bzw. Bleitetraethyl, was im Abgas giftiges Blei an die Umgebung abgab. MTBE gilt zwar als umweltfreundliche, sauerstoffhaltige Benzinkomponente, nachteilig ist die hohe Löslichkeit in Wasser und seine geringe Abbaubarkeit (Sdp. 55 °C).

Die Eigenschaft, die Octanzahl zu erhöhen beruht darauf, dass das MTBE-Radikal – es hat ein tertiäres C-Atom – relativ beständig ist im Gegensatz zu den primären Radikalen, die während der Verbrennung der kettenförmigen Kohlenwasserstoffe des Kraftstoffs entstehen (s. → Abb. 1.4, Seite 15). Tertiäre C-Atome haben einen längeren Zündverzug und neigen nicht zur Selbstzündung.

» <u>E</u>thyl-<u>t</u>ertiär-<u>b</u>utyl-<u>e</u>ther *ETBE**
ETBE wird aus Butan und Bioalkohol hergestellt. Die endständige CH_3-Gruppe im MTBE ist durch eine C_2H_5-Gruppe (Ethylgruppe) ersetzt. ETBE ersetzt heute MTBE.

* s. → Tabelle 1.4, Seite 41

Alkanale, Aldehyde

Diese stechend riechenden Verbindungen können oxidierend und reduzierend wirken.

» *Methanal, Formaldehyd* HCHO
Smp. −92 °C, Sdp. −21 °C, Zündbereich bei Volumenanteilen von 7–72 % bei Normaldruck und 20 °C

Formaldehyd wird in einer katalytischen Oxidation aus Methanol hergestellt.

$$H_3C-OH + \tfrac{1}{2}\,O_2 \xrightarrow{\text{Katalysator}} \underset{\text{Formaldehyd}}{HCHO} + H_2O$$

Formaldehyd ist z.B. Ausgangsstoff für Polyoxymethylen POM:

$$n\,HCHO \longrightarrow \underset{\text{Polyoxymethylen POM}}{\left[CH_2-O\right]_n}$$

Formaldehyd ist ein farbloses, stechend riechendes, in Wasser lösliches Gas. Die Dämpfe sind brennbar, reizen Haut, Augen und die Atemorgane. Im Handel ist es verboten, da es zu Krebs führen kann. Verwendung findet Formaldehyd zur Synthese von Polyoxymethylen POM, Phenol-, Harnstoff- und Melamin-Formaldehydharzen (s. → Abschn. 5.4, Seite 193).

» *Ethanal, Acetaldehyd* H_3C-CHO

Dichte 0,78 g/cm^3, Smp. −123°C, Sdp. 20°C, Flammpunkt (FP.) −38 °C

Acetaldehyd ist eine niedrigsiedende Flüssigkeit mit stechendem Geruch.

Alkanone, Ketone

» *Propanon, Aceton* $H_3C-CO-CH_3$

Dichte 0,799 g/cm^3, Smp. −95 °C, Sdp. 56 °C, Flammpunkt (FP.) −20 °C, Zündtemperatur 425 °C, Zündbereich bei Volumenanteilen von 2,5–13 %

Aceton ist eine feuergefährliche, farblose Flüssigkeit und findet als Lösemittel für Lacke und Farben Verwendung. Aceton ist beliebig mischbar in Wasser, Alkohol, Ether, Benzol und Chloroform. Es löst Fette, Öle, Harze und Acetylen.

» *Butanon, Methyl-Ethyl-Keton MEK* $H_3C-CO-CH_2-CH_3$

Dichte 0,805 g/cm^3, Smp. −86 °C, Sdp. 80 °C

Butanon ist eine farblose, brennbare, acetonähnliche Flüssigkeit, in Wasser löslich und dient als Lösemittel für Lacke und Farben.

Carbonsäuren

» *Ethansäure, Essigsäure* $H_3C-COOH$

Dichte 1,049 g/cm^3, Smp. 16,6 °C, Sdp. 118 °C, im festen Zustand bildet Essigsäure eisartige Kristalle.

Essigsäure ist die bekannteste Carbonsäure. Wasserfrei ist sie als Eisessig bekannt. Mit Wasser verdünnt kommt sie als Essig in den Handel. Die stechend riechende Flüssigkeit ist außer in Wasser auch in Ether, Tetrachlormethan und Chloroform löslich. Mit Alkoholen bilden Carbonsäuren Ester (s. → Seite 54). Die Ester der Essigsäure nennt man Acetate.

» *Hexandisäure, Adipinsäure* $HOOC-CH_2-CH_2-CH_2-CH_2-COOH$

Smp. 153 °C, Sdp. 205 °C bei 10 mbar

Die farblosen Kristalle sind in Wasser wenig löslich. Sie ist eine der Ausgangsverbindungen für die Synthese von Polyamid PA 66.

Aromatische Carbonsäuren:

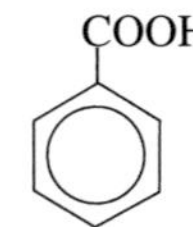

Benzoesäure

» *Benzoesäure*

Dichte 1,260 g/cm^3, Smp. 122 °C, sublimiert bei 100 °C, ist wenig löslich in kaltem Wasser, dagegen in kochendem Wasser. Benzoesäure ist erwähnenswert, weil sie wie auch einige Derivate als kennzeichnungspflichtiges Konservierungsmittel mit einer E-Nummer in Lebensmitteln zugesetzt wird.

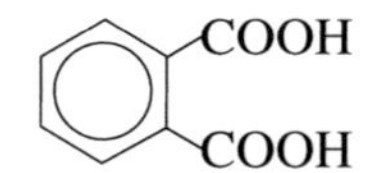

Benzol-2,3-dicarbonsäure
Phthalsäure

» *Phthalsäure*

Dichte 1,59 g/cm^3, Smp. 208 °C, reizt Haut, Augen und Schleimhäute. Sie wird als Dioctylester zur äußeren Weichmachung von PVC und anderen Polymeren verwendet (s. → Ester, Seite 54).

Benzol-1,4-dicarbonsäure
Terephthalsäure

» *Terephthalsäure*

Dichte 1,51 g/cm^3, bildet farblose Nadeln, die oberhalb 400 °C sublimieren und nur in siedendem Ethanol und in heißer konzentrierter Schwefelsäure löslich sind. Terephthalsäure dient neben Glykol zur Herstellung von Polyethylenterephthalat, dem Polyester PET (s. → Abschn. 5.3.2, Seite 183).

β-Hydroxycarbonsäuren

$$\overset{\beta}{\text{H}_3\text{C}}-\overset{}{\underset{|}{\text{CH}}}-\overset{\alpha}{\text{CH}_2}-\text{COOH}$$
$$\text{OH}$$
β-Hydroxybuttersäure

$$\text{H}_3\text{C}-\text{CH}_2-\overset{\beta}{\underset{|}{\text{CH}}}-\overset{\alpha}{\text{CH}_2}-\text{COOH}$$
$$\text{OH}$$
β-Hydroxyvaleriansäure

» *β-Hydroxybuttersäure und*
» *β-Hydroxyvaleriansäure*

Die Säuren werden im Zusammenhang mit biologisch abbaubaren Polymeren genannt (s. → Abschn. 5.2.1, Seite 164). Man nennt sie auch 2-Hydroxybutteräure bzw. 2-Hydroxyvaleriansäure. Ein H-Atom am 2. Kohlenstoffatom (ab der Carboxylgruppe β bezeichnet) ist durch eine OH-Gruppe substituiert. Es sind sirupartige Verbindungen.

» *Höhere Fettsäuren*

Langkettige Carbonsäuren − man nennt sie ab C_{13} höhere Fettsäuren.

Beispiele:
Palmitinsäure, Hexadecansäure mit einer C_{16}-Kette, $H_3C - (CH_2)_{14} - COOH$
Stearinsäure, Octadecansäure mit einer C_{18}-Kette, $H_3C - (CH_2)_{16} - COOH$
Ölsäure, Octadec-9-ensäure, eine ungesättigte Säure mit einer C_{18}-Kette
$$H_3C - (CH_2)_7 - CH = CH - (CH_2)_7 - COOH$$

» *Seifen*

Die Alkalisalze der langkettigen Carbonsäuren werden Seifen genannt. Die typischen Seifen sind die Alkalisalze (Na^+-, K^+-Salze) der Palmitinsäure, Stearinsäure und Ölsäure. Seifen sind grenzflächenaktive Substanzen – Tenside – mit einer unpolaren lipophilen Gruppe (Fettsäurerest) und einer polaren hydrophilen Gruppe $-COO^-Na^+$. Die Wirkungsweise wurde im → Buch 1, Abschn. 4.2.7, Seite 203 angegeben.

unpolare, lipophile Gruppe – polare, hydrophile Gruppe

$$H_3C-(CH_2)_{14}-COO^-Na^+$$

oder

$$\diagdown\diagup\diagdown\diagup\diagdown\diagup\diagdown\diagup\diagdown\diagup\diagdown\diagup\diagdown\diagup COO^-Na^+$$

Natriumsalz der Palmitinsäure

Natriumseifen werden als Kernseife, Kaliumseifen als Schmierseife verwendet. Nicht als Seifen können die Erdalkalisalze Mg^{2+}-, Ca^{2+}-Salze der langkettigen Carbonsäuren verwendet werden. Sie sind wasserunlöslich und haben daher keine grenzflächenaktive Wirkung.

Lithiumseife wird Mineralölen nicht nur als Dickungsmittel zugesetzt, sondern auch wegen ihrer grenzflächenaktiven Wirkung. Sie verbessert den Schmierfilm und somit die Verbindung zwischen Metall und Mineralöl (s. → Abschn. 2.2.2, Seite 95).

Ester

Reagiert eine Carbonsäure mit einem Alkohol unter Austritt von Wasser, bildet sich ein Ester.

» *Essigsäureethylester, Ethylacetat* $H_3C-CO-O-CH_2-CH_3$

Dichte 0,90 g/cm^3, Smp. -83 °C, Sdp. 77 °C, Flammpunkt (FP.) -4 °C, Zündtemperatur 460 °C, Zündbereich bei Volumenanteilen von 2,1–11,5 %

Ethylacetat ist eine farblose, flüchtige, angenehm riechende Flüssigkeit, die als Lösemittel für Lacke und als Weichmacher Verwendung findet.

» *Phthalsäuredioctylester, Dioctylphthalat*

$$COO-CH_2-(CH_2)_6-CH_3$$
$$COO-CH_2-(CH_2)_6-CH_3$$

Der hochsiedende und daher schwerflüchtige Dioctylester der Phthalsäure ist ein Weichmacher für PVC (s. → Abschn. 5.3.1, Seite 176). Die beiden Carboxygruppen sind mit Octylalkohol $H_3C-(CH_2)_6-CH_2-OH$ verestert.

» *Fette und Öle*

Fette und Öle sind die Gycerinester der höheren Fettsäuren. Der Name Fettsäure rührt daher, dass sie bei der basischen Hydrolyse (Esterverseifung mit NaOH) von Fetten entsteht. Dabei entsteht die *Na-Seife* der langkettigen Carbonsäure, die ‚Säure aus einem Fett' sowie Glycerin. Für den Fettstoffwechsel beim Menschen sind die Glycerinester einiger gesättigter und ungesättigter Fettsäuren von Bedeutung.

$$H_2C-O-OC-(CH_2)_{14}-CH_3$$
$$HC-O-OC-(CH_2)_{14}-CH_3$$
$$H_2C-O-OC-(CH_2)_{14}-CH_3$$

Glycerinester der gesättigten Palmitinsäure

» *Rapsölmethylester RME, Biodiesel*

Biodiesel wird aus Rapsöl hergestellt. Rapsöl ist ein Gemisch aus Glycerinestern verschiedener Fettsäuren. Um als Biodiesel zur Anwendung zu kommen, wird er zu Rapsölmethylester umgeestert (s. → Seite 49).

Amine

» *Hexan-1,6-diamin* $H_2N-(CH_2)_6-NH_2$, Hexandiamin

Smp. 42 °C, es ist eine der Ausgangsverbindungen zur Herstellung von Polyamid PA 66 (s. → Abschn. 3.1.1, Seite 115)

» *Aminobenzol, Anilin, Phenylamin*

Anilin (Sdp. 184°C) lässt sich formal vom Ammoniak NH_3 ableiten. Ein H-Atom ist durch einen Phenylrest ersetzt. Es dient als wichtiges Zwischenprodukt zur Herstellung von farbtragenden Gruppierungen (Anilinfarben). Anilin kann aus Steinkohlenteer isoliert werden.

Amide, Säureamide

Amide leiten sich von Ammoniak NH_3 ab. Ein Wasserstoffatom ist durch eine Acyl-gruppe: $R-CO-$ substituiert.

» *Essigsäureamid, Acetamid*

$$H_3C-\underset{O}{\overset{\|}{C}}-NH_2 \qquad Smp.81°C$$

Nitrile

» *Acrylnitril, Acrylsäurenitril* $H_2C=CH-CN$

Dichte 0,806 g/cm³, Smp. −82 °C, Sdp. 77 °C, Flammpunkt (FP.) −5 °C, Zündbereich bei Volumenanteilen von 2,8–28 %

Acrylnitril ist in Wasser wenig löslich, es ist giftig und kann zu Krebs führen. Polymerisation von Acrylnitril zu Polyacrylnitril PAN s. → Abschn. 5.3.2, Seite 179.

Ausgewählte Beispiele von organischen Verbindungen mit funktionellen Gruppen als Monomere für Polymere bzw. Polymerwerkstoffe im → Teil 2

Monomere		**Polymere**
Tetrafluorethen (Tetrafluorethylen)	→	Polytetrafluorethylen PTFE (Teflon)
Styrol	→	Polystyrol PS
Vinylchlorid	→	Polyvinylchlorid PVC
Acrylnitril	→	Polyacrylnitril PAN
Adipinsäure mit Hexandiamin	→	Polyamid PA 66
Glykol mit Terephthalsäure	→	Polyester PET
Methylmethacrylat (Methacrylsäuremethylester)	→	Polymethylmethacrylat PMMA (Plexiglas)
Butan-1,4-diol mit Diisocyanat	→	Polyurethan PUR
Phenol mit Formaldehyd	→	Phenol-Formaldehydharze PF

1.2.2 Heterocyclische Verbindungen

Heteroatome wie Sauerstoff, Schwefel oder Stickstoff können Kohlenstoffatome als Ringglied ersetzen. Dies ist sowohl bei den cyclischen aliphatischen, als auch den aromatischen Kohlenwasserstoffen möglich. Durch die höhere Elektronegativität der Heteroatome im Vergleich zu den C-Atomen sind sie eine ,Störung' im Elektronensystem des Rings, entsprechend sind heterocyclische Verbindungen reaktionsfähiger als isocyclische Verbindungen mit nur Kohlenstoffatomen im Ring.

Heterocyclische Verbindungen sind Bestandteil vieler Stoffe im Pflanzen- und Tierreich.

Heteroatome im aliphatischen Ring

» Cyclische Ether

Ethylenoxid

Dichte 0,887 g/cm^3 (bei 7 °C) Smp. −111 °C, Sdp. 10,7 °C, Flammpunkt (FP.) −18 °C, Explosionsgrenze bei Volumenanteilen von 2,6–100 %

Ethylenoxid ist ein wenig stabiler, cyclischer Ether und ein farbloses, süßlich riechendes brennfähiges giftiges Gas, das Augen, Haut und Atmungsorgane reizt und krebserregend ist. Der Dreiring reagiert leicht mit Wasser zu Glykol. (s. → Gl. (1.5), Seite 26). Ethylenoxid ist Ausgangsverbindung für Polyethylenoxid (PEOX).

Tetrahydrofuran THF

Dichte 0,89 g/cm^3, Smp. −108 °C, azeotropes Gemisch beim Sdp. 66° mit Anteilen 5,4 % H_2O und 94,6 % THF (s. → Glossar), Flammpunkt (FP.) 21,5 °C, Explosionsgrenze bei Volumenanteilen von 1,5–12 %

Während der offenkettige Diethylether

$$H_3C–CH_2–O–CH_2–CH_3$$

− er hat die gleiche Anzahl C-Atome wie Tetrahydrofuran − in Wasser schwer löslich ist, mischt sich Tetrahydrofuran in jedem Verhältnis mit Wasser. Hier sind die Bindungen durch die Festlegung im Ring starr, die einsamen Elektronenpaare des Sauerstoffs sind frei zugänglich und können Wasserstoffbrücken mit H-Atomen bilden. Im Diethylether dagegen sind die freien Elektronenpaare des Sauerstoffs durch die frei drehbaren Ethylgruppen abgeschirmt.

Tetrahydrofuran wird als Lösemittel verwendet.

Dibenzofuran

Dichte 1,89 g/cm^3, Smp. 86–87 °C, Sdp. 287 °C

Derivate dieser Verbindung entstehen bei der thermischen Abfallverwertung organischer Substanz durch unvollständige Verbrennung und Pyrolyse. Dibenzofuran bildet farblose, blau fluoreszierende Kristalle. Es ist in Wasser wenig, in Alkohol und Ether gut löslich.

Dibenzo-1,4-dioxin

mit dem 1,4-Dioxinring ist die Grundsubstanz vieler bekannter Dioxinderivate. Sie entstehen bei Verbrennungsvorgängen z.B. bei der thermischen Abfallverwertung bei Temperaturen zwischen etwa 250 und 400 °C in Gegenwart von aktivem Kohlenstoff (Ruß im Augenblick des Entstehens) und Sauerstoff. Es ist auch die Grundsubstanz der chlorierten Dibenzo-1,4-dioxine. Sie entstehen dann, wenn zusätzlich Chlor und Cu^{++}-Ionen als Katalysator zugegen sind (s. Seveso-Gift).

2,3,7,8-Tetrachlor-dibenzo-dioxin TCDD

Bekannt als Seveso-Gift. Die Seveso-Katastrophe war 1976.

Zur Bewertung der Toxizität der großen Anzahl von Dioxinen und Furanen mit unterschiedlicher Toxizität, wurden Toxizitäts-Äquivalente TE eingeführt, die nach einem internationalen Standard gemessen werden. Bezugssubstanz ist das 2,3,7,8-Tetrachlor-dibenzo-dioxin, das *Seveso-Gift*, mit dem TE 1,0. Wird einer Substanz ein TE von 0,1 zugeordnet, so wird es als nur 1/10 so toxisch betrachtet wie das Seveso-Gift.

Als maximaler Emissionsgrenzwert wurde von der 17. Bundesimmissionsschutzverordnung (BImSchV) 0,1 Nanogramm pro m^3 (NTP) Luft festgesetzt.

Die Technologie der Rauchgasreinigung z.B. bei der thermischen Abfallverwertung ist heute so ausgereift, dass Dioxine und Furane nicht in die Atmosphäre gelangen. Neben der plötzlichen Temperaturabsenkung (Quenchen) unter 250 °C oder der Temperaturerhöhung über 450 °C können Dioxine und Furane an Aktivkohlefiltern adsorbiert oder katalytisch zerstört werden. Als Katalysatoren dienen Titan-, Wolfram- und Vanadiumoxide mit einer besonderen Oberflächenstruktur.

Anmerkung: Die Benzolringe sind in der Strichformel dargestellt.

Heteroatome im aromatischen Ring

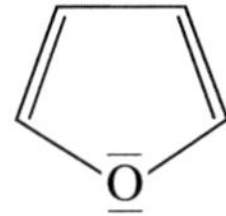

» *Furan*

Dichte 0,94 g/cm^3, Smp. −86 °C, Sdp. 31 °C

Furan ist eine farblose, chloroformartig riechende, leicht entflammbare Flüssigkeit. Sie ist unlöslich in Wasser, leicht löslich in organischen Lösemitteln, wirkt narkotisch und führt wie seine Derivate zu Reizungen der Augen und Atmungsorgane sowie zu Entzündungen der Haut.

Furan ist Ausgangsstoff für das Lösemittel Furfurol. Es gibt weit über hundert Derivate mit unterschiedlichem Gefährdungspotential.

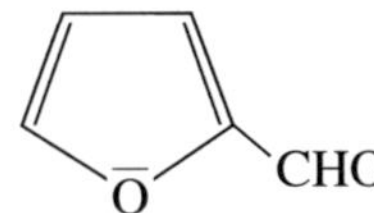

» 2-*Furaldehyd*, Furfural, auch Furfurol bezeichnet.

Dichte 1,16 g/cm^3, Smp. −30 °C, Sdp. 162 °C, Flammpunkt (FP.) 60 °C

Furfurol ist eine farblose Flüssigkeit, die sich leicht braun färbt. Es ist löslich in Wasser, Alkohol und Ether, begrenzt dagegen in Alkanen. Furfurol ist giftig und es besteht der Verdacht krebserregend zu sein.

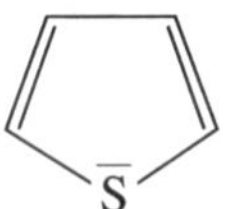

» *Thiophen*

Sdp. 84 °C

Thiophen ist eine farblose, leicht entflammbare Flüssigkeit. Thiophenderivate kommen u.a. als Schwefelkomponenten in Kohle und Erdöl vor. Sie liefern bei der Verbrennung SO_2 bzw. SO_3. Großfeuerungsanlagen haben Entschwefelungsanlagen eingebaut, Erdölfraktionen (Ottokraftstoff, Dieselkraftstoff, leichtes Heizöl, Schmieröle) werden in der Raffinerie entschwefelt (s. → Abschn. 2.2.1, Seite 78/79).

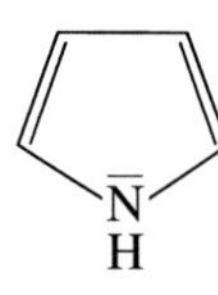

Pyrrol

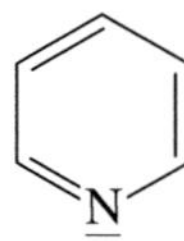

Pyridin

» *Pyrrol*

Sdp. 130 °C

Pyrrol ist eine farblose, giftige, brennbare, an der Luft verharzende Flüssigkeit.

» *Pyridin*

Sdp. 115 °C

Pyridin ist eine farblose, unangenehm bitter riechende, giftige und leicht entflammbare Flüssigkeit. Pyrrol- und Pyridinderivate kommen u.a. als Stickstoffkomponenten in Kohle und Erdöl vor. Bei ihrer Verbrennung entstehen Stickoxide NO_x, deren Menge gegenüber den Stickoxiden, die durch angesaugte Luft entstehen, vernachlässigt werden können.

Beide Verbindungen können aus Steinkohlenteer isoliert werden.

2 Kraftstoffe und Schmierstoffe aus Kohle, Erdöl und Erdgas

Einführung

Kohle, Erdöl und Erdgas sind bekannt unter der Bezeichnung Primärenergieträger oder fossile Energieträger. Während der Ausdruck ‚fossil' etwas über Entstehung und Alter aussagt, gibt der Ausdruck Primärenergieträger an, dass sie uns unmittelbar, d.h. direkt nach ihrer Förderung für eine Reihe von Energie-Umwandlungsprozessen zur Verfügung stehen. Neben dem Primärenergieträger Uran sowie den erneuerbaren Energieträgern Sonnenlicht und -wärme, Wasserkraft, Gezeiten, Windbewegung, Erdwärme, Biomasse und Biogas ist der Anteil der fossilen Energieträger an der Gesamtenergie, die wir heute verbrauchen, am größten.

Nur ein relativ kleiner Teil der eingesetzten Mengen an Kohle, Erdöl und Erdgas werden als Rohstoffquellen für die Herstellung von organischen Chemieprodukten verbraucht.

lat. fossil urzeitlich, Fossil urzeitliche Tiere und Pflanzen.

Kohle, Erdöl und Erdgas als Primärenergieträger

Der größte Teil der geförderten Mengen an Kohle, Erdöl und Erdgas wird in Kraftwerken, Industrieanlagen, Haushalten und in Motoren verbraucht und unwiederbringlich zu CO_2 und H_2O verbrannt. Drei wichtige Probleme stehen dabei im Vordergrund:

- Die Reichweite der natürlichen Ressourcen (Vorräte),
- die bei der Verbrennung mit Luft entstehenden giftigen Schadstoffe CO, NO_x und unverbrannte Kohlenwasserstoffe, hier HC (hydrocarbons bezeichnet s. → Buch 1, Abschn. 5.2.7, Seite 335),
- die Bildung von zusätzlichem d.h. anthropogenem Kohlendioxid CO_2, das als Hauptverursacher für den Anstieg des Treibhauseffekts zu vermuten ist.

Primärenergieträger können mit physikalischen und chemischen Aufbereitungsverfahren unter Aufwand von Energie in höherwertige Sekundärenergieträger – Koks, Kraftstoffe, Heizöl, Wasserstoff – umgewandelt werden. Die Umwandlungsverfahren sind die

- Kohleveredelung,
- die petrochemischen Verfahren zur Gewinnung von organischen Chemieprodukten aus Erdöl und Erdgas.

Alternativen zu fossilen Energieträgern

» Atomenergie

Im Bewusstsein um die endlichen Ressourcen der fossilen Energieträger betrachtete man nach dem Zweiten Weltkrieg die Atomenergie als ‚nichterschöpfbare', reiche Energiequelle. Doch Störungen in den Atomkraftwerken und die aufwändige Endlagerung der ausgebrannten Brennstäbe bereiten Schwierigkeiten. Nach Meinung mancher Experten ist zwar unser heutiges Entsorgungskonzept auch in Bezug auf spätere Generationen verantwortbar, jedoch gehen darüber die Ansichten auseinander. Angesichts des ständigen Bevölkerungswachstums und der Zunahme des CO_2-Gehaltes in der Atmosphäre (anthropogenes CO_2) kann kurzfristig auf die Atomenergie nicht völlig verzichtet werden.

» Erneuerbare Energien

Darunter versteht man ‚nichterschöpfbare' Energien im Gegensatz zu den natürlichen fossilen Energieträgern Kohle, Erdöl, Erdgas sowie Uran und auch Lithium. (Lithium kann als Brennstoff für die mögliche kontrollierte Kernfusion verwendet werden.) Sie liegen alle in einem begrenzten Vorrat vor, während die erneuerbaren Energien Teil eines Kreislaufs sind. Ihre Nutzung unterliegt allerdings zumeist natürlichen Schwankungen, beispielsweise der Sonneneinstrahlung oder des Windes. Dadurch wird eine konstante Energielieferung von den Witterungsverhältnissen abhängig. Es muß auch an Speicherprobleme gedacht werden.

Derzeit wird versucht, den Energiebedarf *ohne CO_2-Emission* durch die Sonnenenergie, die potenzielle Energie der Wasserkraftwerke, durch die Bewegungsenergie der Windkraftanlagen und Gezeiten, durch die Wärmeenergie der Erd- und Umgebungswärme in dezentralen Anlagen zu einem gewissen Prozentsatz zu decken.

Biomasse – durch Photosynthese gebildet – kann ebenso einen Beitrag zur Energielieferung und gleichzeitig auch zur Reduzierung der CO_2-Emissionen leisten. Biomassekraftwerke verbrennen Pflanzen (Hecken- und Strauchschnitt), Hanf, Raps, Mais, Schilfgras (Miscanthus, mehrjährig), Zuckerrüben, Stroh oder Holzhackschnitzel. Prinzipiell können alle Pflanzen als Stroh direkt in Biomassekraftwerken zur Energiegewinnung verfeuert werden. Sie geben ebensoviel Kohlendioxid CO_2 an die Umwelt ab, wie sie der Atmosphäre in der Wachstumsphase entnommen haben. Ihre Asche kann als Dünger ausgestreut werden, stillgelegte Flächen in der Landwirtschaft können wieder nutzbringend angepflanzt werden. Insbesondere Schilfgras und auch die neue Züchtung des suchtarmen Hanfs sind gegen Pflanzenschädlinge unempfindlich und ihre Anpflanzung wirkt als Bodenverbesserung. Doch einige Umweltbelastungen bleiben, wenn Kunstdünger und Schädlingsbekämpfungsmittel verwendet und Kraftstoffe zum Transport verbrannt werden.

Eine andere Art der Nutzung von Biomasse ist, dass das bei der Verrottung entstehende Biogas mit einem Anteil an Methan direkt verbrannt oder zur Herstellung von Synthesegas eingesetzt wird. Die Weiterverwendung von Synthesegas ist in → Abb. 2.9, Seite 100 angegeben.

Aus zucker- oder stärkehaltigen Pflanzen (Zuckerrohr, Zuckerrüben, Mais u.a.) entstehen über den Umweg der Gärung Alkoholtreibstoffe z.B. Bioethanol oder Biomethanol, die als Kraftstoffe verbraucht oder dem Kraftstoff beigemischt werden können. Die Produktion ist allerdings teuer und Anbauflächen für Lebensmittel gehen verloren.

Rapsöl, bestehend aus Glycerinester verschiedener Fettsäuren (s. → Abschn. 1.2.1, Seite 55), wird aus den Samen gepresst und zu *Biodiesel*, zu *Rapsölmethylester* (RME) weiterverarbeitet. Ein Energieaufwand mit CO_2-Emission ist dabei allerdings nicht nur zur Umesterung des Glycerinesters zum Methylester nötig, sondern auch für die Aussaat, die Düngung, die Schädlingsbekämpfung, das Auspressen und zur Gewinnung von großen Mengen an Methanol. Bei der Verbrennung im Motor entstehen zwar nicht die üblichen Schadstoffe des Dieselkraftstoffs, allerdings machen andere nicht vollständig verbrannte Abbauprodukte, die gesundheitsschädlich sind, einen Oxidationskatalysator erforderlich. Für Biodieselbetrieb muss der Motor umgerüstet werden.

Als Nebenprodukt gewinnt man bei der Umesterung von Rapsöl Glycerin, das in der chemischen Industrie weitere Verwendung findet.

» *Wasserstoff*

Der wichtigste alternative Energieträger ohne CO_2-Emission ist Wasserstoff. Seine Herstellung ist allerdings energieaufwändig, solange er nicht aus dem unerschöpflichen Wasserreservoir der Meere, Seen und Flüsse elektrolytisch unter Einsatz von Fotovoltaik gewonnen werden kann.

Schema der Energieumwandlungen von Primärenergieträgern und erneuerbaren Energieträgern

In der nachfolgenden → Abb. 2.1 sind unsere natürlichen und erneuerbaren Energieträger sowie Wasserstoff als Sekundärenergieträger aufgeführt, zusammen mit den Möglichkeiten zu ihrer Umwandlung in andere Energieformen.

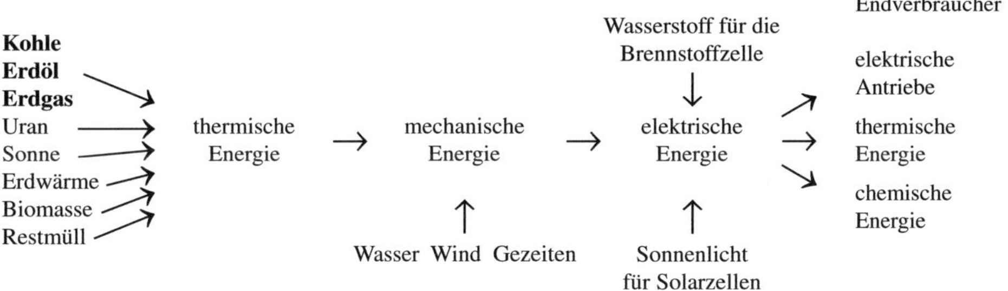

Abb. 2.1 Energieträger und Möglichkeiten der Energieumwandlung

Kohle, Erdöl und Erdgas als Rohstoffquellen für organische Chemieprodukte

Vor allem Erdöl und Erdgas haben heute große Bedeutung zur Herstellung von organischen Produkten, so genannten Chemieprodukten, wie beispielsweise Leichtbenzin (Naphtha) und Synthesegas. Sie dienen als Ausgangsprodukte für Polymere, Arzneimittel, Farben, Lacke, Pflanzenschutzmittel, Lösemittel, Desinfektionsmittel, Imprägniermittel sowie synthetische Schmierstoffe u.a.

Die *Kohleveredlungsverfahren* sind gegenüber den *petrochemischen Verfahren* in den vergangenen Jahren in den Hintergrund getreten.

» *Alternativen zu fossilen Rohstoffquellen*

Als nachwachsende Rohstoffquellen für organische Produkte finden hauptsächlich Ölpflanzen Verwendung. Die Samen von Raps, von Sonnenblumen, Lein, Mohn, Mais u.a. liefern ein breites Spektrum an Fettsäurearten. Diese werden nicht nur für Speiseöl und Margarine verwendet, sondern auch als Rohstoffe für *Schmieröle (Rapsöl)*, Tenside sowie Ölfarben, Kitte, Seifen u.a.

2.1 Kohle

Entstehungsgeschichte der Kohlevorkommen

Vor ungefähr 300 Millionen Jahren haben sich die ersten großen Wälder auf der Erdoberfläche ausgebreitet. Unter Einwirkung von Sonnenergie entstanden aus Kohlendioxid und Wasser pflanzliche, also organische Stoffe. Schließlich ließen Erdbeben, Verwerfungen, Einbrüche die riesigen Wälder in tiefere Schichten der Erdkruste absinken. (Die Erdkruste reicht etwa 30 bis 40 km ins Erdinnere.)

Zunächst bildete sich durch verschiedene mikrobiologische und chemische Prozesse aus abgestorbenem Pflanzenmaterial Torf, der mit fortschreitendem Absinken in tiefere Regionen in Braunkohle überging. Durch weiteres Absinken der kohleführenden Schicht bei hohem Druck und bei Temperaturen von etwa 300 °C erfolgte innerhalb von Millionen von Jahren, stets unter Luftabschluss, d.h. anaerob, schließlich die Umwandlung zu der ältesten Kohlenart, der Steinkohle.

Die pflanzliche Substanz, deren Verbindungen hauptsächlich Kohlenstoff und Wasserstoff, aber auch Sauerstoff, Stickstoff und Schwefel enthalten, erfuhr also während der geologischen Einflüsse eine ständige chemische Veränderung. Unter Abspaltung von flüchtigen wasserstoffreichen Verbindungen reicherte sich der Kohlenstoff an. Diese zunehmende Erhöhung des Kohlenstoffgehalts nennt man *Inkohlung*.

Chemisch gesehen ist jüngere Kohle ein Gemisch aus hochmolekularen Substanzen, bestehend aus langkettigen und cyclischen Kohlenwasserstoffen, in die auch heterocyclische Ringe wie Phenol, Pyridin, Thiophen, Pyrrol u.a. eingebaut sind. Die

Inkohlung setzte sich durch weitere Kondensation zu immer größeren polycyclischen Schichten fort, und die chemische Struktur nahm mit zunehmendem Alter immer mehr aromatischen Charakter an. In letzter Konsequenz bildet sich Kohle unter Eliminierung der Heteroatome, also die Schichtstruktur des Graphits (s. → Abb. 5, Seite 6). Stets waren aschebildende, anorganische Bestandteile (Quarz, Ton) und Spuren von verschiedenen Metallen bzw. Metallverbindungen zugegen.

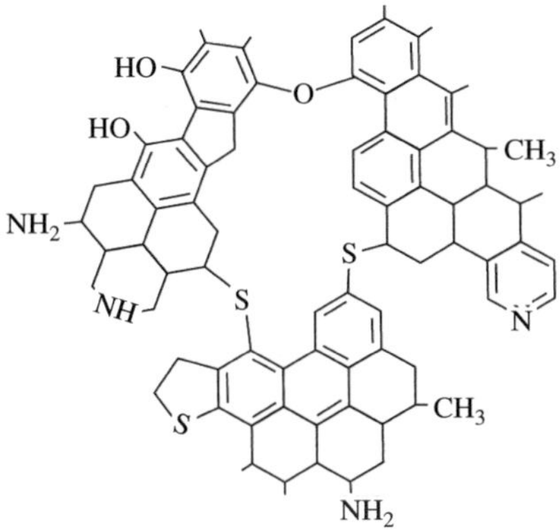

Abb. 2.2 Ausschnitt aus einer möglichen hochmolekularen Zwischenstruktur bei der Inkohlung

Nach ihrer Entstehungsgeschichte kann man Kohle – auch Erdöl und Erdgas – als gespeicherte Sonnenenergie betrachten. Daher rührt der Ausdruck *Energieträger*.

Kohle wird in Bergwerken unter Tage abgebaut oder, wo es möglich ist, auch im Tagebau. Geförderte Kohle ist zur direkten Verwendung ungeeignet. In den Kohleaufbereitungsanlagen der Bergwerke werden die mineralischen Bestandteile abgetrennt.

In Deutschland wurde der Kohleabbau aus wirtschaftlichen Gründen für die Energiegewinnung weitgehend eingestellt. Unter der Nordsee in etwa 4000 bis 4500 m Tiefe sollen sich noch riesige Kohlevorkommen ausbreiten. Dem bergmännischen Kohleabbau sind in diesen Tiefen jedoch Grenzen gesetzt. Hier müssten neue Techniken zur Anwendung kommen, beispielsweise eine in-situ-Vergasung, eine Vergasung direkt im Kohleflöz (s. → Abschn. 2.1.2, Seite 68).

In den 50er und 60er Jahren des 20.Jh. wurde bei uns Kohle zum großen Teil vom kostengünstigeren Erdöl und Erdgas verdrängt. Unsere Kohlelager dienen lediglich als wichtige Reserve. Die billigere Auslandskohle wird in Kohlekraftwerken eingesetzt.

2.1.1 Kohle als Primärenergieträger

Hauptbestandteil der Kohle ist naturgemäß das Element Kohlenstoff. Allerdings schwankt der Kohlenstoffgehalt. Er kann bei der ältesten Kohlenart, der Steinkohle z.B. bei der Art Anthrazit einen Anteil von etwa 95 % erreichen.

» *Die Steinkohleneinheit SKE*

Um die unterschiedlichen Energieträger in der Technik vergleichbar zu machen, hat man die Steinkohleneinheit SKE eingeführt.

10^3 SKE nennt man 1 Tonne SKE

1 SKE ist der mittlere Energieinhalt von 1 kg einer Durchschnittssteinkohle.

1 SKE entspricht 29300 kJ oder 8,141 kWh (früher 7000 kcal)

Die Energie, die bei der Verbrennung von 1 kg Durchschnittssteinkohle gewonnen wird, entspricht etwa der Verbrennung von   1,9 kg Holz oder Braunkohle,

                                                    0,7 kg Heizöl,

                                                    0,8 m^3 Erdgas,

                                                    0,3 m^3 Flüssiggas (Propan + Butan)

oder dem Energieinhalt von 370 µg ^{235}U.

Vgl.: Verschiedene Energieträger s. → Tabelle 2.3, Seite 97.

2.1.2 Kohle als Rohstoffquelle

Nicht nur als Primärenergieträger sondern auch als Rohstoffquelle für Chemieprodukte wurde Kohle infolge des großen Erdöl- und Erdgasangebots zum Teil abgelöst. Dennoch sind einige Verfahren der Kohleveredlung in verschiedenen Ländern noch heute von Bedeutung. Als wichtigste Kohleveredelungsverfahren werden die Kohlevergasung und die Kohleverflüssigung (*Fischer-Tropsch*-Synthese) angewendet, während die Pyrolyse – ein Kohleentgasungsverfahren – an Bedeutung verloren hat.

Kohleveredlungsverfahren

» *Kohlevergasung*

Kohlevergasung bedeutet die Umwandlung der Feststoffe Kohle oder Koks in ein Gasgemisch durch Umsetzung mit Luft bzw. Luft und Wasserdampf bei hohen Temperaturen (800 bis 1000 °C).

Generatorgas

Zur Herstellung von Generatorgas wird in großen Öfen (Generatoren) Luft von unten her durch eine 1 bis 3 m hohe Kohleschicht geleitet. Im unteren Teil verbrennt Kohlenstoff mit dem noch vorhandenen Überschuss an Luft in stark exothermer Reaktion zu CO_2 (1), man nennt dies Heißblasen. Bei Temperaturen von etwa 1000 °C reagiert CO_2 mit dem Kohlenstoff der darüber liegenden noch unverbrauchten Kohleschicht nach dem *Boudouard*-Gleichgewicht zu CO (2), so dass bei Kohleüberschuss und hohen Temperaturen insgesamt die Reaktion (3) abläuft. Stickstoff geht praktisch unverändert aus der Reaktion hervor (Gl. 2.1).

Die Einzelreaktionen sind:

(1) $\qquad C + O_2 \longrightarrow CO_2 \quad \Delta H_f^0 = -394\ kJ/mol$

(2) Boudouard-Gleichgewicht

$$C + CO_2 \overset{1000\ °C}{\rightleftharpoons} 2\ CO \quad \Delta H^0 = +173\ kJ/mol$$

(3) Insgesamt $\quad 2\ C + O_2 \longrightarrow 2\ CO \quad \Delta H^0 = -221\ kJ/mol$

Gesamtreaktion:

$$\underbrace{2\ C + O_2 / 4\ N_2}_{\text{Luft}} \overset{1000\ °C}{\longrightarrow} \underbrace{2\ CO + 4\ N_2}_{\text{Generatorgas}} \quad \Delta H^0 = -221\ kJ/mol \tag{2.1}$$

Generatorgas besteht also aus einer Mischung aus Volumenanteilen von etwa 34 % CO und 60 % N_2 und einem Rest an CO_2. Wird Generatorgas direkt als *Heizgas* verwendet, nennt man es aufgrund des hohen Stickstoffanteils und des relativ geringen Brennwerts *Schwachgas*.

Wassergas/Synthesegas

Historisches
Zwischen Wassergas und Synthesegas wird bewusst ein Unterschied gemacht. Wassergas hat eine sehr enge und spezifische Rohstoffgrundlage (Kohle, Koks) und gehört in eine andere historische Generation als das in modernen Anlagen aus Kohle, Erdöl und Erdgas gewonnene Synthesegas.

Die alte Technologie der Kohlevergasung mit Wasserdampf zum so genannten *Wassergas* hatte Anfang des 20. Jh. große Bedeutung für die Bereitstellung von Wasserstoff zur Ammoniak-Synthese.

$$C + H_2O(g) \overset{1000\ °C}{\rightleftharpoons} \underbrace{CO + H_2}_{\text{Wassergas}} \qquad \Delta H^0 = +131\ kJ/mol \tag{2.2}$$

Wassergas aus Kohle, Koks oder Teer ist relativ arm an Wasserstoff. Das molare Verhältnis von CO : H_2 beträgt 1 : 1. Die Reaktionswärme für die endotherme Reaktion erhält man durch Kombination mit dem exothermen Prozess der Kohleverbrennung (Heißblasen s. $\rightarrow$ Gl. (1) oben).

Heute wird das Gasgemisch mit den Komponenten CO und H_2 nach neu entwickelten Hochleistungsprozessen produziert, die wirtschaftlicher sind. Das entstehende Gasgemisch nennt man *Synthesegas*. Es findet nicht nur als Sekundärenergieträger Verwendung, sondern auch als Zwischenprodukt für viele organische Basisverbindungen z.B. für Wasserstoff, Methanol, Ammoniak u.a. (s. $\rightarrow$ Abb. 2.9, Seite 100). Nachfolgend ist die Verwendung zur Synthese von Kraftstoffen nach der *Fischer-Tropsch-Synthese* angegeben.

Synthesegas wird in den Industrieländern heute überwiegend aus Erdgas (s. → Abschn. 2.3.2, Gl. (2.4), Seite 99) und Erdölfraktionen sowie aus Schweröl produziert. In Ländern mit billiger Kohle wird die Kohle- bzw. Koksvergasung mit Wasserdampf weiterhin durchgeführt. Was letzten Endes zur Synthesegas-Bildung eingesetzt wird, richtet sich nach dem was verfügbar ist und vor allem nach dem für die spätere Verwendung erforderlichen Verhältnis von $CO : H_2$.

In-situ-Vergasungs-Verfahren

Kann Steinkohle in sehr tiefe Schichten nicht mehr bergmännisch gefördert werden, wird eine in-situ-Vergasung angewendet. Bei diesem Verfahren leitet man ein Gemisch aus Wasserdampf, Luft und Sauerstoff ins Steinkohlenflöz hinab und entzündet es dort. In einer getrennten Rohrleitung lässt man das so erhaltene Schwachgas nach oben strömen und saugt es ab. Nach Reinigung kann es direkt als Heizgas oder als Synthesegas zur Anwendung kommen.

» *Kohleverflüssigung*

Es gibt verschiedene Möglichkeiten, Kohle in flüssige, höherwertige Sekundärenergieträger umzuwandeln.

Direkte Kohlehydrierung nach *Bergius* und *Pier*
(Friederich Bergius, 1884–1949, Deutschland, Nobelpreis 1931; Matthias Pier, 1882–1965)

Bei diesem Verfahren wird fein gemahlene Kohle in Schweröl aufgeschlämmt und bei hohem Druck und hoher Temperatur in Gegenwart eines Katalysators mit Wasserstoff behandelt. Die Kohlestruktur wird aufgebrochen und mit Wasserstoff abgesättigt. Das Verfahren dient zur Herstellung von Kohlenwasserstoffen (Alkanen), insbesondere für die Gewinnung von Ottokraftstoff.

Fischer-Tropsch-Synthese
(Franz Fischer 1877–1947, Chemiker, Deutschland; Hans Tropsch 1889–1935, Chemiker, Deutschland, Tschechien, USA)

Im Gegensatz zur direkten Kohlehydrierung nach *Bergius und Pier* kann Kohle auch indirekt in Kohlenwasserstoffe (Alkane) für die Gewinnung von Ottokraftstoff übergeführt werden. Dazu muss aus Kohle zunächst Synthesegas (CO/H_2) hergestellt werden, das schließlich bei Temperaturen über 180 °C und erhöhtem Druck an Katalysatoren mit einem Überschuss an Wasserstoff zu Alkanen umgesetzt wird:

$$n\,CO \ + \ (2n{+}1)\,H_2 \ \xrightarrow{\text{Katalysator}} \ C_nH_{2n+2} \ + \ n\,H_2O \tag{2.3}$$

Wassergas/Synthesegas   Alkane

Bei unterschiedlichen Reaktionsbedingungen können sowohl Alkane in bestimmten Siedebereichen entstehen wie auch kurzkettige Alkene z.B. Ethen und Propen oder sauerstoffhaltige Verbindungen wie Alkohole oder Aceton.

Die *Fischer-Tropsch*-Synthese zur Gewinnung von Kraftstoffen (Alkanen) hat für Südafrika mit seinen großen Kohlevorkommen große Bedeutung. In anderen Ländern ist die Gewinnung von Synthesegas aus Erdgas- (→ Gl. (2.4), Abschn. 2.3.2, Seite 99) und Erdöl kostengünstiger.

Nach der *Fischer-Tropsch*-Synthese stellt man heute unter entsprechender Prozessführung den flüssigen *SunDiesel-Kraftstoff* (Btl. B̲iomass-t̲o-L̲iquid) her. Holzhackschnitzel werden zunächst verschwelt und aus dem sich bildenden Schwelgas wird anschließend in einem Hochtemperaturreaktor Synthesegas für die *Fischer-Tropsch*-Synthese erzeugt. SunDiesel verbrennt somit CO_2-neutral, ist schwefelfrei, im Verbrennungsmotor sauberer als Dieselkraftstoff aus Erdöl und enthält keine aromatischen Kohlenwasserstoffe, die zur Russbildung beitragen. Die Cetanzahl ist hoch (s. → Abschn. 2.2.1, Seite 84).

» *Pyrolyse: Ein Entgasungsverfahren*
Pyrolyse bedeutet thermische Behandlung unter Luftausschluss.

Die Pyrolyse von Kohle ist ein altes Verfahren (seit Anfang des 18. Jh.). Sie hat zwar stetig an wirtschaftlicher Bedeutung verloren, doch wird die Pyrolyse-Technik nach wie vor für die Gewinnung von Koks zur Roheisenherstellung im Hochofen und in neuerer Zeit für die thermische Abfallverwertung angewendet.

Es gibt verschiedene Verfahrenstechniken, die sich nicht nur nach der Wirtschaftlichkeit, sondern auch nach der Verwendung der Entstehungsprodukte richten. Die Produktausbeute ist abhängig von den Reaktionsbedingungen, vor allem von der Endtemperatur und auch der Aufheizgeschwindigkeit.

Man unterscheidet zwei Arten der Pyrolyse: das Schwelen bei etwa 450 bis 600 °C und das Verkoken. Bei letzterem Verfahren wird zwischen einem Mitteltemperaturverkoken von etwa 600 bis 800 °C und einem Hochtemperaturverkoken von etwa 900 bis 1200 °C unterschieden.

2.2 Erdöl

Erdöl ist einer der wichtigsten Energieträger und vor allem die wichtigste Rohstoffquelle für organische Chemieprodukte, so genannte *petrochemische Produkte*.

Das Schema → Abb. 2.3 soll einen Anhaltspunkt geben, wie sich die Verwendung von Erdöl aufteilt. Von der eingesetzten Erdölmenge werden Anteile von ungefähr 87 % (mit (*) gekennzeichnet) in Motoren und Heizungsanlagen unwiederbringlich zu Kohlendioxid CO_2 und Wasser H_2O verbrannt. Nur etwa 10 % werden als Chemierohstoff verbraucht. Davon wiederum benötigt man ungefähr 7 % für Polymererzeugnisse und nur 3 % für alle anderen Chemieprodukte. Weitere 3 % werden als Bitumen z.B. im Straßenbau eingesetzt.

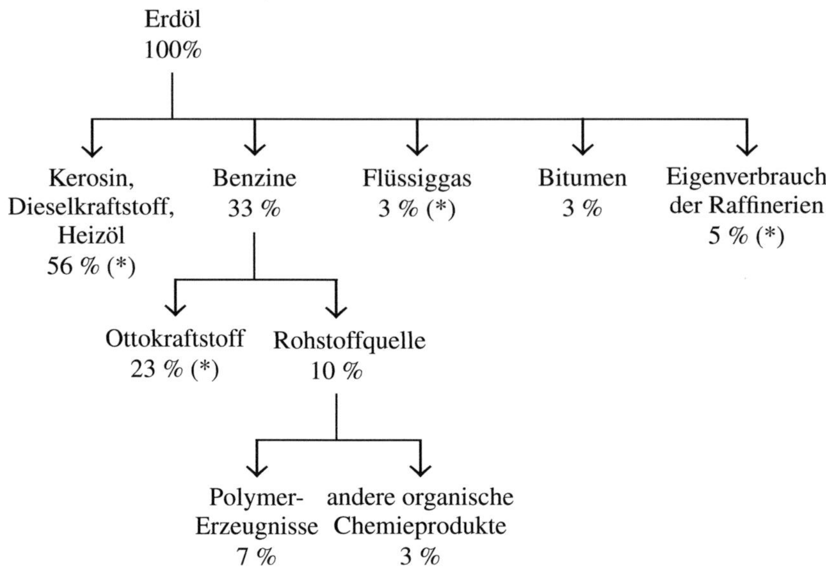

Abb. 2.3 Schema für die Verwendung von Erdöl als Energieträger und als Rohstoffquelle für organische Produkte (petrochemische Produkte) in Deutschland. Diese Durchschnittswerte können sich im Lauf der Zeit verändern.

Entstehungsgeschichte des Erdöls

Vor ungefähr 200 bis 250 Millionen Jahren war die Erde mit flachen, warmen Meeren bedeckt. Das warme Klima begünstigte in den Meeren ein üppiges Wachstum von Kleinlebewesen (Zooplankton) und pflanzlichen Substanzen (Phytoplankton). Ihr Leben war kurz und die organischen Stoffe wurden zunächst durch den im Wasser gelösten Sauerstoff verändert. Sie setzten sich im Laufe der Zeit ab. Die tief am Meeresboden liegende Schichten bildeten schließlich unter Luftabschluss und unter Einwirkung von Bakterien Faulschlamm. Von den Flüssen wurde Sand und Gestein in die Meere gespült, oft bis zu einigen hundert Meter hoch. Unter hohem Druck und Temperaturen von etwa 200 °C entstanden aus dem Faulschlamm die Inhaltsstoffe von Erdöl und Erdgas. Das Alter von Erdölen kann sehr unterschiedlich sein. Es gibt Angaben bis zu etwa 600 Millionen Jahren.

Das Erdöl sank durch poröses Gestein solange in die Tiefe, bis es von undurchlässigen Schichten aufgefangen wurde. Spannungen in der Erdkruste falteten die Schichten zu Hügeln und Tälern. Das Gas sammelte sich über dem Öl in den Kuppeln, das schwerere noch restlich vorhandene Meerwasser unter dem Öl. Sind Risse durch die Erdschichten entstanden, die gelegentlich bis an die Oberfläche reichten, so drängte das Gas und das Öl bis an die Erdoberfläche (natürliche Ölquellen).

Die Ressourcen von Erdöl sind wie die von Kohle und Erdgas endlich. Sie sollen jedoch um ein Mehrfaches größer sein als das, was wir derzeit als so genannte *Reserven* kennen und für technisch und wirtschaftlich ausbeutbar halten. Die Reichweite wurde um die Jahrtausendwende 2000 für die arabischen Ölfelder noch auf etwa 90 Jahre, für andere Ölfelder (Nordsee) auf etwa 17 Jahre geschätzt. Im Jahre 2005 gibt es eine Angabe für die Reichweite der wirtschaftlich förderbaren Welt-Ölreserven von 50 Jahren bei gleich bleibendem Verbrauch. Man nimmt an, dass die Ölreserven insofern zunehmen werden, als neue Quellen aufgefunden und bereits erschlossene Felder neu bewertet werden. Außerdem gibt es Erdölvorkommen als Ölsand und Ölschiefer (Kanada). Dennoch sollten uns Erdöl und auch Erdgas durch rigorose Einsparmöglichkeiten vor allem für Chemierohstoffe möglichst lange erhalten bleiben.

Bezeichnungen
Das unmittelbar aus dem Bohrloch kommende Erdöl nennt man *Rohes Erdöl.*

Häufig wird Erdöl auch als *Rohöl* bezeichnet. Dies rührt daher, dass Erdöl im amerikanischen Sprachgebrauch *crude oil* genannt wird. Die Bezeichnung Mineralöl deutet eher auf fertige Produkte hin wie die mineralischen Motorenkraftstoffe und mineralischen Schmieröle, die aus Erdöl gewonnen werden. Die Bezeichnungen Naphtha oder Petroleum sollten für Erdöl nicht verwendet werden, sie bleiben Produkten der Erdölaufbereitung vorbehalten (s. → Tabelle 2.1, Seite 76).

Erdölaufbereitung
Rohes Erdöl wird auf den Ölfeldern aus natürlichen Ölquellen oder durch Bohrung aus tiefen Schichten als Gemisch aus Gas, Öl und Salzwasser gefördert. Dieses Gemisch wird in der Erdölaufbereitungsanlage aufgearbeitet: das rohe Erdöl durchläuft zunächst einen Gasabscheider und gelangt dann in die Entwässerungs- und Entsalzungsanlagen. Erst das so gewonnene Erdöl wird per Schiff oder durch Pipelines in die Erdölraffinerien transportiert und kann dort destillativ aufgetrennt und zu verkaufsfähigen Produkten umgewandelt, d.h. *raffiniert* werden.

Historisches
An der Technischen Hochschule (heute Universität) Karlsruhe hat *Engler (Carl Engler 1842–1925)* in den Jahren 1887–1919 die Erdölwissenschaft und Erdöltechnik begründet. Er betrieb petrochemische Forschung und veröffentlichte Arbeiten über die Physik des Erdöls. Sein Institut war damals ein internationales Zentrum der Erdölforschung und Erdölverwertung. Er hat nachgewiesen, dass Erdöl durch die Zersetzung organischer Substanzen entstanden ist.

2.2.1 Verfahren der Erdölverarbeitung in der Raffinerie

Hauptbestandteil des Erdöls sind die flüssigen Kohlenwasserstoffe. Die Zusammensetzung des Erdöls kann je nach Herkunftsland sehr differieren: es gibt paraffinische Erdöle, die reich an geradkettigen oder verzweigten Alkanen sind, naphthenische Erdöle enthalten Cycloparaffine, aromatische Erdöle sind reich an Benzol und an anderen aromatischen Kohlenwasserstoffen. Stets sind geringe Anteile an Schwefel-,

Stickstoff- und Sauerstoffverbindungen vorhanden; weiterhin findet man Spuren von Vanadin, Nickel und anderen Metallen. Die Farbe des Erdöls ist hellgelb bis dunkelbraun. Je höher der hochmolekulare Anteil, desto dunkler ist das Öl. Die Dichte des Erdöls gibt einen Hinweis auf den Gehalt an hochsiedenden Komponenten.

Das Erdöl, wie es per Schiff oder aus der Pipeline ankommt, wird in einer *Raffinerie* in Fraktionen mit verschiedenen Siedebereichen zerlegt. Dies erfolgt in so genannten Kolonnen (Kolonne bedeutet schlanker Turm, Säule), in säulenartigen Metallbauten, die jeder Raffinerie schon von weitem ihr prägnantes Bild verleihen.

In der Öffentlichkeit wird die Bezeichnung *Mineralöl*raffinerie verwendet (s. → Bezeichnungen Seite 71).

Die Begriffe Destillation, Fraktionierung und Rektifikation

» *Destillation* (lat. destillare herabtropfen)
Eine einfache Destillation bezweckt die Abtrennung einer Flüssigkeit z.B. aus einer Salzlösung durch Erhitzen, Verdampfen und anschließendem Kondensieren. Das Salz bleibt als fester Stoff zurück.

» *Fraktionierung* (lat. frangere brechen)
Fraktionierung ist die Bezeichnung für die stufenweise Trennung eines Stoffgemischs in seine Komponenten. Die Fraktionierung kann bei einem Gemisch aus flüssigen Stoffen aufgrund der unterschiedlichen Siedepunkte durch die fraktionierte Destillation, bei einem Gemisch aus festen Stoffen aufgrund der unterschiedlichen Schmelzpunkte durch fraktionierte Kristallisation durchgeführt werden. Auskunft darüber gibt für ein Gemisch aus flüssigen Komponenten das *Siedediagramm* (s. → Abb. 2.4, Seite 73), für ein Gemisch aus festen Stoffen das *Schmelzdiagramm* (s. → Buch 1, Abb. 4.70, Substitutionsmischkristall Cu-Ni, Seite 271).

Das Siedediagramm: Die Auftrennung eines Flüssigkeitsgemischs ist möglich, da jede einzelne reine Komponente einen bestimmten Siedepunkt und bei jeder Temperatur einen bestimmten Dampfdruck hat. Somit geht jede Komponente bei der Destillation von einem Flüssigkeitsgemisch mit einem anderen prozentualen Anteil in die Gasphase über. Die leichter flüchtige Komponente (niedrigere Siedepunkt, höherer Dampfdruck) wird sich bei der Destillation stärker in der Gasphase anreichern. Die Gasphase hat daher immer eine andere prozentuale Zusammensetzung als die Flüssigphase.

Die Fraktionierung über den Flüssig-/Gaszustand wird am einfachen Beispiel eines Zweikomponentensystems erklärt s. → Abb. 2.4: In einem Siedediagramm gibt die obere Linie die Kondensationstemperatur an, die die Gasphase vom Zweiphasenbereich Gas-/Flüssigphase trennt. Die untere Linie gibt die Siedetemperatur an, die den Zweiphasenbereich Gas-/Flüssigphase von der Flüssigphase trennt.

Beispiel:

Eine Komponente Y hat einen Siedepunkt von 95 °C und eine Komponente X von 40 °C. Erhitzt man ein Gemisch der beiden Komponenten von je einem Volumenanteil von 50 %, so kann die Gasphase, die sich bei konstant gehaltener Temperatur von etwa 58 °C (Punkt A) bildet, aufgefangen und kondensiert werden. Die Zusammensetzung dieses abgetrennten Kondensats – dieser ‚Fraktion' – besteht nun aus einem Volumenanteil von etwa 82 % der Komponenten X und von etwa 18 % der Komponenten Y (Punkt B). Die niedrig siedende Komponente X hat sich also angereichert, während der Anteil der höher siedenden Komponenten geringer geworden ist. Diese Fraktion mit ihren unterschiedlichen Volumenanteilen kann einer neuen Auftrennung – Fraktionierung – unterzogen werden, d.h. sie kann wiederum einer Destillation und Kondensation bei konstanter Temperatur unterworfen werden. Der Anteil der Komponenten X wird sich in der Gasphase stets erhöhen und der Anteil der Komponenten Y weiter verringern bis die Komponente X bei 40 °C als reine Komponente vorliegt.

Bei jeder Destillation bleibt ein Rest als Flüssigkeit zurück, der bei konstant gehaltener Siedetemperatur (s. → z.B. bei 58 °C) nicht in die Gasphase übergeht und in dem der Anteil der höher siedenden Komponenten größer ist.

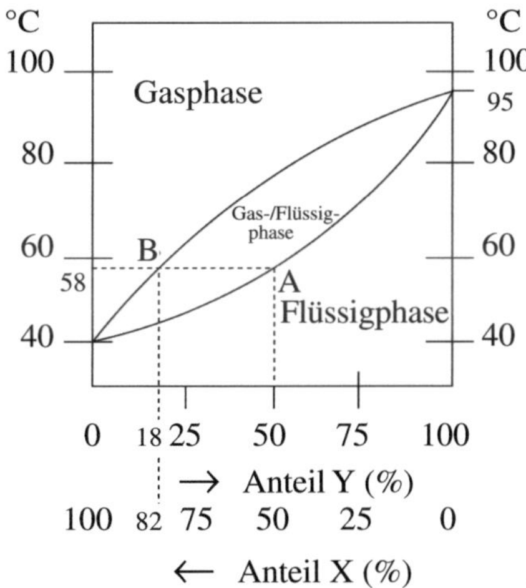

Abb. 2.4 Schematisches Siedediagramm eines Zweikomponenten-Systems mit der Komponenten X (Siedepunkt 40 °C) und der Komponenten Y (Siedepunkt 95 °C).

Erdöl besteht aus sehr vielen Komponenten, aus Kohlenwasserstoffen mit Siedepunkten, die sehr nahe beieinander liegen. Da keine Notwendigkeit zur Isolierung von reinen Komponenten besteht, wird in Siedebereiche, d.h. in Fraktionen von Kohlenwasserstoffen mit ähnlichen Siedepunkten aufgetrennt. Allerdings wird nicht diskontinuierlich gearbeitet, d.h. nicht durch Abbrechen der Destillation bei einer bestimmten Temperatur und Abtrennen der gasförmigen Fraktion durch Kondensation, sondern es wird zur besseren Auftrennung kontinuierlich in einem so genannten

Fraktionierturm bzw. in einer Rektifiziersäule gearbeitet (s. → Abb. 2.5). Entsprechend dem Temperaturabfall von unten nach oben werden einzelne Siedebereiche von Kohlenwasserstoffgemischen auf den in verschiedener Höhe angebrachten so genannten Kolonnenböden (auch Kondensationsböden genannt) gesammelt.

» Rektifikation (lat. rectus richtig, lat. facere machen)

Die Rektifikation ist eine Gegenstromdestillation. Ein automatisch dosierter Rücklauf von kondensierten Anteilen sorgt für einen allmählichen Temperaturabfall über die gesamte Höhe der Rektifiziersäule. Der Rücklauf bezweckt nichts anderes als ein wiederholtes Verdampfen und Kondensieren bis sich ein Temperaturgleichgewicht über die gesamte Höhe der Rektifiziersäule eingestellt hat. Dies ist notwendig, um die gasförmigen Anteile der einzelnen Fraktionen entsprechend ihren Siedepunkten in verschiedenen Höhenlagen kondensieren zu lassen. Es stellt sich zwischen Gasphase und Flüssigphase auf den Kolonnenböden ein Gleichgewicht ein. Von den Kolonnenböden aus können Fraktionen eines bestimmten Siedebereiches seitlich aus der Rektifiziersäule abgezogen und nach Abkühlung in die Lagertanks geleitet werden. Jede Fraktion besteht so aus einem Gemisch von Kohlenwasserstoffen mit einem bestimmten Siedebereich und einer konstanten Zusammensetzung.

Die Siedebereichsgrenzen können verschoben werden im Hinblick auf die spätere Verwendung der Produkte.

Rektifiziersäule für die Aufbereitung von Erdöl

In der nachfolgenden → Abb. 2.5 ist vereinfacht das Schema einer Rektifiziersäule zur Aufbereitung von Erdöl dargestellt.

Erdöl wird zunächst in einem Röhrenofen auf etwa 350 °C erhitzt und anschließend kontinuierlich in die Rektifiziersäule übergeführt. Hier werden diejenigen Anteile, die bis etwa 350 °C in die Gasphase übergehen, destillativ getrennt. Das nicht destillierbare Bodenprodukt kann direkt als schweres Heizöl verwendet werden oder es wird – um Zersetzungen zu vermeiden – unter vermindertem Druck, d.h. durch Erniedrigung der Siedepunkte in einer Vakuumanlage weiter destillativ aufgetrennt.

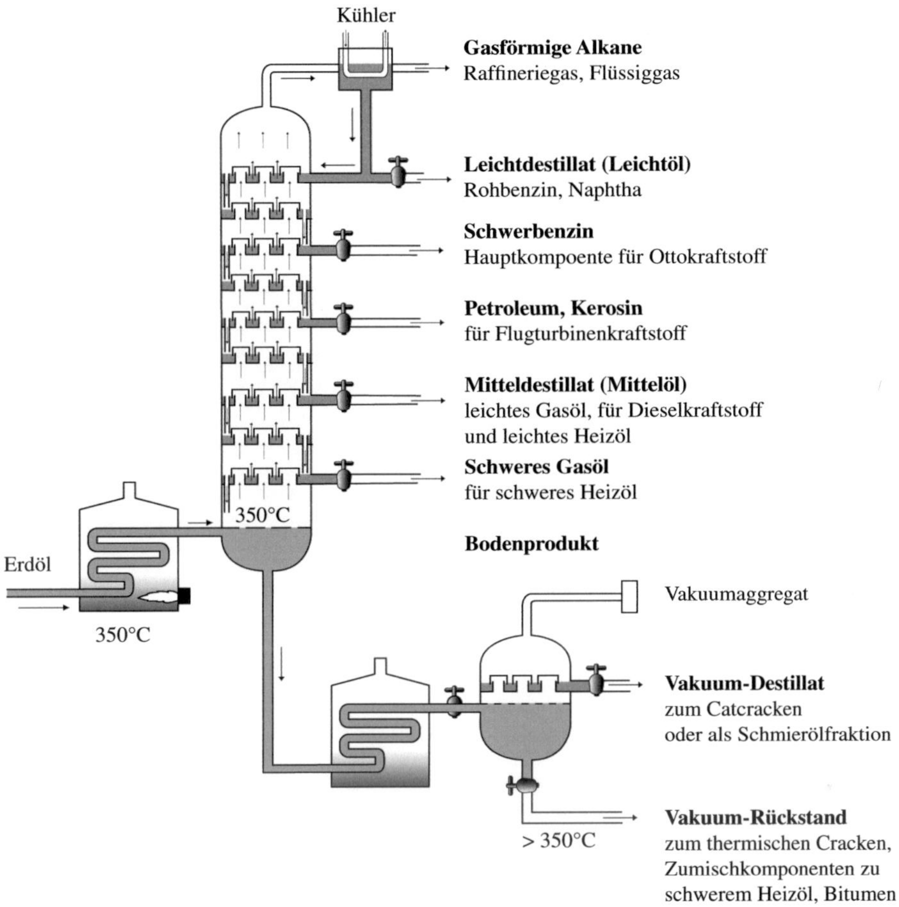

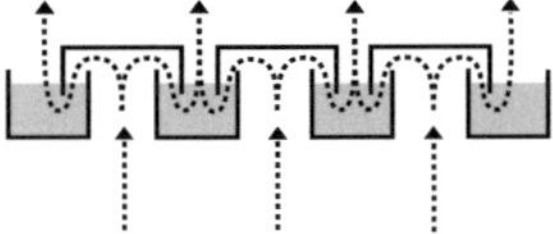

Abb. 2.5 Schema einer Rektifiziersäule (Kolonne) zur Erdölfraktionierung unter Atmosphärendruck und im Vakuum (nicht maßstabsgerecht). Insgesamt können etwa 30 bis 40 Kolonnenböden über die Kolonne verteilt und zwischen den seitlichen Absperrhahnen mehrere Kolonnenböden eingebracht sein. Die Temperatur der Siedebereiche nimmt von unten nach oben ab. Siehe dazu → Tabelle 2.1, Seite 76.

Schema eines Ventils:

Diese Ventile lassen entsprechend dem Temperaturgefälle in der Rektifiziersäule die Gasphase nach oben hindurch und fangen die Flüssigphase auf dem Kolonnenboden auf.

In der folgenden → Tabelle 2.1 ist ein allgemeines Beispiel für Produkte einer Erdölfraktionierung und ihrer Verwendung angegeben.

Tabelle 2.1 Produkte einer Erdölfraktionierung in einer Rektifiziersäule und ihre Verwendung (Schema) C_1, C_2, C_3, C_4 usf. ist die abgekürzte Form für kettenförmige Alkane mit 1 C-Atom, 2 C-Atomen, 3 C-Atomen, 4 C-Atomen usf. (s. → Tabelle 1.1, Seite 11).

Siedebereich (Atmosphärendruck)	Produkte und deren Verwendung
bis 30 °C	*Gasförmige Alkane* *Raffineriegas*: Fraktion etwa C_1 bis C_2. Verwendung als Heizgas sowie als Chemierohstoff für Synthesegas und Wasserstoff. *Flüssiggas*: Fraktion etwa C_3 bis C_4. Sie wird in Tanks unter Druck gespeichert, sie ist auch als Autogas LPG (Liquidfied Petroleum Gas) bekannt. Verwendung als Kraftstoff, Heizgas, auch als Chemierohstoff für Synthesegas und Alkene im Steamcracker.
30 °C bis 70 °C	*Leichtdestillat (Leichtöl)*: Fraktion etwa C_5 bis C_6. Es ist die *Rohbenzin-Fraktion*, auch *Naphtha* oder Leichtbenzin genannt, eine der wertvollsten Fraktionen. Sie findet als Chemierohstoff Verwendung (u.a. für Polymere) und wird auch Ottokraftstoff zugemischt.
70 °C bis 180 °C	*Schwerbenzin*: Fraktion bis C_{12}. Nach weiterer Aufarbeitung ist es die Hauptkomponente des Ottokraftstoffs, allgemein Benzin genannt.
150 °C bis 250 °C	*Kerosin, Petroleum*: Fraktion etwa C_{12} bis C_{15}. Sie wird für Flugturbinen- und Düsenkraftstoff verwendet.
180 °C bis 350 °C	*Mitteldestillat (Mittelöl, leichtes Gasöl)*: Fraktion etwa C_{15} bis C_{20} für Dieselkraftstoff und leichtes Heizöl.
Bodenprodukt bei 350 °C	*Schweres Gasöl*: Es kann direkt als schweres Heizöl verwendet werden, doch wird es heute kaum mehr verfeuert, allenfalls noch in der Zementindustrie, in Kraftwerken und als Schiffsdiesel. Um Zersetzungen zu vermeiden und es weiter verwenden zu können, wird es unter vermindertem Druck, d.h. durch Erniedrigung der Siedepunkte, in einer Vakuumanlage weiter destillativ aufgetrennt.
Vakuumdestillation Umgerechnet auf Normaldruck: >350 °C bis etwa 550 °C	Vom *Bodenprodukt* (schweres Gasöl bei 350 °C) der atmosphärischen Rektifikation kann im Vakuum eine C_{20} bis C_{40} Fraktion destillativ abgetrennt werden. Diese Fraktion wird den katalytischen Crackanlagen zur Gewinnung von Leicht- und Mitteldestillat zugeführt. In speziellen Schmieröl-Raffinerien kann es zu Schmieröl, insbesondere zu *Motorenöl* oder höher viskosem Maschinenöl u.a. raffiniert werden.
Umgerechnet auf Normaldruck: > 550 °C	*Vakuumdestillat-Rückstand*: Es sind wachsartige und hochmolekulare Komponenten von Bitumen. Der Vakuumdestillat-Rückstand kann weiteren Prozessen unterworfen werden, wie thermischem Cracken zu Leichtdestillat und Mitteldestillat. Er kann auch entsprechend der Kohlevergasung (Gl. (2.2), Seite 67) zur Herstellung von Wassergas/Synthesegas eingesetzt werden. Der Rest ist *Bitumen*. Der größte Teil davon geht in den Straßenbau.

Nicht alle Raffinerien arbeiten nach demselben Schema. Es gibt Raffinerien, deren Hauptprodukte Kraftstoffe und Heizöl sind und solche, die zu einem Teil auch Schmieröle produzieren. Für die chemische Industrie ist die Bereitstellung der Rohbenzin-Fraktion (Naphtha), die sie für die Herstellung von petrochemischen Produkten benötigt, ein Schwerpunkt.

Raffination der Leicht- und Mitteldestillate

(Raffination frz. raffinage Veredlung, Verfeinerung)

Nach der ersten destillativen Auftrennung in verschiedene Siedebereiche folgt die Raffination, d.h. die Verbesserung, Veredelung von Erdölprodukten bis zum verkaufsfähigen Produkt. Dazu werden einzelne Fraktionen weiter aufgetrennt, Mischungen verschiedener Destillationskomponenten hergestellt und Additive zugegeben. Das verkaufsfähige Fertigprodukt für Kraftstoffe, leichtes Heizöl und Schmieröle muss bestimmten DIN, ISO und EN Angaben entsprechen (s. → Glossar). Die Zugabe von Additiven nennt man Blending (engl. to blend vermischen).

Im Folgenden werden die wichtigsten Raffinations-Prozesse angegeben.

» Der Crack-Prozess in der Raffinerie (engl. to crack zerbrechen)

Die Wirtschaftlichkeit einer Erdölraffinerie mit dem Hauptprodukt Kraftstoffe und leichtem Heizöl beruht u.a. darauf, dass weniger wertvolle Fraktionen wie der Vakuum-Rückstand in Leicht- und Mitteldestillate umgewandelt werden (s. → Abb. 2.5, Seite 75). Chemisch bedeutet diese Umwandlung, dass langkettige Kohlenwasserstoffe bei hohen Temperaturen zu kürzerkettigen Kohlenwasserstoffen ‚gebrochen, gecrackt' werden.

$$\text{ab } C_{40} \quad \xrightarrow{\text{hohe Temperatur}} \quad \text{etwa } C_5 \text{ bis } C_{18}$$
$$\text{Vakuum-Rückstand} \qquad\qquad \text{Leicht- und Mitteldestillate}$$

Das thermische Cracken kann man sich so vorstellen, dass die langen Kohlenstoffketten bei hohen Temperaturen im Gaszustand in Schwingungen versetzt werden. Die Wärmebewegungen werden schließlich so heftig, dass die Einfachbindungen der Kohlenstoffketten brechen. Da die Bindungsenergie einer C−C-Bindung geringer ist (345 kJ/mol), als die einer C−H-Bindung (416 kJ/mol), spalten sich zunächst die C−C-Ketten zu kürzeren Ketten, schließlich brechen auch die C−H-Bindungen.

Schematische Darstellung für das Cracken von C−C-Ketten:

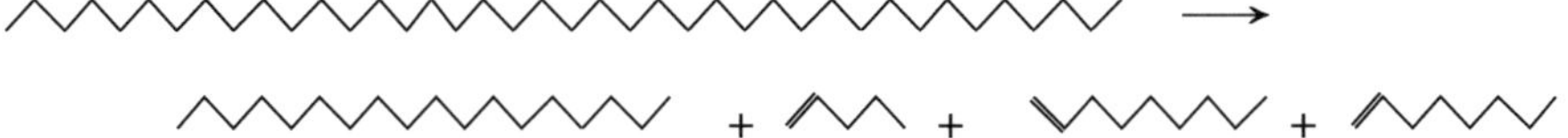

Der Crack-Prozess läuft nicht wie eine exakte chemische Reaktion ab. Inwieweit noch andere Reaktionsprodukte entstehen, hängt von den Bedingungen des Crack-Verfahrens ab. Nach dem Cracken muss erneut destillativ in verschiedene Siedebereiche aufgetrennt werden.

Es gibt in den Raffinerien verschiedene Verfahren für das Cracken:

Thermisches Cracken

Beim rein thermischen Verfahren kommt vorwiegend das minderwertige Bodenprodukt der Vakuumdestillation zum Einsatz. Dieses Verfahren benötigt neben hohen Temperaturen (etwa 500 bis 800 °C) auch lange Verweilzeiten. Es entsteht neben Crack-Gasen und Wasserstoff vor allem *Crackbenzin* (Leichtdestillat), das mit Anteilen an Isoalkanen, Alkenen und Aromaten eine relativ hochoctanige, daher hochwertige Mischkomponente für Ottokraftstoff darstellt. (Erklärung → Reformieren, Octanzahl, Seite 80/82). Je nach Verfahrensart kann auch Crack-Gasöl (Mitteldestillat) hergestellt werden, das dem Flugturbinenkraftstoff sowie Dieselkraftstoff und leichtem Heizöl zugesetzt wird. Als Rest liegt dann Petrolkoks vor. Die Crack-Gase werden in Raffineriegas und Flüssiggas aufgetrennt.

Katalytisches Cracken

Beim katalytischen Cracken, dem ‚Catcracken' erleichtern Katalysatoren z.B. ein Zeolith (s. → Buch 1, Abschn. 4.2.8, Seite 214 Zeolithe) oder ein auf Zeolith aufgebrachter Platin-Katalysator die Umwandlung. Der katalytische Prozess läuft innerhalb weniger Sekunden ab. Bei diesem Verfahren dürfen nur geringe Mengen an störenden Begleitstoffen vorhanden sein, die den Katalysator deaktivieren könnten, vor allem muss vorher entschwefelt werden. Die Reaktionsprodukte hängen von den Betriebsbedingungen wie Temperatur, Druck, Katalysator und vorhandenem Wasserstoff ab. Einsatzprodukt ist vorwiegend Vakuumdestillat, das weniger Katalysatorgifte als der Vakuum-Rückstand enthält. Es entstehen vor allem Benzinkomponenten.

Hydrocracken

Beim katalytischen Cracken mit Platin-Katalysator (auf Zeolith) wird zusätzlich Wasserstoff zugeführt. Als Hauptprodukt entsteht *leichtes Crack-Gasöl* für die Verwendung als Dieselkraftstoff und leichtes Heizöl. Vor dem Hydrocracken muss entschwefelt werden.

» *Der Crack-Prozess in der chemischen Industrie, das Steamcracken*

Steamcracken ist ein wichtiges Verfahren für die Herstellung von organischen Produkten. Bei diesem Prozess unterscheiden sich sowohl die Reaktionsbedingungen als auch die Reaktionsprodukte, von denen, wie sie beim Cracken von Erdölfraktionen in den Raffinerien entstehen. Die Rohbenzinfraktion oder das Flüssiggas (auch andere Erdölfraktionen) werden unter Zusatz von heißem Wasserdampf (ohne Katalysator) durch ein Rohrleitungssystem in so genannten Röhrenöfen geleitet, die man von außen auf 800 bis 900 °C beheizt. Dabei findet der Crack-Prozess statt. Anschließend wird das heiße Gas in einem aufwändigen Verfahren aufgetrennt (Kühlung, Verdichtung, Trocknung und Fraktionierung). Bei diesem Verfahren entstehen hauptsächlich Ethen, Propen, daneben auch Butadien und Isobutene, es sind Monomere zur Synthese von Polymeren. Außerdem erhält man neben Heizgas und Wasserstoff eine Benzinfraktion mit hohem Gehalt an Benzol, Toluol und Xylolen. Diese Benzinfraktion hat eine hohe Octanzahl von 95 bis 100 (s. → Octanzahl, Seite 82) und wird entweder an die Raffinerien abgegeben oder dient zur Gewinnung der in der Petrochemie benötigten Reinkomponenten Benzol, Toluol und Xylole.

» *Entschwefelung*

Außer dem Einsatzöl für das Catcracken und Hydrocracken müssen auch die leichteren Fraktionen wie Ottokraftstoff- und Mitteldestillat-Komponenten entschwefelt werden. Dies erfolgt in jeweils getrennten Anlagen, jedoch prinzipiell nach dem gleichen Verfahren.

Anmerkung: Der Schwefelgehalt (auch Stickstoff- und Sauerstoffgehalt) des Erdöls stammt aus den pflanzlichen und tierischen Urstoffen. Aus den Schwefelverbindungen entsteht bei der Verbrennung in Motoren und Heizungsanlagen Schwefeldioxid SO_2. Es kann mit den ebenfalls entstehenden Wassermolekülen H_2O zu schwefliger Säure H_2SO_3 und in Gegenwart von Sauerstoff und Metallspuren zu Schwefelsäure H_2SO_4 reagieren. Diese Säuren tragen nicht nur zur Korrosion von Motoren bzw. Heizungsanlagen und Schornsteinen bei, sondern auch zur Entstehung von saurem Regen (s. → Anhang, Buch 1, Seite 444 Umweltprobleme).

Das Verfahren zur Entschwefelung ist ein hydrierendes Entschwefeln, daher *Hydrotreating* (Hy-Tr) genannt. Bei einer Temperatur von etwa 380 °C unter erhöhtem Druck und einem Katalysator wird mit Wasserstoff behandelt. Unter diesen Bedingungen werden die organischen Schwefelverbindungen in Schwefelwasserstoff H_2S und Kohlenwasserstoffe umgewandelt. Zur besseren Übersicht werden nachfolgend die Reaktionsgleichungen an den niedermolekularen Verbindungen Merkaptan, Disulfid und Thiophen aufgezeigt. R steht für einen Alkyl-Rest.

$$R\text{–}SH + H_2 \xrightarrow{\text{Katalysator}} R\text{–}H + H_2S$$

Mercaptan   Alkan

$$R\text{–}S\text{–}S\text{–}R + 3\,H_2 \xrightarrow{\text{Katalysator}} 2\,R\text{–}H + 2\,H_2S$$

Disulfid   Alkan

$$\text{(Thiophen)} + 4\,H_2 \xrightarrow{\text{Katalysator}} C_4H_{10} + H_2S$$

         Butan

Thiophen

Man erreicht einen Entschwefelungsgrad von 98 bis 99 %. Das Schwefelwasserstoffgas wird von einer flüssigen Aminverbindung absorbiert, durch Erhitzen wieder zur Weiterverarbeitung abgegeben und der → *Claus*-Anlage zur Gewinnung von Schwefel zugeleitet.

In ähnlicher Weise wie die Schwefelverbindungen werden die Stickstoff- und Sauerstoff-Verbindungen durch das Hydrotreating entfernt. Es entsteht entsprechend Ammoniak NH_3 bzw. Wasser H_2O.

Claus-Verfahren
(Adolph Claus 1840–1890, Freiburg i.Br.)

In der *Claus*-Anlage wird das in den verschiedenen Entschwefelungsanlagen anfallende Schwefelwasserstoffgas durch partielle Oxidation in Schwefel und Wasserdampf übergeführt. Zunächst lässt man einen Teil des Schwefelwasserstoffs in einer Brennkammer mit Luftsauerstoff zu Schwefeldioxid SO_2 reagieren:

$$2\,H_2S + 3\,O_2 \longrightarrow 2\,H_2O + 2\,SO_2$$

Das entstandene Schwefeldioxid reagiert an einem Al_2O_3-Katalysator teilweise mit Schwefelwasserstoff weiter, es entsteht Schwefel:

$$2\,H_2S + SO_2 \longrightarrow 2\,H_2O + 3\,S$$

In zwei nachgeschalteten Reaktoren mit Al_2O_3-Katalysatoren wird ein weiterer Umsatz erreicht.

Die Gesamtreaktion für die Schwefelabscheidung ist:

$$4\,H_2S + 2\,O_2 \longrightarrow 4\,H_2O + 4\,S$$

Die Schwefel-Bildung ist eine exotherme Reaktion, d.h. die Schwefelausbeute ist theoretisch umso größer, je niedriger die Reaktionstemperatur ist. Andererseits kann man die Temperatur nicht unbegrenzt nach unten absenken, um ein Absetzen von Schwefel auf dem Katalysator zu vermeiden. Die Reaktion muss, obwohl für eine exotherme Reaktion ungünstig, bei einer relativ hohen Temperatur ablaufen. Um dennoch einen hohen Umsatz von Schwefelwasserstoff zu Schwefel zu erzielen, müssen mehrere Reaktorstufen hintereinander geschaltet werden. In der ersten Reaktorstufe wird bereits ein Anteil von etwa 70 % Schwefelwasserstoff umgesetzt. Der anfallende Schwefel wird nach jeder Stufe abgezogen.

Anmerkung: Der Schwefel wird als Nebenprodukt verkauft. Er kann zur Vulkanisation von Kautschuk in der Reifenindustrie, zur Erzeugung von SO_2 für die Papierindustrie oder zur Schwefelsäure-Synthese verwendet werden.

» *Katalytisches Reformieren*

Durch Reformieren (Umformen) wird Schwerbenzin (Fraktion 70° bis 180 °C) in seiner Klopffestigkeit wesentlich verbessert.

Klopfen des Motors erfolgt durch eine unregelmäßige Zündung des Kraftstoff-Luftgemischs, wodurch Druck und Temperatur im Verbrennungsraum über das zulässige Maß hinaus ansteigen. Die Klopffestigkeit eines Kraftstoffes für Ottomotoren hängt von der Art der Kohlenstoff-Verknüpfungen in den Kohlenwasserstoffen des Kraftstoffs ab. Die Klopffestigkeit nimmt bei gleicher Anzahl von C-Atomen *zu* in der Folge von

geradkettige Alkane → Cycloalkane → verzweigte Alkane → Alkene → aromatische KW.

Die Klopffestigkeit nimmt mit der Länge der Kohlenwasserstoffketten der Alkane *ab*.

Das Reformieren in der *Reformeranlage* wird vorwiegend mit einem platinhaltigen Katalysators auf einem Aluminiumoxid-Träger durchgeführt, das eingesetzte Schwerbenzin muss entschwefelt sein. Das Schwerbenzin wird bei diesem Verfahren mit Wasserstoffgas auf etwa 500 °C bei einem erhöhten Druck (etwa 10 bis 26 bar) erhitzt und durch drei hintereinander geschaltete Reaktoren geschickt. Der zusätzliche Wasserstoff vermindert die Bildung von Kohlenstoff und damit eine Deaktivierung des

Katalysators. Die wichtigsten Reaktionen, die in den Reaktoren ablaufen sind:

- Lange Ketten werden hydrierend gecrackt (s. → Seite 78)
- Isomerisierung
- Cyclisierung
- Aromatisierung

Die Reaktionen werden nachfolgend vereinfacht wiedergegeben. Es sind endotherme Reaktionen. Vor jedem Reaktor muss für die katalytische Reaktion wieder auf 500 °C aufgeheizt werden.

Isomerisierung von Alkanen:

Hexan   →(Katalysator)   Isohexan
                                          2-Methylpentan

Cyclisierung: Dehydrierung von Alkanen zu Naphthenen:

Hexan   →(Katalysator)   Cyclohexan + H_2

Aromatisierung: Dehydrierung von Naphthenen zu Aromaten:

Cyclohexan   →(Katalysator)   Benzol + 3 H_2

Als wertvolles Nebenprodukt entsteht Wasserstoff, der im Kreislauf geführt und für andere Prozesse eingesetzt wird, z.B. für das Hydrotreating oder das Hydrocracken.

Bei jedem Prozess, bei dem höhere Temperaturen angewendet werden, entstehen gasförmige Kohlenwasserstoffe, d.h. Kohlenwasserstoffe mit kurzen Ketten. Sie können durch Alkylierung und Dimerisierung in wertvollere, flüssige Kohlenwasserstoffe umgewandelt werden, wie es am Beispiel von Butan und Buten gezeigt wird:

Alkylierung:

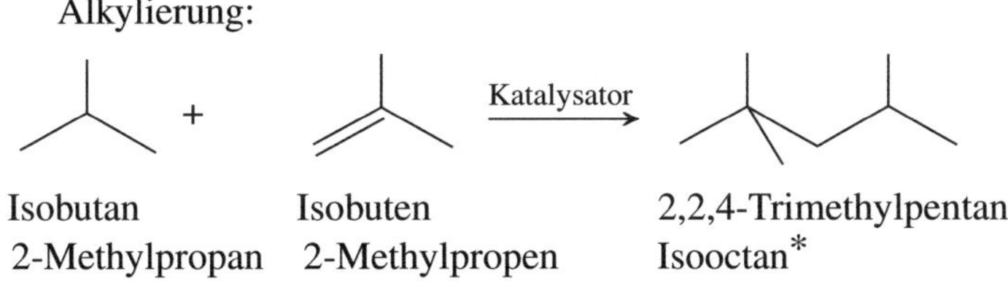

Isobutan   Isobuten   2,2,4-Trimethylpentan
2-Methylpropan   2-Methylpropen   Isooctan[*]

---

[*]In der Technik Isooktan geschrieben.

Dimerisierung:

Isobuten   Isobuten   Isoocten
2-Methylpropen 2-Methylpropen   2,2,4-Trimethylpenten

Das Endprodukt nach dem Reformerprozess heißt Reformat oder Reformatbenzin, es ist eine wichtige Benzinkomponente. Dem Reformatbenzin kann Crackbenzin und Leichtbenzin zugemischt werden. Crackbenzin und Leichtbenzin besitzen bereits eine gewisse Klopffestigkeit. Die Octanzahl von Leichtbenzin wird teilweise durch Isomerisierung erhöht, d.h. durch die katalytische Umwandlung in verzweigte Kohlenwasserstoffe.

Octanzahl OZ

Die Octanzahl ist die Maßzahl für die Klopffestigkeit von Ottokraftstoff (Benzin).

Anmerkung: In der Technik schreibt man Oktanzahl.

Die Klopffestigkeit hängt von der Bildung beständiger und unbeständiger Radikale bei der *Verbrennung des Ottokraftstoff-Luftgemischs* ab.

Geradkettige Alkane sind zündfreudig, d.h. sie haben einen geringen so genannten Zündverzug. Man nennt sie klopffreudig. Dies wird darauf zurückgeführt, dass die bei der Zündtemperatur von geradkettigen Alkanen entstehenden Radikale an einem primären C-Atom (s. → Abb. 1.4, Seite 15) unbeständig sind. Die Verbrennung setzt sich daher schnell fort.

Die an einem tertiären C-Atom entstehenden Radikale von verzweigten Alkanen sind beständiger, d.h. zündunwilliger, ebenso sind Cycloalkane, Alkene und Aromaten zündträge. Sie haben einen längeren Zündverzug, man nennt sie daher klopffest.

Im Ottomotor *(Nikolaus Otto 1832−1891, Köln)* wird die Verbrennung des Kraftstoffs dadurch eingeleitet, dass ein verdampftes Kraftstoff/Luft-Gemisch verdichtet und im komprimierten Zustand durch den Funken einer Zündkerze gezündet wird. Bei dieser so genannten Fremdzündung soll die Zündkerze zu einem bestimmten Zeitpunkt den Zündvorgang übernehmen, damit sich die Verbrennungsreaktion gleichmäßig über den Brennraum ausbreiten kann. Die Zündtemperatur ist abhängig von der Zusammensetzung des Ottokraftstoffs. So zündet z.B. Hexan schon bei 220 °C, Benzol dagegen erst bei 560 °C. Ist der Kraftstoff sehr zündfreudig, dann kommt es vor der durch die Fremdzündung ausgelösten und sich ausbreitenden Zündfront zu unerwünschten, lokalen Selbstzündungen im noch unverbrannten Kraftstoff/Luft-Gemisch. Die Verbrennung verläuft dann zu rasch und explosionsartig. Der Druck erreicht den drei- bis vierfachen Wert einer normalen Verbrennung. Es treten Druckstöße auf, die sich beim Fahren durch ein Klopfen, man sagt auch ‚Klingeln', bemerkbar machen. Die unregelmäßigen Temperatur- und Druck-Verhältnisse ziehen Motor- und Kolbenschäden nach sich.

Klopffeste, zündunwillige Kraftstoffe neigen dagegen im Gemisch mit Luft unter den gegebenen Bedingungen durch ihren längeren Zündverzug weniger zur Selbstzündung. Die Flamme breitet sich bei klopffesten Kraftstoffen und Fremdzündung gleichmäßig über den Brennraum aus.

Als Standard-Vergleichssubstanzen werden das zündunwillige reine ,Isooktan' und das zündwillige Heptan eingesetzt. Ihnen werden gemäß Übereinkunft die Octanzahlen 100 bzw. 0 zugeschrieben.

$$\begin{array}{ccc} CH_3 & H & CH_3 \\ | & | & | \\ H_3C-C-C-C-CH_3 \\ | & | & | \\ CH_3 & H & H \end{array}$$

,Isooktan' C_8H_{18}
(2,2,4-Trimethylpentan)

Octanzahl OZ 100

$$H_3C-CH_2-CH_2-CH_2-CH_2-CH_2-CH_3$$

Heptan C_7H_{16}

Octanzahl OZ 0

Die *Octanzahl* eines Kraftstoffs wird bestimmt, indem man in einem genormten Prüfmotor die Klopffestigkeit des zu untersuchenden Kraftstoffs unter festgelegten Bedingungen mit der eines vorgegebenen Gemisches aus ,Isooktan' und Heptan vergleicht.

Die Bestimmung der Octanzahl ist in DIN 51756 festgelegt. Es wird der ,Isooktan'-Volumenanteil in % als Octanzahl OZ angegeben.

OZ 95: Die Klopffestigkeit des Kraftstoffs entspricht der eines Gemisches aus Volumenanteilen von 95 % an ,Isooktan' und 5 % an Heptan.

Die Mindestanforderung an Ottokraftstoff ist in EN 228 geregelt, nach der die Mindestoctanzahl für Normalbenzin 91, für Super 95 und für Super Plus 98 gefordert wird.

Tabelle 2.2 Octanzahlen OZ

	OZ nach ROZ
Butan	94
Pentan	62
Hexan	25
Heptan	**0**
,Isooktan' (2,2,4-Trimethylpentan)	**100**
Cyclohexan	83
1-Hexen	76
2-Methyl-1-penten	94
Normalbenzin	91
Super	95
Super plus	98

ROZ: Es ist die Bezeichnung eines Verfahrens, nach der die OZ bestimmt werden kann.

Die Erhöhung der Octanzahl eines Ottokraftstoffs lässt sich nicht nur durch den Reforming-Prozess oder durch Zugabe von Crackbenzin erreichen, sondern auch durch bestimmte *benzinfremde Komponenten* wie <u>M</u>ethyl-<u>t</u>ertiär-<u>b</u>utyl-<u>e</u>ther MTBE oder <u>E</u>thyl-<u>t</u>ertiär-<u>b</u>utyl-<u>e</u>ther ETBE. Sie bilden relativ beständige Radikale und sind daher besonders hochoctanige Komponenten für Motoren mit Fremdzündung. Sie wurden im → Abschn. 1.2.1 Seite 51 beschrieben (s. → Tabelle 1.4, Seite 41).

Cetanzahl CZ

Die Cetanzahl ist die Maßzahl für die Zündwilligkeit des Dieselkraftstoffs.

Im Dieselmotor *(Rudolf Diesel 1858–1913, Paris, Berlin, München)* wird die Verbrennung des Kraftstoff/Luft-Gemischs dadurch eingeleitet, dass flüssiger Dieselkraftstoff in die komprimierte und folglich hocherhitzte Luft eingespritzt wird, worauf Selbstzündung stattfindet. Der Kraftstoff muss hier, im Gegensatz zum Ottokraftstoff, zündfreudig sein, um Zündverzögerungen zu vermeiden.

Als Standard-Vergleichssubstanzen werden das zündwillige Cetan (Hexadekan) und das zündunwillige 1-Methylnaphthalin eingesetzt, welche gemäß Übereinkunft die Cetanzahlen 100 bzw. 0 haben.

$H_3C{-}(CH_2)_{14}{-}CH_3$ Cetan, Hexadekan $C_{16}H_{34}$
Cetanzahl CZ 100

1-Methylnaphthalin
Cetanzahl CZ 0

Die Cetanzahl eines Dieselkraftstoffs wird bestimmt, indem man in einem genormten Prüfmotor den Zündverzug des zu untersuchenden Kraftstoffs unter festgelegten Bedingungen mit dem eines bekannten Gemisches aus Cetan und 1-Methylnaphthalin vergleicht.

Die Bestimmung der Cetanzahl wird nach DIN 51773 durchgeführt. Es wird der Cetan-Volumenanteil in % als Cetanzahl (CZ) angegeben.

CZ 50: Die Klopffestigkeit des Kraftstoffs entspricht der eines Gemisches aus Volumenanteilen von 50 % an Cetan und 50 % an 1-Methylnaphthalin.

Die Mindestanforderung an Dieselkraftstoff ist in der EN 580 geregelt. Die CZ soll nicht unter 45 liegen, die optimale CZ liegt bei 50.

Additive – Zusatzstoffe für Kraftstoffe

» *Für den Ottokraftstoff*

Neben den hochoctanigen, benzinfremden Klopfbremsen wie MTBE oder ETBE fügt man Kraftstoffen weitere Additive (< 1 %) zu, um die Qualität zu verbessern und den Schadstoffausstoß zu verringern. Additive müssen im Kraftstoff löslich sein, sie sollen bei einer längeren Lagerung und gegen Licht beständig und vor allem wenig giftig sein. Auch ihre Verträglichkeit mit den anderen Additiven unter einander ist von Bedeutung.

Beispiele:
- Rückstandsumwandler sind Additive, die Ablagerungen im Brennraum verhindern.
- Korrosionsschutzstoffe, z.B. polare Fettsäurederivate verhindern Korrosion im Brennraum und verbessern die Schmierung.
- Antioxidantien (Oxidationsinhibitoren) verhindern die radikalartige, oxidative Spaltung der Kohlenwasserstoffketten, indem sie die entstehenden Radikale abfangen. Sie verhindern die Alterung des Kraftstoffs bei Lagerung.
- Detergentien sind Reinigungsstoffe, die Ablagerungen im Einlasssystem verhindern.

Die verschiedenen Kraftstoffsorten unterscheiden sich durch die Auswahl der Additive.

» *Für den Dieselkraftstoff*

Durch Zündbeschleuniger-Additive erreicht man ein besseres Verbrennungsverhalten und weniger Rußemissionen. Es sind reaktionsfähige Nitrite und Nitrate. Filtrierbarkeitsverbesserer beeinflussen das Kälteverhalten.

Komponenten und Eigenschaften von Otto- und Dieselkraftstoff Zusammenfassung

» *Von Ottokraftstoff*

Ottokraftstoff – Benzin – ist eine Sammelbezeichnung für ein Gemisch aus Kohlenwasserstoffen mit etwa fünf bis zwölf Kohlenstoffatomen (C_5/C_{12}), in dem neben den Alkanen und Cycloalkanen (Naphthene) noch wechselnde Mengen an Alkenen, Aromaten und Additiven enthalten sind. Die Komponenten sollen eine geringe Zündwilligkeit besitzen d.h. klopffest sein. Die Zündtemperatur von Normalbenzin liegt bei 300 °C, von Super bei 400 °C. Die Klopffestigkeit wird durch die Octanzahl OZ angegeben. Eine Erhöhung der Octanzahl erreicht man auch durch Zugabe von ETBE (Ethyl-tertiär-butyl-ether).

Die wechselnden Zusammensetzungen des Erdöls erlauben aufgrund der unterschiedlichen geographischen Herkunft keine genauen Angaben von Siedepunkt und Dichte für Benzin. Der Siedebereich liegt etwa zwischen 70 und 180 °C, die Dichte zwischen 0,63 bis 0,83 g/cm^3. Benzin ist eine leicht verdunstende, eigenartig riechende, feuergefährliche, brennbare Flüssigkeit. Es gehört der höchsten Gefahrenklasse der Gruppe 1 für feuergefährliche Systeme an (s. → Seite 18/19). Der Flammpunkt (FP.) liegt unter 0 °C, bei −20 °C (s. → Tabelle 4, Seite 226).

Hinweis Alternative Kraftstoffe: Wasserstoff s. → Buch 1, Abschn. 5.2.2 und 5.4.3; Methanol s. → Abschn. 1.2.1; Flüssiggas (Propan, Butan) ist auch als Autogas/LPG (Liquified Petroleum Gas) bekannt s. → Tabelle 2.1; Erdgas s. → Abschn. 2.3.1; Vergleich der CO_2 Abgabe s. → Tabelle 2.3., Seite 97.

» *Von Dieselkraftstoff*

Dieselkraftstoff ist eine Sammelbezeichnung für ein Gemisch aus Kohlenwasserstoffen mit etwa zwölf bis zwanzig Kohlenstoffatomen (C_{12}/C_{20}), in dem neben den Alkanen und Cycloalkanen (Naphthene) noch Anteile von wechselnden Mengen an Alkenen, Aromaten und Additiven enthalten sind. Im Gegensatz zum Ottokraftstoff sollen die Komponenten besonders zündwillig sein (Zündtemperatur 250 °C). Die Zündwilligkeit wird durch die Cetanzahl CZ angegeben.

Die wechselnden Zusammensetzungen des Erdöls erlauben aufgrund der unterschiedlichen geographische Herkunft keine genauen Angaben von Siedepunkt und Dichte für den Dieselkraftstoff. Der Siedebereich liegt etwa zwischen 180 und 350 °C, die Dichte etwa zwischen 0,83 bis 0,88 g/cm^3 und der Flammpunkt (FP.) oberhalb 55 °C, etwa zwischen 70 und 100 °C (feuergefährliche Systeme Gruppe 5 (s. → Seite 19). Die Zusammensetzung von leichtem Heizöl ist ähnlich.

Die Qualität für Dieselkraftstoff hängt u.a. auch vom *Kälteverhalten* ab. Bei niederen Temperaturen können langkettige Kohlenwasserstoffe, die Paraffine (s. → Abschn. 1.1.1, Seite 16 Eigenschaften) sich abscheiden und die Kraftstoffversorgung stören. Ein Kriterium dafür ist die so genannte *Filtrierbarkeit*. Sie gibt die Temperatur an, bei der die Paraffine erstmals als Trübung auftreten. Durch Zumischung von *Petroleum* erreicht man eine Verbesserung der Kältebeständigkeit ohne die Cetanzahl zu verändern. Die Filtrierbarkeit von reinem Dieselkraftstoff reicht bis −16 °C und kann mit Anteilen von 20 % Petroleum auf −18 °C verbessert werden.

Die Mindestanforderung an Dieselkraftstoff ist in EN 580 festgelegt.

Die Schmierölfraktion

Der Rückstand, d.h. das Bodenprodukt, das bei der Erdöl-Fraktionierung bei 350 °C anfällt, wird in Raffinerien mit Schwerpunkt Schmieröl-Herstellung durch weitere Fraktionierung im Vakuum aufgetrennt (s. → Abb. 2.5 und Tabelle 2.1, Seite 75/76). Schmieröl besteht aus höheren Kohlenwasserstoffen etwa von C_{20} bis C_{40}. Sie bilden die Grundöle (Basisöle) für verschiedene Anwendungsbereiche. Im Folgenden wird hauptsächlich auf die Schmierölfraktion für *Motorenöl* eingegangen. Um das Motorenöl verwenden zu können, müssen durch Raffination die Komponenten entfernt werden, die sich bei der späteren Verwendung ungünstig auswirken würden.

Wichtige *Kenngrößen* für das so genannte mineralische Motorenöl sind neben Flammpunkt, Brennpunkt, Zündtemperatur (s. → Anhang Tabelle 4, Seite 226) der Viskositätsindex VI und der Pourpoint.

» *Viskositätsindex VI*

Als ein konventionelles Maß für die Temperaturabhängigkeit der Viskosität wurde der Viskositätsindex eingeführt. Das Öl wird anhand von Messwerten zwischen zwei Referenzölen eingeordnet, von denen das eine den Viskositätsindex 100 (geringe Temperaturabhängigkeit der Viskosität), das andere den Viskositätsindex 0 (hohe Temperaturabhängigkeit der Viskosität) hat. Je größer der VI, desto geringer ist der Einfluss der Temperatur auf die Viskosität. Öle mit einem hohen VI nennt man *Mehrbereichsöle*.

» *Pourpoint* (engl. to pour gießen, ausgießen)

Der Pourpoint gibt die Temperatur an, bei der das Öl gerade noch fließt. Um für das Motorenöl die erforderlichen Eigenschaften zu erreichen, werden verschiedene chemische und physikalische Raffinationsverfahren angewendet, die nachfolgend beschrieben werden.

Selektive Lösemittelextraktion, Solventraffination:

Mit Hilfe spezieller Extraktionsmittel werden Aromaten (Krebsgefahr!), Cycloalkane (Naphthene) und Verunreinigungen aus dem Grundöl herausgelöst. Das nach Extraktion erhaltene so genannte Solventraffinat eignet sich vor allem für die Weiterverarbeitung zu *Motorenöl*. Damit bei winterlichen Minusgraden sich keine Abscheidungen von Paraffinen einstellen und die Fließfähigkeit des Öles beeinflussen, muss der Pourpoint für Motorenöl möglichst tief sein. Zur Erniedrigung des Pourpoints wird das Solventraffinat einer Kälteraffination (Entparaffinierung) unterworfen.

Kälteraffination, die Entparaffinierung:

Um ein günstiges Viskositäts-Temperatur-Verhältnis zu erreichen, wird die Kälteraffination durchgeführt. Das Öl wird z.B. in einem Butanon/Toluol-Gemisch gelöst und anschließend auf −20 °C abgekühlt. Das Lösemittel wird so gewählt, dass es eine gute Löslichkeit für das Öl, nicht aber für die langkettigen Paraffine besitzt. Diese fallen aus und können abfiltriert werden. Gleichzeitig wird durch dieses Verfahren die Alterungsbeständigkeit des Motorenöls erhöht. Das Lösemittel kann abdestilliert und zurückgewonnen werden.

Es gibt weitere Verfahren, beispielsweise die katalytische Entparaffinierung sowie physikalische Verfahren. Letztere beruhen auf der Adsorption an Kieselgel, Aktivkohle u.a.

Additive – Zusatzstoffe für Schmieröle

Zur Verbesserung der Eigenschaften werden den mineralischen und den auf den Seiten 92 bis 94 beschriebenen synthetischen Schmierölen für Motoren Additive zugesetzt. Diese so genannten *legierten Öle* verbessern die physikalischen und chemischen Eigenschaften sowie den Schmierfilm zwischen den bewegten Teilen.

Die wichtigsten Additive für temperaturbelastbare Öle, wie es die Motorenöle sind:

- Antioxidantien verhindern die radikalartige, oxidative Spaltung der Kohlenwasserstoffketten, indem sie die entstehenden Radikale abfangen.
- Detergentien dienen zur Reinigung und Ablösung von reaktionsfähigen Ablagerungen, z.B. von Ölabbauprodukten auf heißen Metalloberflächen und verhindern Korrosion. Dazu werden Li-, Mg-, Ca- oder Ba-Salze von Fettsäuren (Metallseifen s. → Abschn. 1.2.1, Seite 54) verwendet.
- Dispergiermittel (s. → Buch 1, Tenside Abschn. 4.2.7, Seite 201) nehmen den Schmutz und Schlamm in fein verteilter Form auf und verhindern Ablagerungen auf Motorteilen. Zur Unterscheidung von den aschebildenden Detergentien (Metallseifen), werden die Dispergiermittel (Polymethylmethacrylat s. → unten) auch als aschefreie HD-Additive bezeichnet. (engl. Heavy Duty, 'für starke Beanspruchung').
- Viskositätsverbesserer (VI-Verbesserer) werden zugesetzt, um den Einsatz der Mehrbereichsöle bei hohen und niederen Temperaturen zu ermöglichen. Dies bedeutet die Erniedrigung des Pourpoints. Siehe → Mehrbereichsöle.
- Festschmierstoffe: Graphit oder Molybdänsulfid sollen die Reibung möglichst niedrig halten und den Verschleiß mindern.
- Silikonöle sind Schaumdämpfer

Einzelne Additive übernehmen oftmals mehrere Funktionen gleichzeitig.

Mehrbereichsöl

Für ein Mehrbereichsöl werden besondere Additive zugesetzt, um die Viskosität im Ganzjahresbetrieb von der Temperatur unabhängig zu machen. Als Additive setzt man Polymere so genannte *Viskositätsindex(VI)-Verbesserer* ein, die eine aufdickende Wirkung des Öls bei höherer Temperatur bewirken.

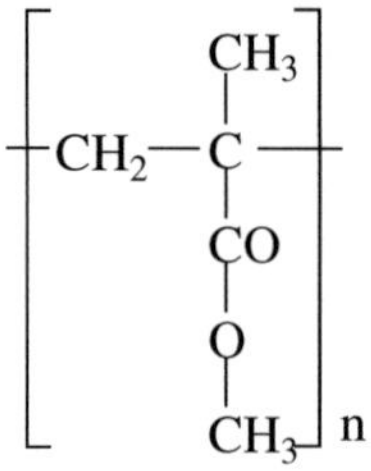

Als Polymer eignet sich z.B. Polymethylmethacrylat PMMA mit einem mittleren Polymerisationsgrad (s. nebenstehende Formel und → Abschn. 5.3.2, Seite 180). Die Wirksamkeit eines Polymerzusatzstoffs hängt jedoch nicht nur von der Art des Polymers allein ab, sondern auch vom Öl selbst. Der gewünschte Ausgleich zwischen niedriger und hoher Temperatur tritt nur dann ein, wenn in der Kombination aus Schmieröl und Polymerzusatzstoff die Solvatation (Lösung) bei niedrigen Temperaturen klein und bei hohen Temperaturen groß ist.

Wiederholung Solvatation: Dieser Begriff wird bei nicht-wässrigen Medien verwendet. Die Lösung von Teilchen beruht auf zwischenmolekularen Bindungskräften zwischen den Teilchen des gelösten Stoffs und dem nicht-wässrigen Medium. Bei Wasser als Lösemittel spricht man von Hydratation.

Das zugesetzte Polymer muss zunächst im verknäuelten Zustand fein verteilt im Öl vorliegen, die Viskosität wird dann im Wesentlichen durch die des Öls allein bestimmt. Bei Temperaturerhöhung weitet sich das verknäuelte Polymer auf, die Wirkung des Schmieröls als Solvatationsmittel (Lösemittel) erhöht sich d.h. über zwischenmolekularen Bindungskräften nimmt die physikalishe Vernetzung zwischen Polymer und Öl zu. Es entstehen ‚quasi-höhermolekulare Verbindungen', was eine verdickende Wirkung für das Mineralöl bedeutet und damit die Viskositätsabnahme bei höheren Temperaturen vermindert.

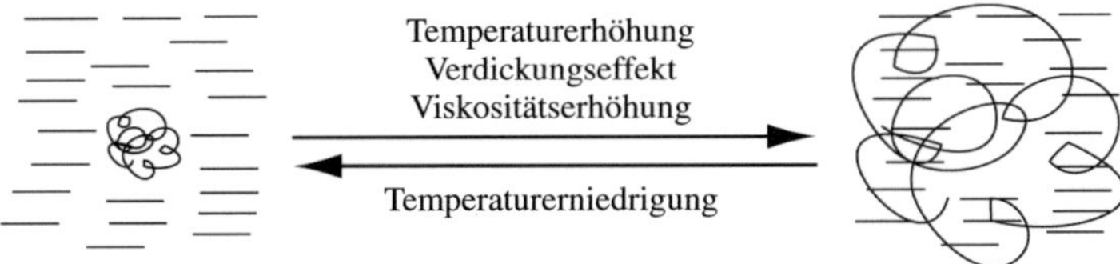

Abb. 2.6 Verdickungseffekt bei höherer Temperatur mit Viskositätsindex(VI)-Verbesserer durch Aufweiten der verknäuelten Makromoleküle (schematisch). Das Mineralöl ist mit — dargestellt).

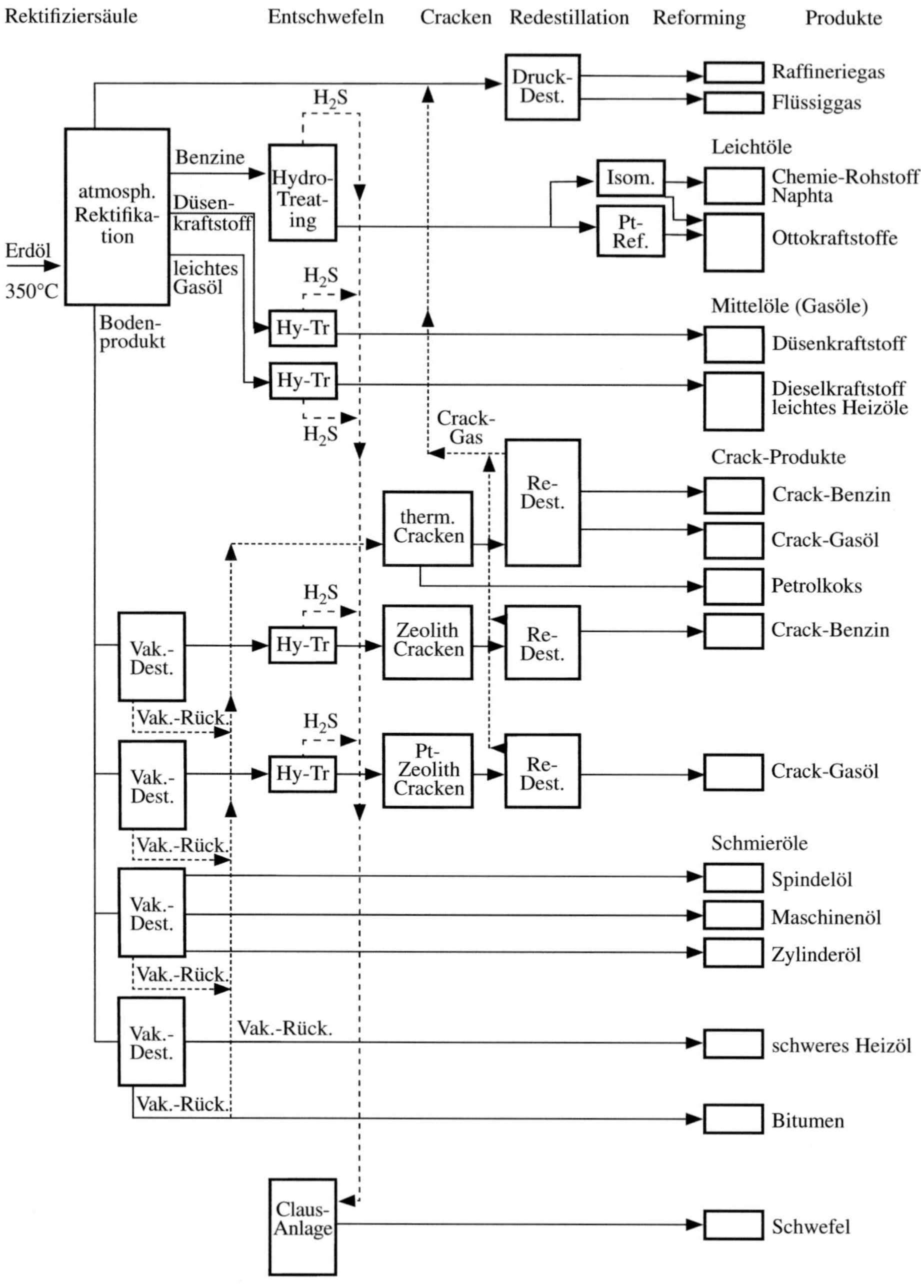

Abb. 2.7 Fließschema einer Erdölraffinerie

Dest.: Destillation
Hy-Tr: Hydro-Treating
Isom.: Isomerisierung
Pt: Platin
Re-Dest.: Destillation wiederholen

Ref.: Reformierung
Rück.: Rückstand
therm.: thermisch
Vak.: Vakuum

2.2.2 Schmierstoffe

Historische Entwicklung der Schmierstoffe

Mit der Erfindung der Dampfmaschine durch *James Watt 1765* wurde das industrielle Zeitalter eingeleitet und damit verbunden war die Suche nach qualitativ besseren Schmierstoffen, die den höheren Anforderungen schnell laufender Maschinenbauteile entsprachen. Erstmals verwendete man Mineralöle, die zunächst aus Erdöl-Oberflächenquellen gewonnen wurden und die man mit den bis dahin bekannten tierischen und pflanzlichen Ölen streckte, denn bis zum Beginn des 19. Jahrhunderts waren Mineralöle noch nicht reichlich vorhanden.

Die erste erfolgreiche Erdölbohrung von *Drake 1859* in Titusville, Pennsylvanien (USA), leitete den Wechsel in der Schmierungstechnik ein. Erdöl stand nun in größeren Mengen zur Verfügung. Bereits 1880 waren Raffinationsprozesse wie Destillation, Entwachsen und Schwefelsäure- bzw. Lösemittelextraktion so weit entwickelt, dass eine gleich bleibende Qualität der so genannten mineralischen Schmieröle gewährleistet werden konnte. Eine Verbesserung der Schmieröle durch Beimengung von Zusatzstoffen (Additive) ist erst ab etwa 1910 festzustellen.

Kriegsbedingte Erdölverknappung im zweiten Weltkrieg und die gleichzeitige Entwicklung leistungsfähigerer Maschinen führten in Deutschland zur Entdeckung der Schmiereigenschaften synthetisch hergestellter Substanzen. So wurde notgedrungen neben der Herstellung von Benzin aus Kohle (*Fischer-Tropsch-Synthese 1926*) auch die Synthese von Esterschmierstoffen vorangetrieben. In den USA synthetisierten zur gleichen Zeit Forschungslaboratorien ebenfalls Esterschmierstoffe für die zivile und militärische Luftfahrt.

Noch während des zweiten Weltkrieges kamen Silikonöle, basierend auf den Arbeiten *von E. G. Rochow* zum Einsatz und in den 60er Jahren begann die Entwicklung von weiteren synthetischen Schmierstoffen. So fanden u.a. o-Phosphorsäureester als schwerentflammbare Hydraulikflüssigkeiten und als Verschleißschutzadditive Interesse.

Die Weiterentwicklung von Schmierstoffen und das Wissen über das Verhalten von Additiven dauern an.

Schmierstoffe, ein Sammelbegriff

Schmierstoffe haben die Aufgabe, die Reibung zwischen zwei gegeneinander bewegten Metalloberflächen herabzusetzen und einen zwischenliegenden Schmierfilm zu bilden, um den Verschleiß möglichst gering zu halten. Diese Bezeichnung betrifft eine Vielfalt von Stoffen, deren Viskosität (Fließfähigkeit, Zähigkeit) in Abhängigkeit von der Temperatur von besonderer Bedeutung ist.

Schmierstoffe lassen sich einteilen in

* Schmieröle,
* Schmierfette,
* Festschmierstoffe.

Die Fortschritte der Technik haben dazu geführt, dass Motoren und Maschinen immer schneller laufen und immer größere Leistungen erbringen. Bei immer höheren Arbeitstemperaturen und größeren Lasten soll der Schmierstoff noch einen stabilen Schmierfilm bilden, bei immer tieferen Temperaturen Start und sicheren Lauf gewährleisten und in Gegenwart aggressiver Medien die Metalloberflächen vor Korrosion und Verschleiß wirksam schützen.

Für die Schmierstoffe stehen also die Forderungen nach thermischer und oxidativer Stabilität an erster Stelle, ebenso nach einem hohen Viskositätsindex und einem niedrigen Pourpoint.

Zwischen mineralischen und synthetischen Schmierstoffen besteht insofern ein Unterschied, als es bis jetzt keinen synthetischen Schmierstoff gibt, der den mineralischen in allen seinen Eigenschaften übertrifft. Jedoch kann man synthetische Schmierstoffe so gezielt herstellen, dass sie für einen bestimmten Anwendungszweck einen optimalen, von den mineralischen Schmierstoffen nicht erreichten Kompromiss darstellen.

Neuentwicklungen ermöglichen es, Ölwechselfristen auf ein Vielfaches zu verlängern, Betriebstemperaturen zu erhöhen, Produktionen zu beschleunigen und ölbedingte Maschinenstillstände auf ein Minimum zu reduzieren.

Schmieröle

» *Mineralische Schmieröle*

Die Gewinnung, Raffination und die Additive für mineralische Motorenöle wurden im → Abschn. 2.2.1, Seite 89/90 beschrieben.

» *Synthetische Schmieröle*

Im Gegensatz zu den mineralischen Schmierölen – deren Hauptkomponente aus einem Gemisch von Kohlenwasserstoffen besteht – sind synthetische Schmieröle definierte Stoffgruppen. Sie werden zwar ebenfalls hauptsächlich aus Erdölfraktionen hergestellt (→ Abb. 2.8), doch sind besondere Syntheseschritte notwendig, um zu definierten Verbindungen zu kommen. Der Vorteil der Synthese von Schmierölen ist, dass man außer C- und H-Atomen auch Heteroatome einbauen kann. Dadurch entstehen neue, spezielle Eigenschaften z.B. kann der Siedepunkt beeinflusst werden, was einen niedrigeren Verdampfungsverlust bedeutet, Polyglykole können die Wassermischbarkeit ermöglichen, der Einbau von Fluoratomen erschwert die Entflammbarkeit.

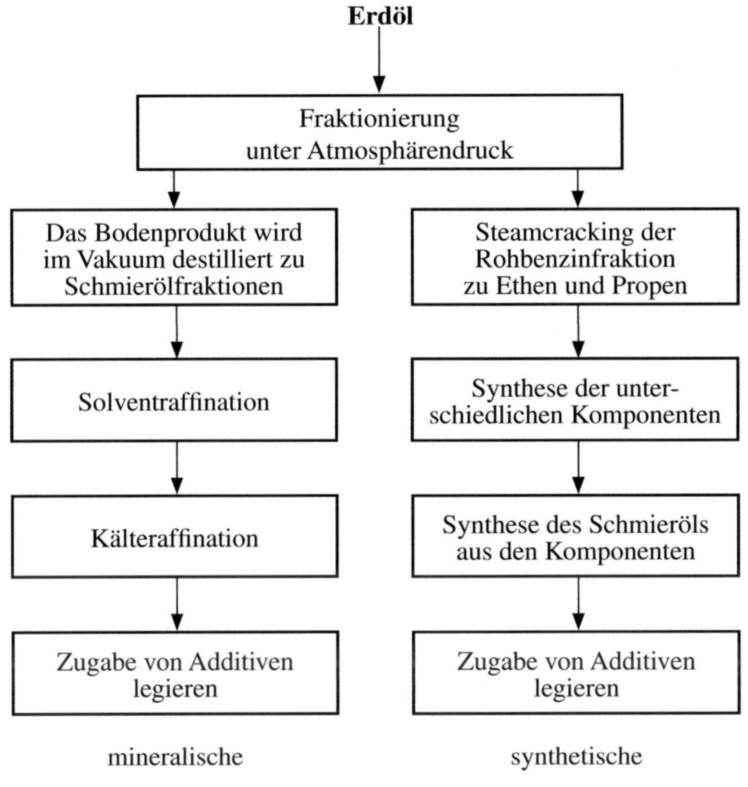

Abb. 2.8 Herstellung von legierten mineralischen und synthetischen Schmierölen aus Erdöl

Ausgangssubstanzen für Syntheseöle sind hauptsächlich Ethen und Propen, deren Herstellung aus Erdölfraktionen und anschließendem Steamcracken in → Abschn. 2.2.1, Seite 78 beschrieben wurde. Nachfolgend werden einige Beispiele für Syntheseöle angegeben, wie sie heute zum Einsatz kommen.

Polyalphaolefine PAO

Die Bezeichnung ‚alpha' drückt aus, dass sich beim Olefin die Doppelbindung am Kohlenstoffatom 1 befindet, daher auch Poly-1-Olefine genannt (gr. polys viel). Systematischer Name Poly-1-Alkene

Olefine (Alkene) haben die Fähigkeit zu einem Makromolekül, zu einem Polymer zu polymerisieren (s. → Gl. (1.3), Seite 25). Das Endprodukt hat nach zusätzlicher Hydrierung aller evtl. nicht umgesetzter Doppelbindungen im Polyolefin die Struktur eines langkettigen, gesättigten Kohlenwasserstoffs. Je nach Kettenlänge, Verzweigungsgrad und Position der Verzweigung erreicht man eine bestimmte Viskosität, d.h. einen bestimmten (hohen) Viskositätsindex und einen bestimmten (tiefen) Pourpoint (s. → Abschn. 2.2.1, Seite 87). Polyalphaolefine eignen sich zur Schmierung von Lagern, Getrieben und Motoren.

Polyethylenglykol (Polyglykol)

Kurzzeichen PEO oder PEOX. Es wird aus dem Monomer Ethylenoxid polymerisiert (s. → Abschn. 1.1.2, Seite 26). Von der Kettenlänge des entstehenden Makromoleküls hängt die Viskosität des Schmieröls ab. Es eignet sich – mit Wasser oder einfachen Glykolen gemischt – für schwerentflammbare Hydraulikflüssigkeiten.

Polyolester

Die Darstellung der Polyolester erfolgt durch Umsetzung eines mehrwertigen Alkohols (Polyol) mit der entsprechenden Anzahl von Molekülen einer Carbonsäure. Wegen der hohen thermischen Stabilität eignen sich Polyolester für die Flugturbinenschmierung.

o(ortho)-Phosphorsäureester

o-Phosphorsäureester sind Trialkyl-, Triaryl- oder gemischte Alkyl-aryl-phosphorsäureester. Von besonderer Bedeutung sind Triarylester, die als schwerentflammbare Hydraulikflüssigkeiten in Turbinen, Steuer- und Regeleinrichtungen sowie anderen brandgefährdeten Anlagen eingesetzt werden. Als Additive dienen sie zur Verschleißminderung.

Polysiloxane (Silikone)

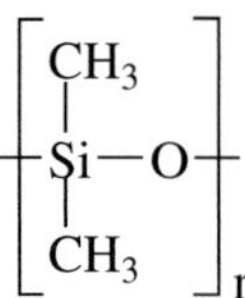

Silikonschmierstoffe bestehen aus organischen Silicium-Sauerstoff-Verbindungen so genannten Polysiloxanen. Sie werden im → Kap. 6, Seite 209 beschrieben. Im Unterschied zu den Polymeren aus Kohlenwasserstoffen ist ihre Synthese teuer. Sie werden nur für spezielle Schmierungen verwendet. Die Viskosität ist wenig temperaturabhängig, sie können bei hohen und tiefen Temperaturen eingesetzt werden. Anwendung finden Polysiloxane auch als Hydraulikflüssigkeit für Präzisionsmaschinen und Feinmessgeräte u.a.

» *Allgemeine Eigenschaften der legierten Syntheseöle*

Die Eigenschaften der Syntheseöle resultieren zunächst aus den physikalischen und chemischen Eigenschaften der unterschiedlichen Komponenten, aus denen sie synthetisiert wurden.

In gleicher Weise wie bei den Mineralölen sind neben dem Viskositäts/Temperaturverhalten (Viskositätsindex) und einem niedrigen Pourpoint besondere Additive von Bedeutung. Beispielsweise muss die Oxidationsstabilität, Metallbenetzbarkeit und ein niedriger Reibungskoeffizient gewährleistet sein. Darüber hinaus können Lack-, Farben- und Dichtungsverträglichkeit, die hydrolytische Stabilität wie auch das Vermögen zum Lösen von chemischen Zusätzen sowie die Mischbarkeit mit Mineralöl, wenn dies erforderlich ist, beeinflusst werden.

» *Nachwachsende Schmieröle*

Pflanzenöle haben als Schmieröle eine alte Tradition (s. → Historische Entwicklung der Schmierstoffe, Seite 91) Im 19. Jh. wurden sie mit dem Durchbruch der Petrochemie von den mineralischen Ölen abgelöst. Heute verschiebt sich der Anwendungsbereich wieder zugunsten pflanzlicher Produkte. Gestiegenes Umweltbewusstsein und generell zunehmendes Interesse für nachwachsende Rohstoffe haben Rapsöl wieder neu entdeckt. Pflanzenöle sind allgemein dort erwünscht, wo Öl verloren geht und mit dem Boden in Berührung kommt.

Neben der biologischen Abbaubarkeit, der Einbindung in den natürlichen CO_2-Kreislauf und der Einsparung von fossilen Rohstoffquellen hat *Rapsöl* weitere Vorteile: es gefährdet das Grundwasser nicht, hat gute Schmiereigenschaften, ein gutes Reibeverhalten und ist bei Temperaturen von −20 bis +80 °C einsetzbar.

Die Anwendungsmöglichkeiten sind ebenso vielfältig wie die der Mineralöle. Folgende Einsatzmöglichkeiten für Schmieröle und Fette auf Rapsölbasis kommen in Frage: Als Haftschmieröl, Sägekettenöl, Schneidöl, Korrosionsschutzöl, Rostlöser, Hydrauliköl u.a.

Schmierfette

Schmierfette sind Schmierstoffe, die aus Mineralöl oder Syntheseöl als Grundöl mit Zusätzen von Dickungsmitteln (3 bis 30 %) und Additiven (bis 10 %) hergestellt werden. Als Dickungsmittel dienen Seifen (Salze von langkettigen Fettsäuren), beispielsweise das Lithiumsalz der Stearinsäure (Erklärung → Abschn. 1.2.1, Seite 54). Die Lithiumseife ist besonders wasser- und temperaturbeständig. Daneben kommen auch Calcium- und Aluminiumseifen zur Anwendung, ebenso Salze der Naphthensäuren (Carbonsäuren von Cyclopentan oder Cyclohexan). Die Seifen sind im Öl dispergiert.

Schmierfette werden dort eingesetzt, wo aus konstruktiven Gründen das Schmiermittel weniger wegfließen darf, z.B. in Wälzlagern.

Festschmierstoffe

Hierzu zählen Graphit, hexagonales α-Bornitrid und Molybdändisulfid MoS_2 (s. → Buch 1, Abschn. 4.2.7, Seite 199). Sie füllen Rautiefen auf und können flüssigen Schmierölen zugesetzt werden. Die Schmierwirkung lässt sich auf ihre Schichtstruktur zurückführen.

2.3   Erdgas

Erdgas ist neben Erdöl und Kohle ein wichtiger Primärenergieträger und gewinnt zunehmend Bedeutung als Rohstoffquelle zur Gewinnung von organischen Produkten.

Entstehungsgeschichte von Erdgas

Erdgas bildete sich als flüchtiger Bestandteil bei der Kohle- und Erdölentstehung. Es kommt in Schiefer- und Sandsteinschichten, in tiefen ölführenden Schichten und in Kohleflözen vor.

Da die Erdgas-Lagerstätten meist unter dem Druck der Erdschichten stehen, genügt dieser, um das Gas – wo es möglich ist – an die Oberfläche zu fördern. Kommt Erdgas dagegen in sehr feinkörnigen Sandsteinschichten vor, so bedarf es aufwändiger Fördermethoden.

Gefördertes Erdgas enthält Volumenanteile an Methan CH_4 von 70 bis 95 %, außerdem geringe Anteile an Ethan, Propan, Butan sowie Schwefelwasserstoff H_2S, Kohlendioxid CO_2 und Stickstoff N_2. Erdgas ist mit Wasserdampf gesättigt und muss daher zunächst eine Gas-Trocknungs-Anlage durchlaufen, damit beim Transport in den Gaspipelines entsprechend den Temperaturen (im Boden ~ 5 °C) kein flüssiges Wasser auftreten kann. Zur Gastrocknung wird das Erdgas entweder gekühlt oder das Wasser wird selektiv durch Ad- oder Absorption entfernt. Große Bedeutung kommt der Erdgas-Entschwefelung zu. Sie besteht aus einer Kombination von Gas-Wäsche und *Claus*-Verfahren (s. → Abschn. 2.2.1, Seite 79).

Der Transport von Erdgas kann über große Entfernungen durch Pipelines unter Anwendung verschiedener Druckstufen zwischen 50 und 100 bar erfolgen. Seltener ist der Transport in Tankern bei Tieftemperatur-Flüssigspeicherung unter Normaldruck und unterhalb des Siedepunktes von −161 °C bei etwa −164 °C. Damit lassen sich allerdings dreifach höhere volumenbezogene Energiedichten erzielen. Zum Transport wird ihm ein durchdringender, nicht giftiger Geruchsstoff beigemischt, so dass geringstes Ausströmen wahrgenommen werden kann.

In der Natur entsteht Methan beim Verrotten (bakteriellen Abbau) von Biomasse unter Luftabschluss, beispielsweise in Mooren, in abgedeckten Deponien aus organischen Abfällen sowie im Verdauungstrakt der Rinder. Methan kann dabei in die Atmosphäre entweichen und wirkt dann umweltbelastend. Methan zählt zu den Treibhausgasen und ist wirksamer als Kohlendioxid. Als Biogas – gebildet aus landwirtschaftlichen Abfällen – oder als Deponiegas besteht die Möglichkeit das Methan/CO_2-Gemische gezielt aufzufangen.

Riesige Erdgas-Lagerstätten vermutet man in Form von *Gashydraten* – auch Methan-Clathrate oder Gas-Eishydrate genannt. Methan entsteht in der Tiefsee durch Zersetzung von organischer Substanz. Methan-Gashydrate kommen auf dem Meeresboden rund um das Nordpolarmeer (nördlicher Pazifik und nördliche Nord- und Ostsee) in großen Tiefen (ca. 3000m) vor. Es sind labile Käfigeinschlussverbindungen, bei denen das Wirtsmolekül Eis das Gasmolekül Methan in seine Kristallstruktur einschließt. Diese Gas-Eis-Einschlussverbindungen sind nur bei hohem Druck in den Tiefen der Nordmeere und bei niedrigen Temperaturen von höchstens einigen Grad über 0 °C beständig. Sie zerfallen bei Druckentlastung und bei Temperaturerhöhung, wenn Meereshöhen- und Temperaturschwankungen eintreten.

Einerseits besteht die Möglichkeit, unter besonderem Aufwand Methan zu gewinnen, andererseits die Gefahr, dass bei Zerfall der Gashydrat-Schichten riesige Mengen des Treibhausgases Methan freigesetzt werden. Gashydrate können auch in Gastransportleitungen entstehen, wenn flüssiges Wasser bei niedrigen Temperaturen vorhanden ist. Die kristallinen Einschlussverbindungen würden zu Verstopfungen der Pipelines führen und neben der Gefahr der Korrosion der Pipelines ist dies ein wichtiger Grund, warum vor dem Transport Erdgas getrocknet werden muss.

2.3.1 Erdgas als Energieträger

Hauptkomponente von Erdgas ist das Methan

Eigenschaften von Methan: Schmelzpunkt $-182\,°C$, Siedepunkt $-161\,°C$, Flammpunkt $< 0\,°C$, Brennpunkt etwa 20 bis 40 °C höher als der Flammpunkt, Zündtemperatur 645 °C, Zündbereich mit Volumenanteilen an Methan in Luft mit 4,9–15,1 %, Heizwert H_u 36 MJ/m^3. Methan ist nicht giftig.

Vergleich mit anderen Energieträgern

Erdgas ist als Energieträger umweltfreundlich, denn gegenüber anderen Energieträgern ist die CO_2-Abgabe in die Atmosphäre bei gleicher Energieabgabe vermindert. Ein Vergleich mit den Energieträgern Ottokraftstoff, Dieselkraftstoff, leichtes Heizöl und Kohle kann der → Spalte 4 in Tabelle 2.3 entnommen werden.

Tabelle 2.3 Vergleich der CO_2 Abgabe einiger Energieträger

Spalte 1: Heizwert H_u in kJ pro kg Energieträger (Heizwerte H_u s. → Anhang Tabelle 3)
Spalte 2: kg CO_2 Abgabe pro kg Energieträger
Spalte 3: SKE-Faktor, SKE pro kg Energieträger
Spalte 4: kg CO_2 Abgabe bezogen auf die Energieabgabe von 1,00 kg Durchschnittssteinkohle (pro SKE).
Berechnungen zu Tabelle 2.3 s. → Anhang Umrechnungen

Energieträger	1 H_u in kJ/kg	2 kg CO_2/kg	3 SKE-Faktor (SKE/kg)	4 kg CO_2/SKE
Wasserstoff	120000	0	4,1	0
Methanol	19760	1,38	0,67	2,06
Methan, Erdgas	50082	2,75	1,7	1,62
Octan etwa Ottokraftstoff	44162	3,08	1,49	2,07
Pentadecan etwa Heizöl und Dieselkraftstoff	41441	3,11	1,41	2,20
Kohle	29300	3,66	1	3,66

Nach Spalte 4 gibt Erdgas bei gleichem Energieinhalt (in SKE) gegenüber Ottokraftstoff etwa 21 % weniger, gegenüber leichtem Heizöl und Dieselkraftstoff etwa 26 % weniger CO_2 ab, gegenüber Kohle sogar etwa 50 %. Die verminderte CO_2-Abgabe gegenüber Ottokraftstoff und Dieselkraftstoff hat nicht nur die Indust-rie und die privaten Haushalte bewogen, Erdgas verstärkt für die Wärmeerzeugung einzusetzen, sondern auch die Autoindustrie, in dem sie Erdgas-(Methan-) betriebene Fahrzeuge entwickelt hat (engl. Natural Gas Vehicle NGV). Neben der Reduzierung des CO_2-Ausstoßes werden auch weniger NO_x, CO, HC, weder Russpartikel noch Benzol und SO_2 emittiert. Das Abgas ist geruchlos.

Ursache des sehr niedrigen SKE-Faktors (Spalte 3) von *Methanol* (0,67) im Vergleich zu Methan (1,7) ist der niedrige Heizwert H_u von Methanol (Spalte 1). Demzufolge ist die CO_2-Abgabe pro SKE (Spalte 4) höher und etwa gleich mit Ottokraftstoff.

Erdgas als Antriebstreibstoff (Kraftstoff)

Die Erdgas-Tankstellen entnehmen H- oder L-Erdgas* dem allgemeinen Erdgasleitungssystem. Es wird anschließend an der Tankstelle auf 200 bar verdichtet und unter diesem Druck in den Autotank – bestehend aus Gasflaschen aus Stahl oder Stahl/Carbonfaser – gedrückt und gespeichert. Diese halten eine Druckbelastung bis zu 600 bar aus und fassen je nach Fahrzeugmodell zwischen 12 und 34 kg Erdgas. Abgerechnet wird nach kg Erdgas.

Die Zuleitung des Erdgases zum Motor erfolgt durch Einblasen, der Druck wird auf 7 bar reduziert. 1 kg Erdgas entspricht etwa 1,6 l Ottokraftstoff oder 1,4 l Dieselkraftstoff. Eine Tankfüllung mit 26 kg Erdgas reicht für etwa 400 km. Methan als Hauptkomponente von Erdgas hat eine relativ hohe Oktanzahl, was auf seine chemische Struktur zurückzuführen ist. Im Gegensatz zu den höheren Alkanen im Otto- und Dieselkraftstoff mit langen Kohlenstoffketten ist Methan ein kleines und daher stabileres Molekül. (s. → Abschn. 2.2.1, Seite 80 Die Klopffestigkeit nimmt mit der Länge der Kohlenwasserstoffkette ab).

*Anmerkung: Regional wird unterschiedliches Erdgas angeboten: H-Gas (High caloric Gas) mit einem Methananteil zwischen 87 und 99,1 % und geringen N_2- und CO_2-Anteil. L-Gas (Low caloric Gas) mit einem Methananteil zwischen 79,8 und 87 % und etwas höheren Anteil an N_2 und CO_2.

Der volumenbezogene Heizwert H_u (Energiedichte) von Wasserstoff (10780 kJ/Nm^3) beträgt nur etwa ein Drittel von dem des Erdgases (35880 kJ/Nm^3 s. → Anhang Tabelle 3). Äquivalente Energiemengen benötigen im Fall des gasförmigen Wasserstoffs daher ein größeres Volumen oder höheren Druck. Bei Tieftemperatur-Flüssigspeicherung lassen sich sowohl beim Wasserstoff wie auch bei Erdgas höhere Energiedichten erreichen.

Erdgas als Energieträger für die Brennstoffzelle

Für verschiedene Brennstoffzellen kann Erdgas als Energieträger – Brennstoff – verwendet werden. Die Herstellung von Wasserstoff aus Methan für die Brennstoffzelle im Dampfreformer ist im → Buch 1, Abschn. 5.4.3. Seite 418, beschrieben. Es entsteht $H_2 + CO_2$.

2.3.2 Erdgas als Rohstoffquelle

Neben der Gewinnung von

* *Acetylen* (s. → Abschn. 1.1.2 Alkine, Seite 28)

ist vor allem die Bereitstellung von

* *Synthesegas*

für die Wasserstoff- und Methanol-Gewinnung von Bedeutung (s. → Abb. 2.9, Seite 100).

Gewinnung von Synthesegas

Erdgas wird nach dem Verfahren der *Dampfreformierung* (Steamreforming) mit Wasserdampf bei einer Temperatur von etwa 830 °C und einem Druck von etwa 40 bar in Gegenwart eines Ni-Katalysators zu Synthesegas umgesetzt. Das Ausgangsgas muss entschwefelt sein, Schwefel deaktiviert den Katalysator. Der im Wasserdampf enthaltene Sauerstoff verbindet sich mit dem C-Atom des Methans zu CO, die H-Atome des Methans und die des Wassermoleküls tragen zur Wasserstoffbildung bei.

$$CH_4 + H_2O(g) \rightleftharpoons CO + 3\,H_2 \qquad \Delta H^0 = +206{,}2\ kJ/mol \qquad (2.4)$$

Methan   Synthesegas

In dem aus Methan gewonnenen Synthesegas liegen CO und H_2 im Molverhältnis 1 : 3 vor.

Verwendung von Synthesegas

Die großtechnische Bedeutung von Synthesegas liegt darin, dass nicht nur die *chemische Energie* als Sekundärenergieträger ausgenützt werden kann, sondern dass es auch ein reaktionsfähiges *Zwischenprodukt* für viele Synthesen darstellt. Die möglichen Energie- und Stoffumwandlungsprozesse sind in → der nachfolgenden Abb. 2.9 zusammengestellt.

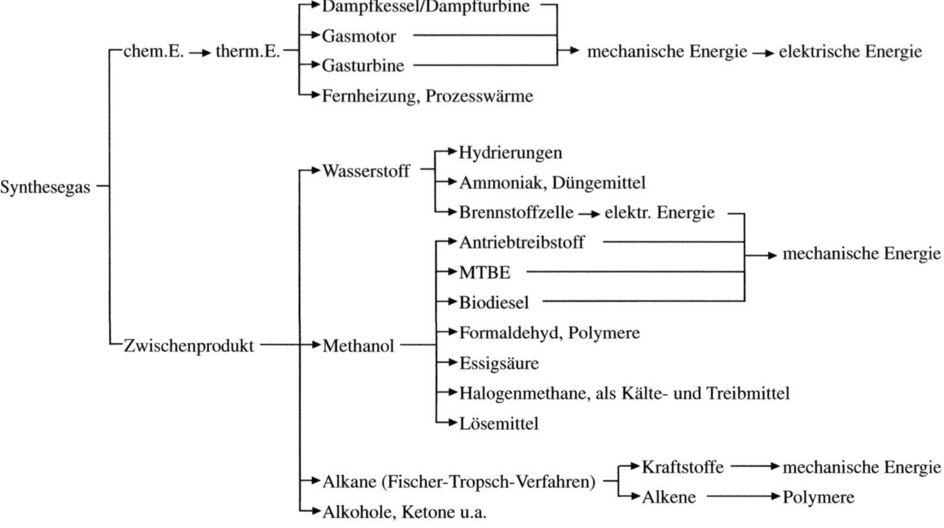

Abb. 2.9 Synthesegas als Energieträger und als Zwischenprodukt für viele Synthesen

Hinweis:
Zusammenfassung für weitere Verfahren zur Gewinnung von Synthesegas:
s. → Buch 1, Abschn. 5.2.2 unter Gewinnung von Wasserstoff.
s. → Abschn.1 2.1 unter Gewinnung von Methanol, Seite 49
s. → Abschn. 2.1.2 unter Wassergas.

Teil 2

Polymerchemie für Polymerwerkstoffe

3 Polymere – Aufbau und Strukturen

Einführung

Ein Einblick in die *Polymerchemie* kann hilfreich sein, um Polymere und somit Polymerwerkstoffe in ihren Eigenschaften und Anwendungsmöglichkeiten besser zu verstehen. Polymerchemie ist eine makromolekulare Chemie, denn Polymere bestehen aus Makromolekülen (gr. macros groß), aus Molekülen mit einer sehr großen Anzahl von Atomen. Diese vorwiegend organischen Verbindungen unterscheiden sich im chemischen Aufbau und in ihrer Struktur von den organischen niedermolekularen Verbindungen, wie sie im → Teil 1 beschrieben wurden.

Polymerwerkstoffe werden u.a. für Bauteile im Maschinen- und Apparatebau, insbesondere im Flug- und Fahrzeugbau verwendet. *So kommt den mechanischen und thermischen Eigenschaften dieser organischen Werkstoffe wie auch ihrem Langzeitverhalten besondere Bedeutung zu.*

Wo können metallische und keramische Werkstoffe durch Polymerwerkstoffe ersetzt werden? Ist die chemische Bezeichnung eines Werkstoffs mit dem Kurzzeichen PVC oder ABS (s. → Anhang, Kurzzeichen) eine Garantie für den Fertigungsingenieur, dass er bei allen Produkten unter diesem Namen jeweils die identischen Eigenschaften des Materials vorfindet? Was heißt, Polymere kann man ‚maßgeschneidert' herstellen, denn neue Technologien benötigen neue Werkstoffe? Dies sind Fragen, die im vorliegenden → Teil 2 angesprochen werden.

Die Begriffe ‚Kunststoff – Polymerwerkstoff'

Für den Studenten des Maschinenbaus wäre der Ausdruck ‚Kunststoff' sehr viel geläufiger als die Bezeichnung ‚Polymerwerkstoff'. Er kennt so genannte Kunststoffe nicht nur durch ihre vielseitige Verwendbarkeit im täglichen Leben, sondern auch durch seine speziellen, fachlichen Interessen. Er weiß, dass es Konstruktionsteile gibt, die aus Kunststoffen angefertigt sein können.

Nachfolgend werden die Begriffe ‚Kunststoff und Polymerwerkstoff' näher erläutert.

Die für Polymere notwendigen organisch-chemischen Kenntnisse sind im → Teil 1 unter Kapital 1 *Grundkentnisse aus der Organischen Chemie* beschrieben.

Kunststoffe

Historisches
Etwa ab der Mitte des 19. Jahrhunderts begannen Chemiker Naturprodukte chemisch so zu verändern, dass neue Stoffe mit neuen Eigenschaften entstanden sind. 1832 stellten *Lüdersdorf* (Deutschland) und 1836 *Hayward (USA)* fest, dass Schwefel dem aus Latex (Milchsaft) des Kautschukbaums isolierten und von Beimengungen gereinigten Naturkautschuk die Klebrigkeit nimmt. Diese Feststellung hat *Goodyear (Charles Nelson 1808–1860, USA)* aufgegriffen und 1839 die so genannte Naturkautschuk-Vulkanisation mit Schwefel im technischen Maßstab eingeführt (Patent 1844). Das Reaktionsprodukt nannte man Gummi. Dieser war beständiger gegen Sauerstoff, d.h. gegen Versprödung und trug wesentlich zur späteren Entwicklung von Fahrrad und Motorfahrzeugen bei (s. → Abschn. 5.5, Seite 200).

1845/46 entwickelte *Schönbein (Christian Friedrich 1799–1869, Deutschland, Schweiz)* aus dem Naturprodukt Baumwollfaser ein Verfahren zur Herstellung löslicher, mit Salpetersäure veresterter Cellulose. Diese uns heute als Cellulosenitrat bekannte explosive Verbindung, führte zu neuen Produkten: Beispiele sind Schießbaumwolle (1846 *Schönbein)*, Celluloid (1869/70 *Hyatt, John Wesley 1837–1920, USA)* und Nitroseide (1884 *Chardonne, Graf de Louis-Marie-Hilaire 1839–1924, Frankreich)*. Um Celluloid zu erhalten, hatte *Hyatt* dem Cellulosenitrat Campher zugegeben, was den neuen Stoff weich machte. Man bekam ein Produkt, das plastisch fließend, zäh, transparent, dauerhaft einfärbbar und leicht zu reinigen war. Es ließ sich bei 80 bis 90 °C in jede gewünschte Form bringen.

Kolloidal gelöste und wieder ausgefällte Cellulose wurde zum Faden geformt. Der aus dieser so genannten Kunstseide hergestellte Stoff hatte seidigen Glanz und war billiger als reine Seide. Durch eine Schlitzdüse gepresst, erhielt man Bahnen, das Cellophan.

Wilhelm Krische und *Adolf Spiteller* (Patent 1897) gelang es, das aus Milch isolierte Milcheiweiß (Milchprotein, Casein) mit Formaldehyd zu Kunsthorn (Galalith) zu verarbeiten. Für modische Artikel konnte es dauerhaft eingefärbt werden und ersetzte Naturhorn z.B. für die Herstellung von damals teurem Zierrat wie Knöpfe, Kämme u.a.

Diese neuen Stoffe erleichterten den Menschen viele Mühsale des täglichen Lebens und förderten den Wohlstand.

Bereits um die Jahrhundertwende 1900 wurden die ersten vollsynthetischen Kunststoffe produziert. Ohne fundierte Kenntnisse über makromolekulare Stoffe musste zunächst rein empirisch gearbeitet werden. 1909/10 begann die Produktion von vollsynthetisch hergestelltem Phenolformaldehydharz, das man Bakelit nannte *(Baekeland, Leo Henry 1863–1944, Belgien, USA)*. Es hatte eine schwarze Farbe und wurde für Telefone und anderen Hausrat verwendet.

Historisches Datum *1922*
Seit *1922 Hermann Staudinger (1881–1965, Freiburg im Breisgau)* für die kleinsten Einheiten vieler Naturstoffe wie Cellulose, Proteine u.a. die Bezeichnung ,*Makromolekül'* vorgeschlagen hatte, entwickelte sich ein völlig neuer Zweig der bis dahin fast ausschließlich niedermolekularen Chemie der anorganischen und organischen Stoffe. Es begann die systematische Erforschung der organischen makromolekularen Stoffe, die *makromolekulare Chemie.* 1926 hat Staudinger das wissenschaftliche Fundament für die makromolekularen Stoffe gelegt. Damit lieferte er auch die Grundlagen für die heutigen Polymerwerkstoffe. Er hat damals schon erkannt, dass ein Zusammenhang besteht zwischen Molekülmasse und Viskosität der makromolekularen Stoffe. Heute noch wird dieser Zusammenhang z.B. bei der Bestimmung der Viskositätszahl ausgenützt. Gegen den Widerstand anderer Wissenschaftler dauerte es 13 Jahre, bis die Lehre von den makromolekularen Stoffen offiziell anerkannt wurde.

1953 erhielt Staudinger den Nobelpreis für seine Verdienste um die Aufklärung der Natur der makromolekularen Stoffe.

Stoffe, durch *Abwandlung von Naturstoffen* hergestellt, nannte man um die Jahrhundertwende 1900 *Kunststoffe.* Diese Bezeichnung hat sich eingebürgert, als 1910 *Richard Escales* die Zeitschrift ,Kunststoffe' herausbrachte.

Mit der Aufklärung des Aufbaus der Naturstoffe konnte der Chemiker von der Natur lernen, welche Art von Stoffen zu synthetisieren waren, um zu ähnlichen Produkten zu kommen, wie die Natur sie uns seit jeher angeboten hat: Es sind Stoffe, denen *organi-*

sche Makromoleküle mit langen C–C-Ketten als Grundgerüst zugrunde liegen, die z.B. durch Sauerstoffatome, Stickstoffatome, Ringe oder gegebenenfalls auch Doppelbindungen unterbrochen sein können.

Naturprodukte und der ihnen zugrunde liegende Naturstoff:

Naturprodukte als Werkstoffe	Isolierter Naturstoff	Gruppierungen im organischen Makromolekül des Naturstoffs, wie sie auch in vollsynthetischen Makromolekülen vorkommen. Sie sind verstärkt gezeichnet.
Holz Baumwolle Flachs, Hanf Jute	Cellulose * Cellulose Cellulose	
Wolle, Seide Häute, Horn	Protein** Protein Protein	
Latex des Kautschuk-baums	Naturkautschuk *cis*-1,4-Poly-isopren***	

*Cellulose ist eine Polyglukose mit glykosidischer Bindung (diese wird nicht erklärt), doch eine -C-O-C-Verknüpfung kommt in → Polyestern vor.

** Proteine haben eine Amidverknüpfung -CO-NH- (s. → Abschn. 5.3.2, Seite 181). R_1, R_2 sind organische Reste.

*** Naturkautschuk besteht aus *cis*-1,4-Polyisopren. Die Zahlen 1,4 geben die Verknüpfungsstellen der C-Atome 1 und 4 im Makromolekül an, *cis* die Konfiguration wie sie sich um die Doppelbindung fortsetzt. (s. → Abschn. 5.5, Seite 198)

Polymerwerkstoffe

Mit Fortschritt der chemischen Kenntnisse wollte man sich durch *vollsynthetische Kunststoffe* von der Natur unabhängiger machen. Die Bezeichnungen wurden chemischer, wissenschaftlicher. Im technischen Bereich nennt man heute vollsynthetische Kunststoffe bevorzugt *Polymere*, obgleich man auch die Naturstoffe so bezeichnen könnte.

Polymer bedeutet so viel wie *aus vielen Teilen bestehend* (gr. polys viel; gr. meros Teil), d.h. ein Polymer – oder genauer gesagt ein Polymermolekül – ist aus vielen Teilen, den *Monomeren* zusammengesetzt, es ist ein großes Molekül, ein Makromolekül.

Am Beispiel Polyethylen wird im nachfolgenden → Schema der chemische Aufbau für einen Polymerwerkstoff aufgezeigt. Das Schema macht Folgendes deutlich:

Aus *n Monomeren* Ethylen entsteht durch den chemischen Prozess der Polymerisation das Polymermolekül, das organische Makromolekül Polyethylen. Das *Polymermolekül* ist das *Basispolymer*, d.h. die kleinste Einheit des *polymeren Stoffs* – des Materials – was sich technisch verwerten lässt.

Vgl.: Das *Wassermolekül* H_2O ist die kleinste Einheit des Stoffs *Wasser*. Unter ‚Stoff' versteht man immer das, was man in die Hand nehmen kann, was sichtbar vorhanden ist.

Der polymere Stoff Polyethylen kann selten rein zur Anwendung kommen. Erst nach Zumischung von Zusatz- und Hilfsstoffen entsteht die verarbeitungsfähige *Formmasse* z.B. in Pulverform oder als Granulat (gekörnt). Die Formmasse ist die Lieferform für die Herstellung der Erzeugnisse. Sie besteht also aus dem Basispolymer und den Zusatz- und Hilfsstoffen (ausführlich s. → Abschn. 4.1, Seite 129).

Wird die Formmasse innerhalb bestimmter Temperaturbereiche durch Urformen* bleibend zu Formteilen (Bauteile) oder Halbzeug geformt, wird sie *Formstoff* oder *Polymerwerkstoff* genannt.

*Urformen ist die Bezeichnung für die spanlose, bleibende Verformung zur Herstellung von Formteilen oder Halbzeug aus einem Polymerwerkstoff (s. → Abschn. 4.2, Seite 132 und Glossar).

Für den Begriff *Polymerwerkstoff* ist es also von Bedeutung, dass aus der Formmasse Gegenstände mit einer bestimmten, gewünschten Form entstanden sind. Weder das Basispolymer als solches, noch die Zusatz- und Hilfsstoffe sind Werkstoffe, sondern nur in ihrem Zusammenwirken nach der Entstehung von Formteil (Bauteil) oder Halbzeug spricht man vom Polymerwerkstoff.

Nicht als Polymerwerkstoff bezeichnet man das gleiche Grundmaterial, wenn daraus synthetische Fasern, Stoffe für Lacke, Farben, Imprägnierungen, Klebstoffe, Holzleime u.a. hergestellt werden.

Die Deklination des Wortes Polymer (entsprechend für Monomer, Plastomer, Elastomer, Duromer):

das, ein Polymer	die, einige Polymere
des, eines Polymers	der, einiger Polymere
dem, einem Polymer	den, einigen Polymeren
das, ein Polymer	die, einige Polymere

Schema

Monomer   →   Polymerwerkstoff

Formstoff bzw. Polymerwerkstoff
aus der Formmasse von Polylethylen

Die Formmasse wird (als Pulver oder Granulat) durch Urformen
(Extrudieren, Spritzgießen u.a.) bleibend zum Formteil oder Halbzeug geformt
und wird damit zum Formstoff, dem eigentlichen Polymerwerkstoff.

↑

bleibende Formgebung
Urformen

↑

Formmasse
Sie entsteht nach Zumischung von Zusatz- und Hilfsstoffen.

↑

polymerer Stoff Polyethylen

↑

Polymermolekül Polyethylen
organisches Makromolekül, Basispolymer

$$\left[\!CH_2\!-\!CH_2\!\right]_n$$

Polymerisation

↑

Monomer Ethylen (Ethen)

$$n\ CH_2{=}CH_2\ *$$

* ‚n' gibt die Anzahl Monomere an, aus denen das Polymermolekül aufgebaut ist.
Im Beispiel Polyethylen ist n etwa 10^4.

Was versteht man heute unter ‚Kunststoff'?

Kunststoffe sind technische Werkstoffe, hergestellt aus
- abgewandelten Naturstoffen (s. → Historisches, Seite 106) oder
- vollsynthetischen Polymeren (s. → Tabelle 3.1, Seite 113).

Der Begriff ‚Kunststoff' beinhaltet zugleich, dass es sich um einen Werkstoff handelt. Um als Werkstoff dienen zu können, muss ein Stoff bei Gebrauchstemperatur fest sein. Zu den Kunststoffen zählt man auch die Polysiloxane mit einem anorganisches Si−O-Gerüst, das allerdings organische Seitengruppen trägt (s. → Kapitel 6, Seite 209).

Vgl. Glas. Es hat ebenfalls ein -Si-O-Gerüst, jedoch keine organischen Seitengruppen.

Synthesekautschuke werden nicht in die Gruppe der Kunststoffe einbezogen. Dies beruht auf der seit 1839 *(Goodyear)* eigenen historischen Entwicklung, bevor um 1900 die vollsynthetischen Kunststoffe hergestellt wurden, obwohl der chemische Aufbau dies rechtfertigen würde.

Anmerkung: Auf abgewandelte Naturstoffe wird nicht weiter eingegangen.

Konstruktionspolymere, Funktionspolymere

Seit Polymerwerkstoffe technisch wichtige Bauteile aus Metall und Keramik im Maschinenbau, in der Elektrotechnik, Optik und Medizin ersetzen können, haben sich die Bezeichnungen Konstruktionspolymere und Funktionspolymere eingeführt.

Konstruktions-(oder Struktur-)polymere zeichnen sich durch besondere mechanische und thermische Eigenschaften aus, beispielsweise durch hohe Festigkeit, Steifigkeit, Zähigkeit sowie durch relativ hohe Wärme- und gute Chemikalienbeständigkeit bei geringer Massendichte.

Für *Funktionspolymere* sind die physikalischen Eigenschaften von besonderer Bedeutung, um sie in Elektrotechnik, Optik und Medizin verwenden zu können. Es gibt elektrisch leitende und piezoelektrische Polymere, es gibt solche, die als Membranen, Lichtwellenleiter, als Implantate und Prothesen verwendet werden können.

Die Entwicklung von Konstruktions- und Funktionspolymeren mit spezifischen Eigenschaften für anspruchsvolle Bauteile setzte erst ein, als man genauere Kenntnis über den molekularen Aufbau und das Gefüge eines Polymerwerkstoffs bekam. Einen wesentlichen Anteil bei der gezielten Herstellung von maßgeschneiderten Polymeren haben neuartige, vor allem metallorganische Katalysatoren und Metallocene (s. → Abschn. 5.3.1, Seite 173/174).

Rohstoffquellen und Chemierohstoffe für Polymere

» *Von der Kohle zum Polymer*

Rohstoffquelle für Polymere war bis etwa 1955 die Steinkohle. Die nach der Pyrolyse-Technik (s. → Abschn. 2.1.2, Seite 69) gewonnenen Chemierohstoffe – Pyrolyse-Rohgas, Teer und Koks – lieferten wichtige Zwischenprodukte zur Synthese von organisch-chemischen Produkten wie Farben, Lösemittel u.v.a.

Es lag nahe, die vielfältigen Zwischenprodukte auch für die Synthese von den immer mehr zur Bedeutung gelangten polymeren Stoffen auszunützen:

Aus Koks und Calciumoxid (gebrannter Kalk CaO) wurde Acetylen für die *Reppe*-Chemie hergestellt (s. → Abschn. 1.1.2, Seite 28). Über die Herstellung von Wassergas (CO + H_2) aus Koks und Wasserdampf sowie anschließender Methanol-Synthese und Oxidation zu Formaldehyd wurden mit Phenol, die so genannten Formaldehydharze produziert (s. → Abschn. 5.4.1, Seite 193).

Heute wird Kohle in Deutschland nicht mehr als Rohstoffquelle für Polymere verwendet. Kohle dient lediglich als wichtige Reserve, auf die jederzeit zurückgegriffen werden kann.

» *Vom Erdöl und Erdgas zum Polymer*

Seit etwa Mitte der 1950er Jahre nahm mit dem Wohlstand der Verbrauch an Heizöl und Kraftstoffen ständig zu. Bei der Verarbeitung des damals billigen Erdöls fielen zunehmend Fraktionen an, die zunächst keine Verwendung fanden. Man versuchte, diese Fraktionen für eine preiswerte Produktion von Monomeren zur Herstellung von Polymeren auszunützen.

Aus *Erdöl* (s. → Tabelle 2.1, Seite 76) werden heute neben der Rohbenzinfraktion (Naphtha C_5/C_6-Fraktion) auch das Raffineriegas (C_1/C_2-Fraktion) und das Flüssiggas (C_3/C_4-Fraktion) sowie Komponenten aus dem Crackbenzin zur Herstellung von Alkenen verwendet. Die Rohbenzinfraktion und das Flüssiggas liefern durch Zusatz von Wasserdampf im Steamcracker (s. → Abschn. 2.2.1, Seite 78) – ein von außen beheizter Röhrenofen – ein Gemisch aus Ethen, Propen, Butadien, Isobutenen und Aromaten wie Benzol, Toluol, Xylole u.a. Die Auftrennung in reine Komponenten ist sehr aufwändig.

Heute wird nur ein relativ kleiner Prozentsatz (etwa 7%) der insgesamt eingesetzten Erdölmenge als Rohstoffquelle für die Synthese von Polymeren verwendet. Der größte Teil der Erdölmenge (etwa 87 %) wird in Motoren und Verbrennungsanlagen zu CO_2 und H_2O verbrannt (s. → Abb. 2.3, Seite 70).

Erdgas und Raffineriegas (C_1/C_2-Fraktion) werden nach dem Verfahren der Dampfreformierung in Synthesegas ($CO + 3\,H_2$) umgewandelt. Wie in → Abb. 2.9, Seite 100 dargestellt, können aus Synthesegas nicht nur die wichtigsten Alkene (Olefine), sondern auch in oxidativ katalytischer Reaktion Methanol und nach Oxidation Formaldehyd hergestellt werden. Dieses benötigt man nicht nur für die Herstellung von Formaldehydharzen, sondern auch als Zwischenprodukt für Polyoxymethylen POM (s. → Tabelle 3.1, Seite 113 und Abschn. 5.3.2, Seite 179).

3.1 Das Polymermolekül
Das organische Makromolekül, ein Kettenmolekül

‚Polymer' bedeutet, wie bereits beschrieben, soviel wie ‚aus vielen Teilen bestehend'. Zutreffender wäre zu sagen: das Polymermolekül ist ein aus vielen Teilen ‚vielgliedrig' aufgebautes Molekül. Denn in seiner einfachsten Struktur ist der Vergleich mit einer langen Kette aus sehr vielen Gliedern, die fest miteinander verbunden sind, sehr viel aussagekräftiger. Eine Kette hat andere Eigenschaften als eine Anhäufung von Einzelteilen. Ein Polymermolekül ist keine strukturlose Zusammenstellung von Monomeren. Ein sehr anschaulicher Begriff für die einfachste Struktur eines Polymermoleküls ist daher der Ausdruck *Kettenmolekül*.

3.1.1 Kettenmoleküle

Homopolymere
Polymere, die aus Monomeren gleicher Art entstanden sind -ᴏᴏᴏᴏᴏᴏᴏᴏᴏᴏ-

Beispiel: Polyethylen PE

Aus vielen Monomeren Ethylen (Ethen) bildet sich in einer Polymerisationsreaktion unter entsprechenden Reaktionsbedingungen, gewissermaßen durch Addition, das Homopolymer Polyethylen PE:

<table>
<tr>
<td>

$H_2C = CH_2$

Monomer Ethylen,
systematischer Name
Ethen

</td>
<td>

$\left[CH_2{-}CH_2\right]_n$ n etwa 10^4

n <u>M</u>onomer<u>e</u>inheiten ME
polymerisieren zu
Polyethylen.
Eine andere Schreibweise ist

$$\left[\begin{array}{cc} H & H \\ | & | \\ C & -\ C \\ | & | \\ H & H \end{array}\right]_n$$

Die Methylengruppe $-CH_2-$ nennt man die
<u>K</u>onstitutionelle <u>R</u>epetier<u>e</u>inheit KRE

</td>
</tr>
</table>

Die Monomereinheit ME ist das Monomer wie es in der Kette eingebaut ist, sie wiederholt sich periodisch. Die Monomereinheit gibt man an, um kenntlich zu machen, aus welchem Grundmaterial das Polymer aufgebaut ist.

In der folgenden → Tabelle 3.1 sind besonders bekannte Homopolymere zusammengefasst, wie sie in diesem Buch besprochen werden. Polymerisationsreaktionen und Einzelbesprechungen s. → Kapitel 5, Seite 153 und ab Seite 170.

Tabelle 3.1 Beispiele für Homopolymere

Monomer	Homopolymer
$H_2C=CH_2$ Ethylen (Ethen)	$\{CH_2-CH_2\}_n$ Polyethylen PE
$H_2C=CH-CH_3$ Propylen (Propen)	$\begin{bmatrix} CH_2-CH \\ \quad\quad\; CH_3 \end{bmatrix}_n$ Polypropylen PP
$H_2C=CH-Cl$ Vinylchlorid	$\begin{bmatrix} CH_2-CH \\ \quad\quad\; Cl \end{bmatrix}_n$ Polyvinylchlorid PVC
$H_2C=CH-C\equiv N$ Acrylnitril	$\begin{bmatrix} CH_2-CH \\ \quad\quad\; CN \end{bmatrix}_n$ Polyacrylnitril PAN
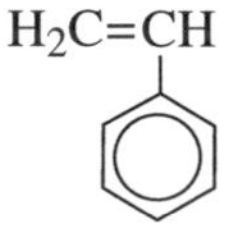 $H_2C=CH$ (Phenyl) Styrol	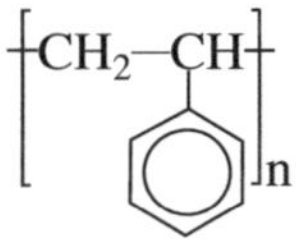 $\begin{bmatrix} CH_2-CH \\ \quad\quad\; (Phenyl) \end{bmatrix}_n$ Polystyrol PS
$H_2C=O$ Formaldehyd	$\{CH_2-O\}_n$ Polyoxymethylen POM
$\begin{matrix} CH_3 \\ \| \\ H_2C=C \\ \| \\ COOCH_3 \end{matrix}$ Methylmethacrylat	$\begin{bmatrix} \quad\; CH_3 \\ CH_2-C \\ \quad\; COOCH_3 \end{bmatrix}_n$ Polymethylmethacrylat PMMA
$\overset{1\;\;2\;\;\;\;3\;\;\;\;\;4}{H_2C=CH-CH=CH_2}$ 1,3-Butadien	$\{\overset{1\quad\;2\quad3\quad\;4}{CH_2-CH=CH-CH_2}\}_n$ 1,4-Polybutadien BR
$\overset{CH_3}{\underset{H_2C=C-CH=CH_2}{\overset{1\;\|2\;3\;\;\;4}{}}}$ 1,3-Isopren	$\{\overset{CH_3}{\underset{CH_2-C=CH-CH_2}{\overset{1\;\;\|2\;3\quad4}{}}}\}_n$ 1,4-Polyisopren IR, NR
$F_2C=CF_2$ Tetrafluorethylen	$\{CF_2-CF_2\}_n$ Polytetrafluorethylen PTFE

Beispiele für n (Polymerisationsgrad): PE 10^4, PVC 700–1500

Copolymere und Polyblends
Polymere, die aus mehr als einer Art von Monomeren entstanden sind

Copolymere ermöglichen unterschiedliche Eigenschaften zu kombinieren, die mit einzelnen Homopolymeren alleine nicht zu erzielen sind. Nach der Anordnung der verschiedenen Monomere unterscheidet man verschiedene Arten von Copolymeren:

- alternierende (regelmäßig abwechselnde) Copolymere:

- statistische (unregelmäßig angeordnete) Copolymere:

- Blockcopolymere:

- Pfropfcopolymere:

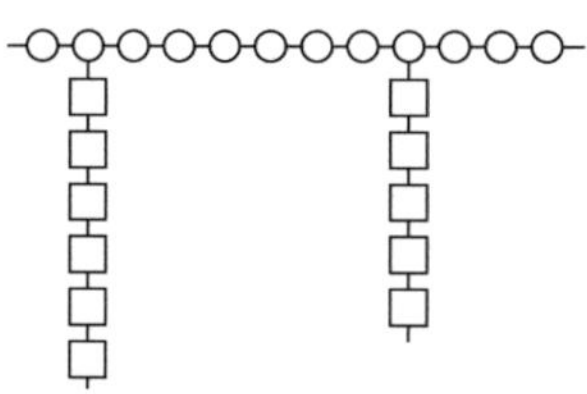

- Polymermischungen, Polyblends:

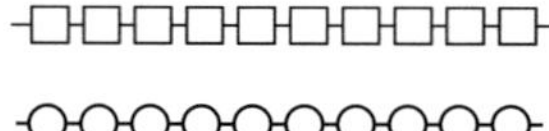

Copolymere der *alternierenden Reihenfolge* unterscheiden sich in besonderer Weise von den vier letztgenannten Copolymerarten, den statistischen Copolymeren, Blockcopolymeren, Pfropfcopolymeren und Polymermischungen (Polyblends). Letztere entstehen aus Monomeren, die auch selbständig Homopolymere bilden können (s. → Tabelle 3.1, Seite 113), während bei den alternierenden Copolymeren von zwei *niedermolekularen Verbindungen* ausgegangen wird, die sich alleine nicht polymerisieren lassen. Aus diesem Grund sind die niedermolekularen Verbindungen der alternierenden Copolymere mit anderen Zeichen dargestellt. Nachfolgend wird ein bekanntes Beispiel für die alternierenden Copolymere angegeben. Weitere Beispiele s. → Abschn. 5.1.2, ab Seite 159.

Beispiele statistisches Copolymer s. → Abschn. 5.3.2, ab Seite 185
Beispiele Blockcopolymer s. → Abschn. 5.3.2, ab Seite 207
Beispiele Pfropfcopolymer s. → Abschn. 5.6.2, ab Seite 203 bis 206
Beispiele Polyblends s. → Abschn. 5.6.2, ab Seite 206

» *Polyamid PA 66*

Polyamid 66 wird aus den niedermolekularen Verbindungen Hexan-1,6-diamin und Adipinsäure (Hexandisäure) unter Abspaltung von Wasser polymerisiert (s. → Abschn. 5.1.2, Seite 158):

Die niedermolekularen Komponenten:

Monomereinheit 1:	Monomereinheit 2:
Hexan-1,6-diamin	Adipinsäure, Hexandisäure
n $H_2N-(CH_2)_6-NH_2$	n $HOOC-(CH_2)_4-COOH$

Die *Amidverknüpfung* zwischen den Monomereinheiten 1 und 2, unter Abspaltung von n H_2O:

$$\cdots \left[NH-(CH_2)_6-NH-\overset{\overset{O}{\|}}{C}-(CH_2)_4-\overset{\overset{O}{\|}}{C} \right]_n \cdots$$

unter Abspaltung von H_2O s. → Seite 158

Die Kette ist jeweils nach sechs Kohlenstoffatomen von einem Stickstoffatom unterbrochen, dabei stammen sechs Kohlenstoffatome vom Diamin und sechs Kohlenstoffatome von der Dicarbonsäure. Die C-Atome der C=O-Gruppen werden mitgezählt. Bei Polyamiden z.B. bei PA 66 bedeutet die erste Ziffer der Kurzbezeichnung immer die Anzahl Kohlenstoffatome des Diamins, hier sind es 6, die zweite Ziffer die der Dicarbonsäure, es sind ebenfalls 6. Beim Beispiel Polyamid PA 612 bringt das Diamin 6 Kohlenstoffatome und die Dicarbonsäure 12 Kohlenstoffatome mit.

Von der IUPAC wurde festgelegt, dass die Konstitutionelle Repetiereinheit hier nicht von der einfachen Verknüpfung der Monomereinheiten bestimmt wird, sondern von einer anderen Folge:

$$\overset{|\quad ME_1 \quad\ |\quad ME_2 \quad\ |\quad ME_1 \quad\ |\quad ME_2 \quad\ |}{\ldots - NH-(CH_2)_6-NH-CO-(CH_2)_4-CO-NH-(CH_2)_6-NH-CO-(CH_2)_4-CO- \ldots}$$

| <u>K</u>onstitutionelle <u>R</u>epetier<u>e</u>inheit KRE |

Polymerisationsreaktionen und Einzelbesprechungen statistischer Copolymere, Blockcopolymere, Pfropfcopolymere und Polymermischungen (Polyblends), wie sie in diesem Buch vorkommen (s. → Kapitel. 5, ab Seite 153).

3.1.2 Bindungsarten im Kettenmolekül und zwischen den Kettenmolekülen

Um den chemischen Aufbau der Kettenmoleküle – der Polymermoleküle – mit ihren unterschiedlichen Eigenschaften besser zu verstehen, werden Art und Stärke der Bindungen *im* Kettenmolekül und *zwischen* den Kettenmolekülen im folgenden Abschnitt kurz beschrieben. Die mechanischen und thermischen Eigenschaften der Polymerwerkstoffe sind weitgehend von diesen Bindungsarten abhängig.

---

n gibt die Anzahl Monomereinheiten an, aus denen das Polymermolekül aufgebaut ist

Bindungsarten im Kettenmolekül

» *Die unpolare Atombindung, die C–C-Einfachbindung*

Die Bindungsart im Kettenmolekül – die unpolare Atombindung (kovalente Bindung, Elektronenpaarbindung) – wird in der Literatur der Polymerwerkstoffe meist als *Hauptvalenz* (-bindung oder -kräfte) bezeichnet, auch als primäre Bindung, intramolekulare Bindung und σ-Bindung. Der Ausdruck ‚Hauptvalenz' bringt den Gegensatz zur schwächeren ‚Nebenvalenz (-bindung oder -kräfte)', der *van der Waals*-Bindung besser zur Geltung.

Kurzfassung s, → Abschn. 1.1.1, Seite 9, ausführlich s. Buch 1, Abschn. 4.2.1, Seite 140.

Die freie Drehbarkeit der C–C-Einfachbindung – der σ-Bindung – ermöglicht dem Kettenmolekül die Verknäuelung (s. → Abb. 1.3, Seite 10). Ihre makroskopisch-technische Bedeutung äußert sich z.B. in der guten Verformbarkeit bei höherer Temperatur, was dem Gesamtkettenmolekül ermöglicht, in der Schmelze verschiedene räumliche Strukturen anzunehmen. Neben der Knäuelstruktur seien auch Faltungen, Zickzackketten und spiralförmige Strukturen (Helices) erwähnt, wie sie in der → Abb. 3.5, Seite 123 dargestellt sind. Die freie Drehbarkeit der C–C-Einfachbindung kann durch Länge und Verzweigungen des Kettenmoleküls wie auch durch große Substituenten beeinflusst werden.

Die Bindungsenergie einer C–C-Bindung beträgt 345 kJ/mol (25 °C). Allgemein reicht die Energie der Lichtquanten von UV-B Strahlung (Wellenlänge 280–315 nm) aus, um eine C–C-Bindung zu spalten. Kurze Ketten sind UV-empfindlicher als lange Ketten. Vor allem die Anwesenheit von Sauerstoff oder Ozon verstärken bei UV-B Strahlung den radikalartigen Kettenabbau.

Die Bindungsenergie einer H–C-Bindung ist höher, sie beträgt 416 kJ/mol (25 °C).

» *Die polare Atombindung*

Werden im Kettenmolekül H-Atome durch Heteroatome z.B. Halogene, wie F, Cl, Br substituiert oder Gruppen mit Heteroatomen wie, –CO, –NH$_2$ u.a. in die Kette eingeführt, dann liegt zwischen dem C-Atom der Kette und dem Heteroatom die polare Atombindung vor.

Kurzfassung s. → Abschn. 1.2.1, Seite 43, ausführlich s. → Buch 1, Abschn. 4.2.1, Seite 146.

Da Heteroatome größer sind als H-Atome, schränken sie die freie Drehbarkeit der C–C-Einfachbindung in den Ketten ein. Dies kann zu *räumlicher (sterischer) Hinderung* der Beweglichkeit der langen Ketten führen.

Bindungsarten zwischen den Kettenmolekülen

Die Bindungsarten *zwischen* den Kettenmolekülen und auch zwischen Kettenabschnitten *innerhalb* eines verknäuelten Kettenmoleküls sind die *zwischenmolekularen Bindungskräfte*, die *Nebenvalenzkräfte*. In der Literatur der Polymerwerkstoffe ist für

‚Nebenvalenzkräfte' auch die Bezeichnung sekundäre Bindung, intermolekulare Bindung und physikalische Bindung zu lesen.

Zwischenmolekulare Bindungskräfte sind relativ schwache Kräfte, sie werden mit Punkten symbolisiert (s. → Buch 1, Abschn. 4.2.7, Seite 190).

» *Dispersionskräfte*

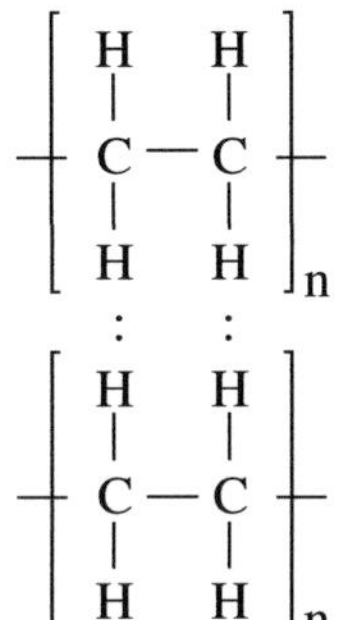

Dispersionskräfte wirken *zwischen* unpolaren Kettenmolekülen und auch *innerhalb* der verknäuelten Kettenabschnitte. Diese ungerichteten, schwachen Anziehungskräfte werden durch zeitlich veränderliche Ladungsverschiebungen (thermische Bewegung) der Elektronen in den Atomhüllen verursacht. Ein Beispiel für ein unpolares Kettenmolekül ist *Polyethylen PE.*

Polyethylen PE

» *Dipol-Dipol-Kräfte*

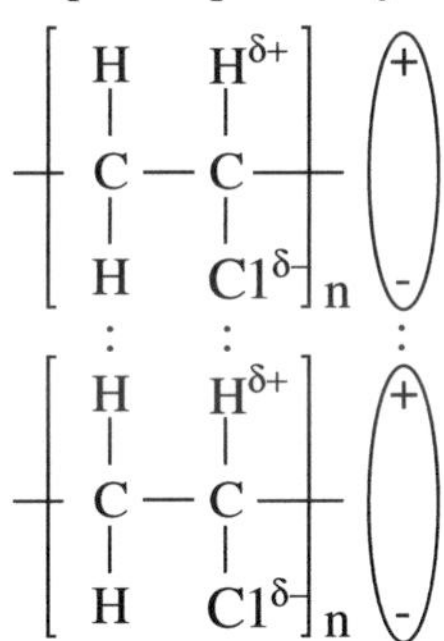

Dipol-Dipol-Kräfte wirken *zwischen* den Kettenmolekülen und auch *innerhalb* der verknäuelten Kettenabschnitte, wenn H-Atome durch Heteroatome ersetzt sind. Die Dipol-Dipol-Kräfte sind gerichtete Anziehungskräfte und stärker als die ungerichteten Dispersionskräfte, was sich vor allem auf die thermischen Eigenschaften auswirkt. Sowohl die Dipol-Dipol-Kräfte, als auch die Größe der Heteroatome (sterische Hinderung) tragen zur geringeren Beweglichkeit der langen Kettenmoleküle bei. Ein Beispiel für ein Kettenmolekül mit Dipol-Dipol-Kräften ist *Polyvinylchlorid PVC.*

Polyvinylchlorid PVC

Sind die Heteroatome so angeordnet, dass ein symmetrischer Dipol entstehen kann, so wird die Dipolwirkung nach außen aufgehoben. *Polytetrafluorethylen* ist durch die symmetrische Anordnung der Fluoratome unpolar, obwohl Fluor das elektronegativste Element ist (EN 4,1).

Polytetrafluorethylen
PTFE (Teflon)

» *Induktionskräfte*

Induktionskräfte entstehen durch die Wirkung eines thermisch bewegten Dipols auf eine benachbarte, unpolare Atomgruppe, so dass in ihr Ladungsschwerpunkte induziert werden.

» *Wasserstoffbrückenbindung*

Im speziellen Fall, wenn ein positiv polarisiertes Wasserstoffatom $H^{\delta+}$ in die Nachbarschaft eines nichtbindenden Elektronenpaars eines stark elektronegativen Atoms kommt, kann sich eine ‚Brücke', eine Wasserstoffbrückenbindung ausbilden. Starke elektronegative Elemente sind N, O, F, Cl, S.

Beispiel

Bei Polyamiden gehen die $H^{\delta+}$-Atome eines Kettenmoleküls sowohl mit nichtbindenden Elektronenpaaren der $O^{\delta-}$-Atomen der *anderen* Kettenmolekülen als auch *innerhalb* eines langen, verknäuelten Kettenmoleküls Dipol-Dipol-Bindungen ein. Dies erhöht die Festigkeit und die Zähigkeit eines Polymers durch den stärkeren Zusammenhalt der Ketten. Nicht jede Amidgruppe im langen Kettenmolekül bildet eine Wasserstoffbrücke aus. Es können größere verknäuelte Kettenabschnitte dazwischen liegen.

Wasserstoffbrückenbindung in Polyamid 66:

3.1.3 Vereinfachte Darstellung von linearen und verzweigten Kettenmolekülen

Lineare Kettenmoleküle

Linear bezeichnet man ein Kettenmolekül, wenn aus Monomereinheiten eine einfache Kette gebildet wird. ‚Linear' bedeutet also ‚kettenförmig' im Gegensatz zu räumlich vernetzten Polymeren, wie sie in → Abschn. 3.2, Seite 126-128 vorgestellt werden.

Die Bezeichnung ‚linear' berücksichtigt nicht, dass um ein Kohlenstoffatom vier Atombindungen tetraedrisch, d.h. räumlich angeordnet sind. Eine solche Darstellung wäre zu kompliziert und könnte nicht im richtigen Verhältnis dargestellt werden. Das

Verhältnis von Durchmesser (Höhe des Tetraeders) zur Länge eines Kettenmoleküls beträgt etwa 1 : 10000. Als Vereinfachung wird in die Zeichenebene projiziert oder man gibt neben der gestreckten Form auch die aus der Tetraederform resultierende Zickzack-Kette an.

$-CH_2-CH_2-CH_2-CH_2-CH_2-$

Von den langen Kettenmolekülen werden Kettenabschnitte in die Ebene projiziert. Oftmals interessiert nur die Kenntnis über das reine Kohlenstoffgerüst des Polymermoleküls.

$-C-C-C-C-C-$

$\left[CH_2-CH_2\right]_n$

Die Monomereinheit gibt Kenntnis über das Grundmaterial, aus dem das Kettenmolekül aufgebaut ist.

Wird die $-C-C-$Kette als Zickzacklinie dargestellt, so bedeutet jede Zacke eine CH_2-Gruppe, die CH_3-Endgruppen werden nicht angeschrieben.

Für die völlige Abstraktion eines Kettenabschnitts genügt die Angabe eines mehr oder weniger gewellten Striches ohne darauf einzugehen, wie die Kohlenstoffkette im Einzelnen aufgebaut ist.

Abb. 3.1 Vereinfachte Darstellungsarten von linearen Kettenmolekülen Man gibt nur Kettenabschnitte an.

Verzweigte Kettenmoleküle

Verzweigt nennt man ein Kettenmolekül, wenn die $-C-C-$Kette Seitenverästelungen trägt (s. → Abb. 3.2). Diese können kurz oder lang und selbst weiter verästelt sein und die Länge einer Hauptkette annehmen. Eine Verzweigung vergrößert den Kettenabstand und schwächt die zwischen den Ketten wirkenden Nebenvalenzkräfte.

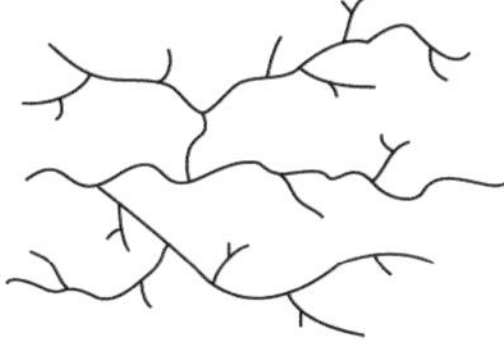

Abb. 3.2 Verzweigte Kettenabschnitte

3.1.4 Mittlere Molmasse $\overline{M}$, mittlerer Polymerisationsgrad $\overline{P}$ der Kettenmoleküle

Die Größe eines linearen oder verzweigten Kettenmoleküls wird durch seine Molmasse in g/mol oder durch den Polymerisationsgrad angegeben.

Die Molmasse ist die Summe der Atommassen der in einem Molekül enthaltenen Atome.

Der Polymerisationsgrad gibt die Zahl der Monomereinheiten ME im Polymermolekül an und wird mit ‚n' angegeben.

Werden Monomere zu Polymermolekülen polymerisiert, so entstehen aufgrund der Zufälligkeit der Abbruchreaktionen bei der Polymerisationsreaktion (s. → Abschn. 5.1, ab Seite 153) Polymermoleküle von unterschiedlicher Länge, man gibt daher eine mittlere Molmasse $\bar{M}$ bzw. einen mittleren Polymerisationsgrad $\bar{P}$ der Polymermoleküle an.

Die mittlere Molmasse in g/mol und der mittlere Polymerisationsgrad der Polymermoleküle stehen über die Molmasse (molare Masse) in g/mol der Monomereinheit miteinander in Zusammenhang nach

$$\bar{P} = \frac{\text{mittlere Molmasse } \bar{M} \text{ des Polymermoleküls in g/mol}}{\text{Molmasse der Monomereinheit in g/mol}}$$

Doch die Angabe einer mittleren Molmasse $\bar{M}$ ist nicht immer ausreichend. Die Verteilung der nieder- und hochmolekularen Anteile um den Mittelwert der Molmasse kann sehr unterschiedlich sein (s. → Abb. 3.3). Dementsprechend gibt es Unterschiede in den Eigenschaften und im Verarbeitungsverhalten zweier Polymere bei gleicher mittlerer Molmasse. Eine genauere Auskunft gibt daher die Kenntnis über die Molmassenverteilung.

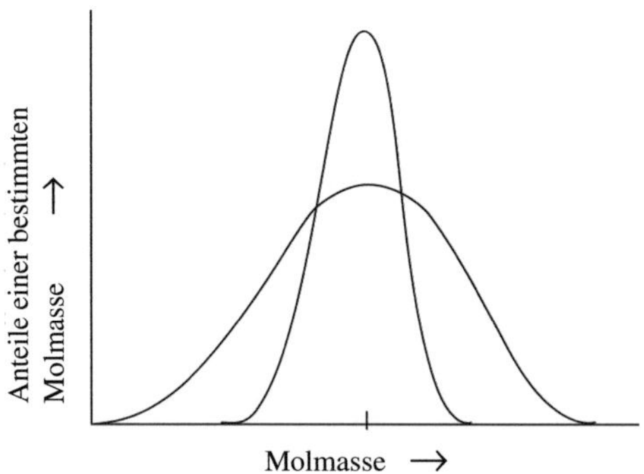

Abb. 3.3 Schematische Darstellung der Verteilung von nieder- und hochmolekularen Molmassen zweier Polymere mit gleicher mittlerer Molmasse $\bar{M}$. Zeichnung von Dipl-Ing. (FH) Christian Diener.

Eine enge Verteilung mit einem geringen Prozentsatz an nieder- und hochmolekularen Anteilen führt zu einheitlicheren Eigenschaften. Eine breite Verteilung führt zu Vorteilen in der Verarbeitung, da niedermolekulare Anteile wie Weichmacher wirken und die Fließfähigkeit der Schmelze verbessern. Ein höherer Prozentsatz an hochmolekularen Anteilen erhöht dagegen die Viskosität der Schmelze und verbessert die mechanischen Eigenschaften beim Formteil.

Größenverhältnisse

Eine Grenze zwischen niedermolekularen und makromolekularen Stoffen ist nicht eindeutig festgelegt. Im Allgemeinen gelten für Polymermoleküle folgende Größen:

- mittlere Molmasse $\bar{M} > 10000$
- mittlerer Polymerisationsgrad $\bar{P} > 1000$

Ein Alkan mit der allgemeinen Formel C_nH_{2n+2} und einer Kohlenstoffkettenlänge von 20 C-Atomen (Schmieröle) hat eine Molmasse von 282, ein Alkan mit 40 C-Atomen (Paraffine) hat eine Molmasse von 562. Sie werden noch nicht als Makromoleküle bezeichnet.

Historisches
Staudinger hat schon 1948 angegeben, Stoffe ab einer Molmasse von etwa 10000 g/mol als makromolekular zu bezeichnen; bei ihnen treten im Vergleich zu den niedermolekularen Verbindungen andere Eigenschaften auf. Eine obere Grenze lässt sich nicht angeben.
Das Größenverhältnis Länge zu Durchmesser eines hochmolekularen Polyethylens: Länge etwa 10^{-6} m, Durchmesser etwa 2 bis $3 \cdot 10^{-10}$ m. Das Makromolekül ist also etwa 10 000 Mal so lang, wie dünn. *Staudinger* sagtes: „Man könnte Makromoleküle unter einem normalen Mikroskop sehen, wenn sie nicht so dünn wären".

3.1.5 Verfeinerte Angaben für das Kettenmolekül

Anordnungen von Seitengruppen, der Alkylgruppen oder Substituenten

» *Konstitution*

Die Konstitution (s. → Abb. 3.4, Seite 122) gibt den chemischen Aufbau, d.h. die Art und Anordnung der Atome, deren Verknüpfungsart und ihre Stellung in einer ebenen Darstellung an.

Es gibt Monomereinheiten mit symmetrischem oder unsymmetrischem Aufbau:

$$\left[\begin{array}{cc} H & H \\ | & | \\ C - C \\ | & | \\ H & H \end{array}\right]_n$$

Symmetrischer Aufbau:
die Monomereinheit von Polyethylen

$$\left[\begin{array}{cc} H & H \\ | & | \\ C - C \\ | & | \\ H & R \end{array}\right]_n$$

Unsymmetrischer Aufbau:
Beispiele sind die Monomereinheiten von
Polypropylen PP mit der Seitengruppe R = CH$_3$ oder
Polyvinylchlorid PVC mit der Seitengruppe R = Cl

» *Konfiguration*

Die Konfiguration (s. → Abb. 3.4) gibt die räumliche Anordnung der Seitengruppe R (Alkylgruppe oder Substituent) im Kettenmolekül an, wie sie bei der Polymerisation fixiert wurde. Um zu einer anderen Konfiguration zu kommen, müssen Bindungen gelöst werden (s. → Abschn. 1.1.2, Seite 24).

Die bei den Kettenmolekülen möglichen räumlichen Anordnungen von Alkylgruppen oder Substituenten bezeichnet man als *Taktzität*.

Die Anordnungen können sein:

- ataktisch, statistisch unregelmäßig,
- isotaktisch, regelmäßig einseitig oder
- syndiotaktisch, regelmäßig wechselseitig.

Kettenmoleküle mit ataktisch, isotaktisch oder syndiotaktisch angeordneten Seitengruppen nennt man Konfigurationsisomere.

Dass die Seitengruppe R (Alkylgruppe oder Substituent) unterschiedliche räumliche Stellungen, d.h. unterschiedliche Konfigurationen einnehmen kann, ist eine Folge der tetraedrisch-räumlichen Anordnung der vier Atombindungen um das Kohlenstoffatom.

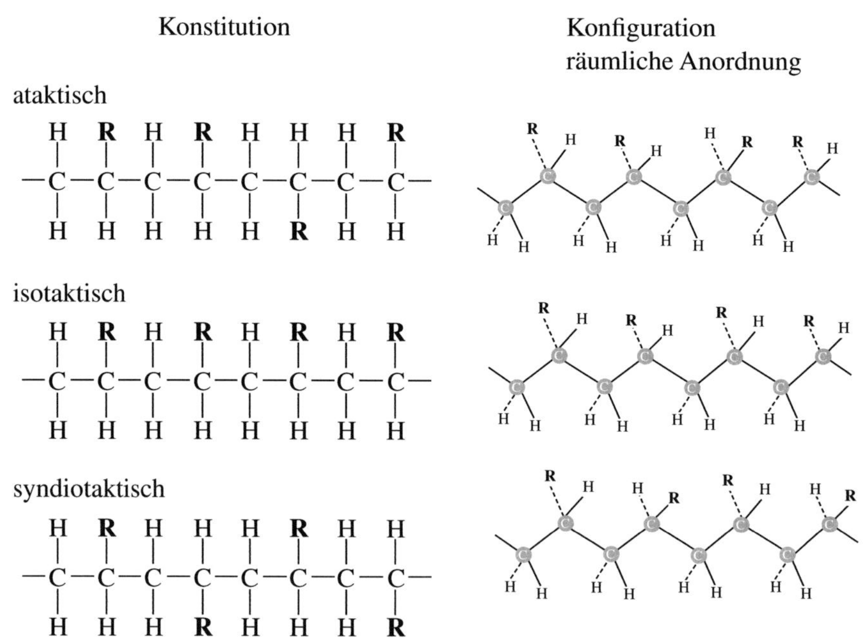

Abb. 3.4 Konstitution und Konfiguration von Seitengruppen

» *Konformation*

Unter Konformation (s. → Abb. 3.5) versteht man die räumliche Anordnung des ganzen Kettenmoleküls, soweit sie durch Drehungen um Einfachbindungen veränderlich ist.

Mögliche Konformationen:

- Die *Knäuelkonformation* ist am wahrscheinlichsten bei *ataktischen*, bei langen und stark verzweigten Kettenmolekülen sowie bei statistischen Copolymeren. Diese Anordnung ist eine Zufallsanordnung und führt zur Bildung von amorphen Polymeren (s. → nächster Abschn. 3.1.6). In der Schmelze können aufgrund der freien Drehbarkeit um C–C-Einfachbindungen Verdrehungen, Verhakungen und Verknäuelungen von Kettenabschnitten entstehen, die beim Übergang zum festen Zustand erhalten bleiben, dass heißt ‚eingefroren' werden.

- Das Kettenmolekül kann als *Zickzackkette* in längeren Kettenabschnitten gestreckt vorliegen, wie bei wenig verzweigten Ketten und Ketten mit *syndiotaktisch*, d.h. regelmäßig wechselseitig angeordneten Substituenten. Diese Anordnung ist für die Bildung von teilkristallinen Polymeren von Bedeutung (s. → nächster Abschn. 3.1.6).

- Die Zickzackkette kann nicht nur gestreckt vorkommen sondern auch in Form einer *Helix* (Spirale bzw. Wendel). Die Zahl der Drehungen über eine bestimmte Anzahl von Monomereinheiten hängt vom Molekülbau des Polymers ab. Z.B. hätten in einer gestreckten Zickzackkette die CH_3-Gruppen des *isotaktischen* Polypropylen PP-i nebeneinander keinen Platz. Das Kettenmolekül bildet eine Wendel mit je drei Monomereinheiten, d.h. eine 3_1-Helix. Auch große Atome wie Sauerstoff in P̲o̲l̲y̲o̲x̲y̲-m̲ethylen POM haben Einfluss auf die Drehung der Kette. Diese Anordnung führt ebenfalls zur Bildung von teilkristallinen Polymeren.

Man nennt die durch unterschiedliche Konformationen sich unterscheidenden Kettenmoleküle Konformationsisomere.

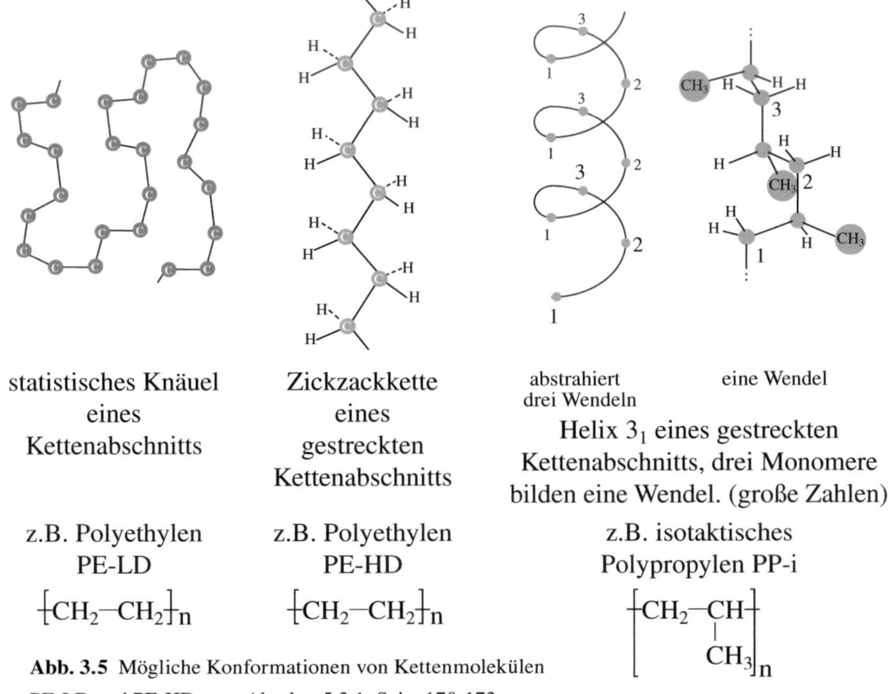

<table>
<tr><td>statistisches Knäuel
eines
Kettenabschnitts</td><td>Zickzackkette
eines
gestreckten
Kettenabschnitts</td><td>abstrahiert   eine Wendel
drei Wendeln
Helix 3_1 eines gestreckten
Kettenabschnitts, drei Monomere
bilden eine Wendel. (große Zahlen)</td></tr>
<tr><td>z.B. Polyethylen
PE-LD</td><td>z.B. Polyethylen
PE-HD</td><td>z.B. isotaktisches
Polypropylen PP-i</td></tr>
<tr><td>$\{CH_2{-}CH_2\}_n$</td><td>$\{CH_2{-}CH_2\}_n$</td><td>$\left[CH_2{-}\underset{\underset{CH_3}{|}}{CH}\right]_n$</td></tr>
</table>

Abb. 3.5 Mögliche Konformationen von Kettenmolekülen
PE-LD und PE-HD s. → Abschn. 5.3.1, Seite 170-173

3.1.6 Weitere Angaben für das Kettenmolekül

Amorphe Ordnung

In der Schmelze sind Kettenmoleküle aufgrund der freien Drehbarkeit um C–C-Einfachbindungen leicht beweglich, es finden Verdrehungen von größeren und kleineren Kettenabschnitten statt. Wird der Polymerschmelze Wärme entzogen, wird die Beweglichkeit der Kettenmoleküle geringer, die Ketten rücken näher zusammen, es verstärkt sich die Wirkung der Nebenvalenzkräfte, dabei verhaken und verknäueln sich die langen Kettenmoleküle. Dies erfolgt umso häufiger, je mehr Verzweigungen entlang der Kette vorhanden oder große Substituenten unregelmäßig (ataktisch) angeordnet sind. Erreicht man einen Temperaturbereich – dessen Mittelwert Glastemperatur T_g bezeichnet wird (s. → Abschn. 4.3.2, Seite 144 und → Buch 1, Abschn. 4.2.8, Seite 209) – so nimmt die Viskosität der Schmelze zu, bis sie ab dieser Temperatur zum Festkörper mit regelloser, d.h. amorpher ‚gestaltloser' Ordnung wird (s. → Abb. 3.6). Es fehlen Parallelausrichtungen von Kettenabschnitten im Bereich der Wellenlängen des sichtbaren Lichts (400 bis 750 nm), somit finden keine Wechselwirkungen mit diesem Licht statt: amorphe Polymere erscheinen transparent, dieser Zustand wird als Glaszustand bezeichnet.

Andere Namen für die amorphe Ordnung sind Knäuel-, Wattebausch- oder Filzstruktur. Die Ketten werden über Nebenvalenzkräfte wie auch durch Verhakungen und Verknäuelungen zusammen gehalten.

amorph

Beispiele: PE-LD, PVC, PS, PAN, PMMA, PC, SAN ABS, Duromere, Elastomere
Quelle: B. Schrader
(siehe Lit.-Verzeichnis)

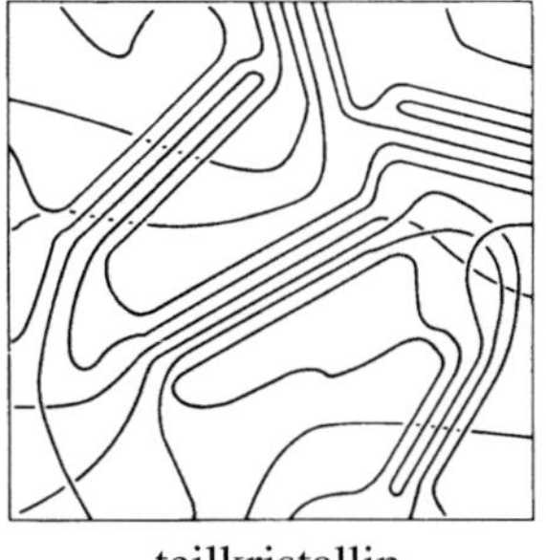

teilkristallin

Beispiele: PE-HD, PP-i, POM, PA, PET, PTFE
Quelle: Lit. B. Schrader
(siehe Lit.-Verzeichnis)

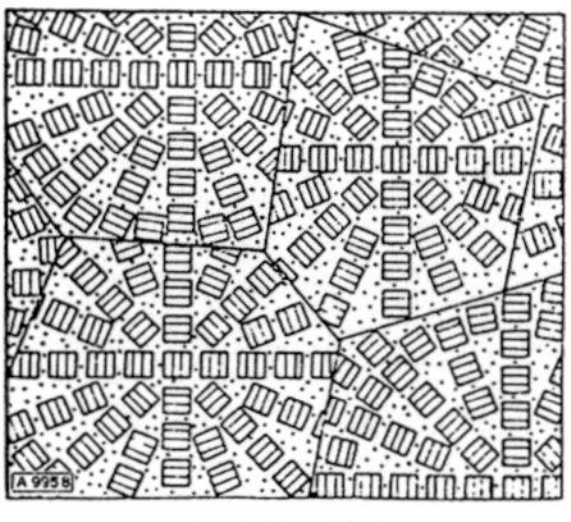

Sphärolith

Quelle: Lit. G. W. Ehrenstein
(siehe Lit.-Verzeichnis)

Abb. 3.6 Amorphe und teilkristalline Ordnung von Kettenmolekülen

Teilkristalline Ordnung

Die Bildung der teilkristallinen Ordnung hängt vom chemischen Aufbau der Monomereinheiten ab. Bei langen Kettenmolekülen mit symmetrischem Aufbau, auch bei kurzen und sehr schwach verzweigten Ketten sowie bei regelmäßiger Konfiguration, wie dies bei iso- und syndiotaktischer Anordnung der Substituenten der Fall ist, können in der Schmelze gestreckte Kettenabschnitte vorliegen (s. → Abb. 3.5 gestreckte Zickzack-Kette oder Helix). Kommen diese Kettenabschnitte während der Wärmebewegungen in günstige Positionen zueinander, so besteht die Möglichkeit, dass sie sich nach bestimmter und einheitlicher Länge parallel aneinander lagern und als so genannte Kristallisationskeime zusammen bleiben. Die Wirkung der Nebenvalenzkräfte ist in den dichter aneinander gelagerten Kettenabschnitten stärker als in den verknäuelten Kettenabschnitten.

Bei Abkühlung der Schmelze erreicht man schließlich einen Temperaturbereich – sein Mittelwert ist die Kristallisationstemperatur T_{KT} – von dem ab größere, parallel aneinander gelagerte Kettenabschnitte zwischen den verknäuelten Kettenabschnitten entstehen. Diese geordneten, dichten Phasen entsprechen einer *kristallinen Ordnung*. Ein Kettenmolekül verläuft dabei streckenweise in einer amorphen Phase, um dann nach einer großen Schlaufe wieder mit dem gestreckten Kettenabschnitt in eine günstige Position zu einer festen Zuordnung zu kommen. Dieser Vorgang kann sich mit demselben Kettenmolekül mehrere Male wiederholen, so dass das Kettenmolekül immer wieder gefaltet wird. Es können sich auch andere Kettenmoleküle in gleicher Weise an der Bildung des gestreckten Kettenabschnitts beteiligen. Die nur teilweise regelmäßige geordnete, dichte Ordnung, die immer wieder von amorphen Phasen unterbrochen wird, führt zu der Bezeichnung *teilkristalline Ordnung* (s. → Abb. 3.6).

Die Bildung einer vollständig geordneten, kristallinen Phase wird behindert durch sehr lange Ketten und Fehler im Kettenmolekül, wenn bei der Polymerisation unregelmäßige Seitenketten oder ataktische Kettenabschnitte entstanden sind, was meistens der Fall ist. Es kann daher keine vollständige Kristallisation eintreten, der Anteil beträgt höchstens 70 bis 80%.

Einzelne geordnete, dichte Phasen können in bestimmte Richtungen orientiert sein. Dabei kommt es z.B. zur Entstehung von kugeligen Anordnungen, von so genannten Sphärolithen als Überstruktur. Das ist eines der häufigsten Erscheinungsbilder der kristallinen Phasen. Sphärolithe lassen sich in einem Halbzeug oder Formteil bereits lichtmikroskopisch erkennen, man nennt sie *Kristallite*.

Beim Schmelzen kann die amorphe Phase nicht ‚wegfließen', wenn andere Teile des Kettenmoleküls sich noch in der kristallinen Phase befinden. Kristallite benötigen eine höhere Schmelztemperatur als amorphe Phasen, d.h. die Kristallitschmelztemperatur T_m ist höher als die Glastemperatur T_g.

Form und Größe der kristallinen Phasen hängen von den Kristallisationsbedingungen ab: langsame Abkühlung begünstigt die Bildung kristalliner Phasen, die teilkristalline Ordnung; schnelle Abkühlung begünstigt dagegen die amorphe Ordnung.

Das Gefüge, die Morphologie

Feinstrukturbereiche wie Kristallite und amorphe Phasen mit ihren Grenzflächen (Phasengrenzen) ergeben zusammen das Gefüge. Das Gefüge mit teilkristalliner Ordnung wirkt sich vor allem auf die mechanischen Eigenschaften der Polymerwerkstoffe aus.

Mit der genauen Kenntnis über den molekularen und übermolekularen Aufbau – dem Gefüge – setzte die Entwicklung von Konstruktions- und Funktionspolymeren mit spezifischen Eigenschaften für anspruchsvolle Bauteile ein. Einen wesentlichen Anteil am gezielten Aufbau von Kettenmolekülen haben neuartige, vor allem metallorganische Katalysatoren und Metallocene (s. → Abschn. 5.3, Seite 173/174).

3.2 Strukturen der Polymere

Neben den linearen Kettenmolekülen gibt es Polymere, die über Querbrücken räumlich eng- oder weitmaschig vernetzt sind. Danach unterscheidet man die Strukturen der Plastomere, Duromere und Elastomere.

Anmerkung: In der Polymer-Literatur wird statt ‚Struktur' auch der Ausdruck ‚Gestalt' verwendet. In der Praxis werden die Bezeichnungen Thermoplaste, Duroplaste und Elastomere verwendet (s. → Abschn. 3.3, Seite 128).

3.2.1 Plastomere

Die Struktur der Plastomere liegt bei linearen und verzweigten Kettenmolekülen vor. Zwischen den Kettenmolekülen wirken Nebenvalenzkräfte.

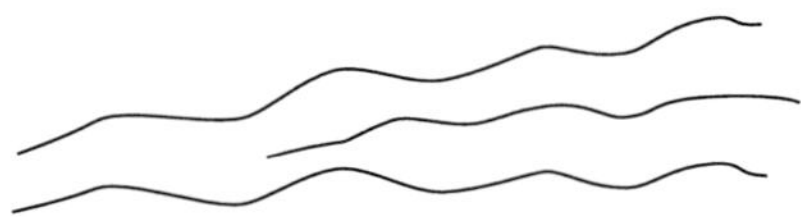

Abb. 3.7 Kettenabschnitte eines Plastomers

Betrachtet man die Vielfalt im chemischen Aufbau der Kettenmoleküle, wie sie in den → Abschn. 3.1.1 bis 3.1.6 beschrieben wurde, so gibt dies einen Hinweis, dass der Anteil der Plastomere an der Gesamtproduktion der Polymere sehr hoch sein muss, er beträgt etwa 70 %.

Einzelbesprechungen s. → Abschn. 5.3, Seite 169.

3.2.2 Duromere (Harze)

Die Struktur der Duromere liegt vor, wenn Kettenmoleküle über Hauptvalenzkräfte räumlich *engmaschig* vernetzt sind. Die Nebenvalenzen spielen eine untergeordnete Rolle.

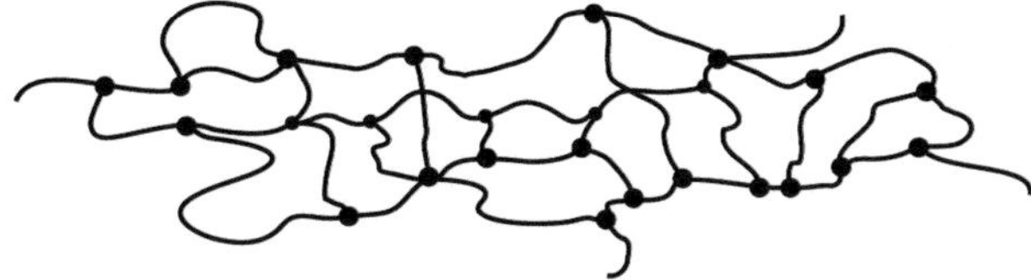

Abb. 3.8 Ausschnitt eines Duromers

Die räumliche Quervernetzung – auch *Härtung* bezeichnet – wird mit geeigneten Reaktionspartnern durchgeführt. Für die Quervernetzung müssen Vernetzungsstellen in Form von mehrfunktionellen Monomeren im Kettenmolekül vorhanden sein.

Räumlich vernetzte Makromoleküle können sehr groß sein, so dass man praktisch von einem einzigen Molekül sprechen kann. Die Angabe einer Molmasse ist im Gegensatz zu den Plastomeren nicht sinnvoll. Man gibt den *Vernetzungsgrad* an (s. → auch Elastomere). Duromere sind amorph, sie bilden keine teilkristallinen Bereiche.

Einzelbesprechung s. → Abschn. 5.4, Seite 192.

3.2.3 Elastomere

Die Struktur der Elastomere liegt vor, wenn Kettenmoleküle über Nebenvalenzkräfte *oder* Hauptvalenzkräfte räumlich *weitmaschig* vernetzt sind, der Vernetzungsgrad ist also niedrig.

» *Elastomere über Nebenvalenzkräfte vernetzt*

Diese Kettenmoleküle müssen lang, wenig dicht gepackt, wenig verschlungen und wenig verhakt sein, um ein dehnbares Netzwerk über Nebenvalenzkräfte – über physikalische Vernetzung – bilden zu können. Dies führt allerdings bei zeitlich lang andauernder Dehnung zu einem Abgleiten der Ketten, zu einem so genannten plastischen Fließen.

Einzelbesprechung s. thermoplastische Elastomere → Abschn. 5.6.3, Seite 207.

» *Elastomere über Hauptvalenzkräfte vernetzt*

Das Abgleiten der Ketten durch lang anhaltende Dehnung kann durch chemische Quervernetzung über Hauptvalenzkräfte, mit einem geeigneten Reaktionspartnern verhindert werden s. Vulkanisation → Abschn. 5.5, Seite 200.

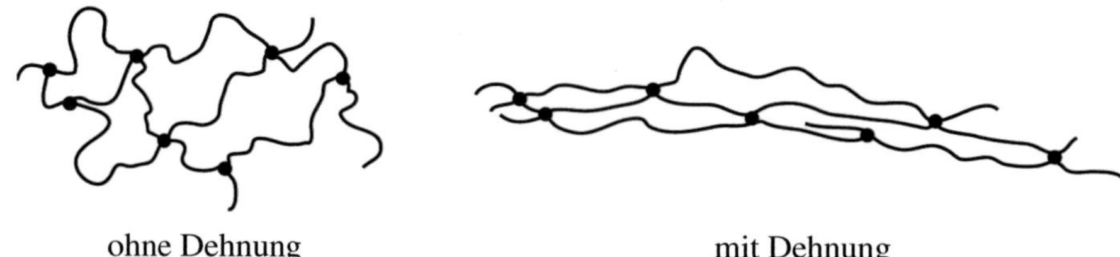

ohne Dehnung   mit Dehnung

Abb. 3.9 Kettenabschnitte eines Elastomers mit und ohne Dehnung. Die Punkte stellen Verhakungen oder chemische Quervernetzungen dar.

Zwischen den Vernetzungsstellen hat man sich relativ lange, verknäuelte Kettenabschnitte vorzustellen, die durch Zug gestreckt werden jedoch nicht weggleiten können. Bei Entlastung bilden sich die Verknäuelungen wieder zurück. Bei Elastomeren gibt es keine bzw. nur wenige kristalline Bereiche.

‚Elastomer' ist heute die Bezeichnung für alle Kautschukarten, auch für Synthesekautschuke mit deutlich von Naturkautschuk abweichenden Strukturen, deren elastischen Eigenschaften aber vergleichbar oder manchmal sogar besser als beim Original sind.

Einzelbesprechung s. → Abschn. 5.5, Seite 198.

3.3 Gruppierung polymerer Werkstoffe nach DIN 7724

Nachfolgend wird ein kurzer Auszug aus der DIN 7724, April 1993 wiedergegeben. Diese Norm dient zur Einteilung polymerer Werkstoffe unter Verwendung der in der Praxis eingeführten Benennungen:

Gruppierung polymerer Werkstoffe in DIN 7724	Benennung der Polymerwerkstoffe in der Chemie (in diesem Buch)
Elastomere	Elastomere
Thermoplastische Elastomere	Blockcopolymere
Thermoplaste	Plastomere
Duroplaste	Duromere

Die Gruppierung der polymeren Werkstoffe beruht auf dem mechanischen Verhalten im Gebrauchstemperaturbereich, dieses wird im → Abschn. 4.3.1, Seite 134 beschrieben.

Anmerkung: Der Name ‚Thermoplast' gibt den Unterschied an zu den Duromeren und Elastomeren, die in der Wärme, d.h. ‚thermisch' nicht plastisch verformbar sind. Die Bezeichnung ‚Duroplaste' ist nicht zutreffend, Duromere sind nicht ‚plastisch' verformbar. Thermoplastische Elastomere zählen zu den so genannten Polymerlegierungen wie auch die schlagzähen Plastomere (Pfropfcopolymere und Polyblends). Sie wurden in der Norm nicht berücksichtigt. s. → Abschn. 5.6.2, Seite 203.

Auf Einzelheiten aus der Norm wird nicht näher eingegangen.

4 Vom Basispolymer zum Polymerwerkstoff

Für die Herstellung eines Polymerwerkstoffs wird ein Basispolymer nur selten in reiner Form verwendet. Wärme und Sauerstoffeinwirkung würden es bereits bei der Verarbeitung schädigen. Dazu kommen Umwelteinflüsse bei Lagerung und Einsatz, wozu vor allem der Luftsauerstoff, insbesondere im Zusammenwirken mit dem UV-Anteil der Sonnenstrahlung gehört. Die jeweilige Verwendung des Werkstoffs erfordert außerdem zusätzliche Stoffe, die die *Verarbeitbarkeit*, bestimmte *Eigenschaften* oder das *Aussehen* der herzustellenden Formteile und Halbzeuge in gewünschter Weise beeinflussen (Schema vom Monomer zum Polymerwerkstoff s. → Schema Seite 109).

4.1 Vom Basispolymer zur Formmasse

Dem Basispolymer, das technisch verwertet werden soll, werden Zusatzstoffe zugemischt. Das Gemisch – man nennt es *Formmasse* – wird meist im Rohstoffwerk hergestellt und dem Verarbeiter gebrauchsfertig geliefert. Die Zusammensetzung der Formmasse richtet sich also nach den speziellen Wünschen für die Verbesserung oder Abwandlung der Materialeigenschaften, die man beim Formstoff erreichen will.

Zusatzstoffe für die Herstellung der Formmasse

Bei den Zusatzstoffen handelt es sich um eine sehr umfangreiche Stoffklasse. Nachfolgend wird eine Auswahl getroffen, ohne jeweils auf ihre spezifische Wirksamkeit für Plastomer-, Duromer- und Elastomer-Werkstoffe einzugehen.

Grundsätzlich können drei Arten an Zusatzstoffen unterschieden werden:

- Funktionszusatzstoffe
- Füllstoffe
- Verstärkungsstoffe

» *Funktionszusatzstoffe*

Diese Stoffe werden gegen schädigende Einwirkungen, zur besseren Verarbeitbarkeit und auch teilweise zur Verbesserung von Eigenschaften eingesetzt. Sie liegen nicht unbedingt im festen Aggregatzustand vor.

Beispiele:
Antioxidantien, UV-Stabilisatoren, Wärmestabilisatoren, Antistatika, Flammschutzmittel, Keimbildner zur Erhöhung des Kristallisationsgrades bei teilkristallinen Polymeren, Vernetzungsmittel, Reaktionsbeschleuniger, Haftvermittler zwischen Polymer und Füll- und Verstärkungsstoffen, Weichmacher, Farbmittel, Gleitmittel, Treibmittel für Schäume u.a.

» *Füllstoffe*

Sie können anorganischer oder organischer Natur sein. Sie werden in fester Form als so genannte Partikel zugegeben:

- Kugelige Form haben Tone, Quarzsand, Kreide (Calciumcarbonat $CaCO_3$), Glaskugeln, Holzmehl, Metalloxide, Ruß u.a.
- Plättchenform haben Glimmer, Talkum, Graphit u.a.

Füllstoffe tragen u.a. zur Verbilligung bei, außerdem vermindern sie die bei der Formgebung eintretende Schwindung. Mit hohlen Glaskugeln erreicht man eine Gewichtseinsparung, Graphit wird zur Ableitung der Reibungselektrizität und als Lichtschutzmittel eingesetzt. Füllstoffe können auch zur Erhöhung von Massendichte, Druck- und Biegefestigkeit, Härte, Wärmebeständigkeit und des E-Moduls dienen.

Die Einflüsse der Füllstoff-Partikel auf die Eigenschaften der Polymerwerkstoffe überschneiden sich teilweise mit den Funktionszusatzstoffen und den nachfolgend zu besprechenden Verstärkungsstoffen.

Bei der Zugabe von Partikeln entsteht ein Mehrphasensystem, ein disperses System, ein so genannter *Teilchenverbund*. Sind die Partikel gleichmäßig verteilt, so hat der Teilchenverbund isotrope Eigenschaften.

» *Verstärkungsstoffe*

Unter Verstärkungsstoffen versteht man Stoffe in Faserform und die aus ihnen hergestellten flächenhaften Gebilde wie Gewebe, Matten oder Schichten. Dieses Mehrphasensystem nennt man *Faserverbund bzw. Faserschichtverbund*. Verstärkungsstoffe ermöglichen bei Standardpolymeren oder technischen Polymeren die mechanischen und thermischen Eigenschaften wie Festigkeitswerte und Wärmebeständigkeit zu verbessern. Richtungsabhängige oder örtlich unterschiedlich hohe mechanische Beanspruchungen kann man durch einen anisotropen Aufbau des Verbunds beeinflussen, ebenso kann ein isotroper Aufbau angelegt werden. Siehe Verbundwerkstoffe → Kap. 7, Seite 213.

Eine eindeutige Abgrenzung der Beeinflussung der Eigenschaften zwischen Funktionszusatzstoffe, Füll- und Verstärkungsstoffe ist nicht möglich.

Normung der Formmasse

Für den Verarbeiter ist es wichtig, dass er eine Formmasse verwendet, mit der er stets gleich bleibende Eigenschaften für sein herzustellendes Produkt (Formteil oder Halbzeug) erreichen kann. Daher wurden umfangreiche Normen eingeführt. Die Normung sorgt für ein übersichtliches System der außerordentlich vielfältigen Produkte. Sie gibt u.a. die Bezeichnungen und vor allem die Hinweise für die Herstellung von Probekörpern an, an denen die Eigenschaften überprüft werden (s. → Anhang DIN, ISO, EN Normen, Seite 228 und Glossar).

Eigenschaften der Formmasse

Das Basispolymer bestimmt in erster Linie die Eigenschaften der später als Werkstoff verwendelten Formmasse. Es wird bei der Herstellung der Formmasse selten verändert.

Die Zusatzstoffe für Kautschuke (Elastomere s. → Abschn. 5.5, Seite 202) unterscheiden sich von denen der Plastomere und Duromere.

4.2 Von der Formmasse zum Formstoff, dem Polymerwerkstoff

Werden beispielsweise aus der festen pulverförmigen oder gekörnten Formmasse (Granulat) durch Extrudieren, Spritzgießen, Blasformen, Kalandrieren (Walzen) oder Pressen innerhalb bestimmter Temperaturbereiche Formteile oder Halbzeug bleibend geformt – man nennt es *Urformen* – so wird die Formmasse zum Formstoff, zum eigentlichen Polymerwerkstoff (s. → Schema Seite 109).

Urformen, die Herstellung von Formteilen und Halbzeug aus Plastomeren

Tabelle 4.1 Schema zur Fertigung von Formteilen und Halbzeug aus Plastomeren im Extruder oder in der Spritzgießmaschine.

Einfülltrichter ↓	Die Formmasse wird zum Einfülltrichter transportiert und gelangt dann in die beheizbare Förderschnecke eines Extruders oder einer Spritzgießmaschine. Der Verarbeiter ist auf präzise Angaben vom Hersteller der Formmasse angewiesen, damit stets gleiche Eigenschaften der Erzeugnisse garantiert werden können.
Extruder **oder** **Spritzgießmaschine**	**Aufheizvorgang** **Schmelzen**
↓	Das Material wird in der beheizten Förderschnecke erwärmt, durchmischt, verdichtet, entgast und schließlich ins Formwerkzeug zur spanlosen Formgebung ‚ausgestoßen'. Die Länge einer Förderschnecke (beim Extruder bis zu 3 m) richtet sich nach der Dauer des Schmelzvorgangs, die notwendig ist, um die Verformung zum Formteil oder Halbzeug im anschließenden Formwerkzeug durchführen zu können.
Formwerkzeug	**Bleibende Formgebung, Urformen**
↓	Beim Extrudieren erfolgt die Formgebung zum Halbzeug durch Düsen, Ringe, Schlitze u.a. In der Spritzgießmaschine erfolgt die Formgebung in der Negativform des Formteils. Dabei wird den in der Schmelze vorliegenden Kettenmolekülen eine Orientierung aufgezwungen, die sie bei der Temperatur im Formwerkzeug einnehmen.
Abkühlung	**Fixierung der Form**
	Um die Orientierung der Kettenmoleküle, d.h. die Form von Formteil bzw. Halbzeug bleibend zu erhalten, schließt sich die Abkühlung an. Die Abkühlung kann schnell erfolgen; z.B. wird schon im gekühlten Formwerkzeug die Orientierung der Kettenmoleküle fixiert, d.h. ‚eingefroren'. Kettenumlagerungen in den Gleichgewichtszustand bei Raumtemperatur können dann nicht mehr stattfinden, dadurch entstehen Spannungen. Die aufgezwungenen Spannungen lösen sich beim Wiedererwärmen, z.B. verliert ein Joghurtbecher beim Erwärmen seine Form. Die Abkühlung kann auch langsam erfolgen, dann werden die Spannungen in der aufgezwungenen Form abgebaut (Relaxation). Dies kann im Formwerkzeug oder in einem entsprechend temperierten Kühlbad erfolgen. Die endgültigen Eigenschaften von Formteil oder Halbzeug hängen also auch vom Verarbeitungsverfahren ab.

» *Praktische Anwendung der eingefrorenen Orientierung*

Memory-Effekt, Rückstelleffekt:
Der Memory-Effekt beruht darauf, dass die Kettenmoleküle nach einer ‚eingefrorenen'
Orientierung die für die Raumtemperatur spannungslose Verknäuelung wieder einneh-
men. Beispiele für Memory-Legierungen, auch Formgedächnislegierungen genannt:
Ni-Ti-Legierung, Cu-Zn-Al-Legierung.

Schrumpffolien:
Ebenfalls auf dem Rückstelleffekt beruht die Verwendung von Schrumpffolien. Folien
können bei der Herstellung im warmen Zustand durch eine Zugkraft in zwei Richtungen orientiert werden, anschließend wird die Orientierung ‚eingefroren'. Soll eine
formgetreue Verpackung hergestellt werden, wird der mit der orientierten Folie ver-
packte Gegenstand durch eine Wärmezone geschickt, dadurch wird die Orientierung
der Kettenmoleküle aufgehoben und sie nehmen ihre spannungslose Verknäuelung
wieder ein. Die Folie ‚schrumpft' und zieht sich stramm um den Gegenstand.

Fertigungsverfahren – Urformen für Plastomere

- Spritzgießen ist ein diskontinuierliches Verfahren für Massenfertigungen von
  Formteilen mit speziellen und auch komplizierten Formen, von begrenzten
  Abmessungen und begrenztem Gewicht, von hoher Qualität und Maßgenauigkeit.
  Die viskos fließende Schmelze wird ins Formwerkzeug (Negativform) eingespritzt.
  Im gekühlten Formwerkzeug wird das Formteil geformt und dann ausgestoßen.
  Beispiele sind die Herstellung von Dübeln, Bechern, Flaschenkästen, Zahnrädern,
  Gehäusen u.a

- Extrudieren (lat. extrudere heraustreiben) oder Strangpressen ist ein kontinuierliches
  Verfahren zur Herstellung von Halbzeug einfacher Gestalt, aber großen
  Abmessungen z.B. Bahnen, Rohre, Schläuche, Blasfolien, Kabelummantelungen,
  Profile u.a.

- Extrusion ist ebenfalls ein kontinuierliches Verfahren zur Herstellung von Halbzeug,
  allerdings von noch größeren Abmessungen: Platten, Rohre, Profilen u.a.

- Blasformen dient zur Herstellung von Hohlkörpern wie Flaschen u.a. Das
  Hohlkörperblasen wird mit einer Schlauchherstellung kombiniert: der heiße,
  aus dem Extruder durch eine Ringdüse herauskommende Schlauch wird in das
  Formwerkzeug überführt, abgeschnitten und ausgeblasen. Es können komplizierte
  Formteile aus einem Stück hergestellt werden.

- Kalandrieren (franz. rollen, mangeln) hat seine größte Bedeutung bei der Herstellung
  von Folien. Aus einer geschmolzenen Polymermasse, die nicht zu dünnflüssig
  sein darf, werden zwischen zwei gegenläufigen Walzen (eine davon beheizt) im so
  genannten Kalander dünne Folien oder Bahnen hergestellt.

Weitere – nicht als Urformen bezeichnete Verfahren:

- Warmformen: Im weichelastischen Zustandsbereich können amorphe Plastomere
  verformt werden. Das Verformen ist vor allem für die Weiterverarbeitung von
  Halbzeug von Bedeutung wie das Biegen von Rohren u.a.

- Schäumen: Dazu gibt es verschiedene Verfahren, beispielsweise kann Luft in die Schmelze eingerührt oder eingeblasen werden, es können der Formmasse auch chemische Treibmittel zugesetzt werden. Durch den Erstarrungsvorgang werden die Gasbläschen fixiert und verleihen dem Formteil eine geringere Dichte.

4.3 Mechanisches und thermisches Verhalten der Polymerwerkstoffe

Polymerwerkstoffe zeigen ein anderes mechanischen und thermischen Verhalten als Metalle und Keramik. Dies erfordert ein gewisses Umdenken für ihre technologischen Anwendungen, insbesondere bei der Verwendung als Konstruktionsformteile.

> Für die Bestimmung der mechanischen und thermischen Eigenschaften gibt es umfangreiche DIN-Normen (s. → Seite 228). Die Eigenschaften werden in erster Linie vom Basispolymer bestimmt, können aber durch Zusatzstoffe nach speziellen Wünschen verändert werden. Die Eigenschaften werden an genormten Probekörpern nach DIN 7708 aus dem zu prüfenden Werkstoff bestimmt.

4.3.1 Beschreibung des mechanischen Verhaltens im Gebrauchstemperaturbereich

Das mechanische Verhalten eines Polymerwerkstoffs wird durch verschiedene Kennwerte beschrieben. Neben Härte und Verschleiß ist das Verhalten vor allem durch die verschiedenen Arten einer Verformung gekennzeichnet, die sich aufgrund einer äußerlich einwirkenden Kraft ergeben. Den Zusammenhang zwischen einer einwirkenden Kraft und der dabei entstehenden Verformung, beispielsweise zwischen der Kraft, die man aufbringen muss, um einen Körper durch Ziehen, Zusammendrücken, Scheren, Verdrehen oder Biegen zu verformen, gibt ein Kraft-Verformungs-Diagramm wieder.

Die Kräfte, die eine Verformung bewirken, sind wie folgt eingeteilt:

Zugkraft: Die auf den Einheitsquerschnitt bezogene Zugkraft nennt man Zugspannung σ gemessen in N/mm^2. Die aus der Zugspannung resultierende Verformung ist eine Längenänderung Δl, die auf die ursprüngliche Länge l_0 bezogen und als Dehnung $\varepsilon = \Delta l/l_0$ mm/mm angegeben wird. Das Verhältnis von Spannung zur Dehnung nennt man *Elastizitätsmodul* s. → Seite 135.

Die *Scher- oder Schubkraft* führt zur Schubspannung und bewirkt Winkeländerungen. Der Querschnitt eines Festkörpers wird vom Rechteck zum Parallelogramm verformt. Die Verhältniszahl zwischen Schubspannung und Winkeländerung wird als *Schubmodul* oder Gleitmodul bezeichnet.

Torsion: Resultiert eine Verdrillung oder Verdrehung, auch Torsion genannt, so wird der *Torsionsmodul* angegeben.

Eine Stauchung führt zur Druckspannung, eine *Biegung* zur Biegespannung.

Verformungsverhalten aufgrund einer Zugkraft in einem Spannungs-Dehnungs-Diagramm

Als *Beispiel* für das mechanische Verhalten von Polymerwerkstoffen wird im Folgenden das Verformungsverhalten aufgrund einer Zugkraft in einem Spannungs-Dehnungs-Diagramm beschrieben (s. → Anhang DIN Norm für den Zugversuch).

Wie auf vorheriger Seite beschrieben wird der Quotient aus Spannung und Dehnung als *Dehnungs- oder Elastizitätsmodul E* bezeichnet.

$$E \ = \ \frac{\sigma}{\varepsilon} \ \ N/mm^2$$

Da ε eine dimensionslose Zahl ist, hat der E-Modul die Einheit N/mm^2. Er ist eine Materialkonstante, eine Maßzahl für den Widerstand des Materials gegen die Verformung.

Der E-Modul wird für Polymere im Kurzzeitversuch (Belastungsdauer einige Sekunden) an einem Probekörper nach DIN 53457 bestimmt.

Das *Hooke*-Gesetz *(Robert Hooke 1635–1703, engl. Naturforscher)*

Die Verformung, die sich aufgrund einer äußerlich einwirkenden Kraft ergibt, kennzeichnet das *Festigkeitsverhalten – das elastische Verhalten – eines Materials*. Das *Hooke*-Gesetz beschreibt das rein elastische Verhalten, bei dem Spannung und Dehnung linear voneinander abhängen (siehe obige Formel). Z.B. stellt sich bei *Metallen* bei nicht zu großer Krafteinwirkung die Verformung momentan ein, sie bleibt bei gleich bleibender Belastung konstant und geht dann spontan zurück, wenn die Kraft weggenommen wird. Diese für Metalle typische Elastizität mit reversibler Verformung nennt man auch *Energieelastizität*.

Ist der Zahlenwert des E-Moduls hoch, so bedeutet dies, dass eine große Kraft nur eine geringe Verformung bewirkt. Auch bei langer Einwirkungszeit und über einen bestimmten Temperaturbereich wird sich keine bleibende Deformation einstellen. Das Material erscheint hart, daher wird als Eigenschaft oft auch *hartelastisch* angegeben.

Beispiele:
E-Modul von Stahl (Faser) 210 000 N/mm^2; Aluminium (Faser) 76 000 N/mm^2; Aluminiumoxid (Faser) 300000–362000 N/mm^2.

Ist der Zahlenwert des E-Modul niedrig wie bei den Polymerwerkstoffen, so bedeutet dies, dass man mit einer geringen Kraft eine starke Verformung erreicht.

E-Modul von PA 66 3200 N/mm^2; PA 612 2100 N/mm^2; Polyethylen PE-HD 1200 N/mm^2; PTFE 720 N/mm^2.

Bestimmung des Elastizitätsmoduls für Polymerwerkstoffe

Je kürzer die Krafteinwirkung ist, umso eindeutiger werden die im Kurzzeitversuch an Probekörpern ermittelten Modulwerte, dabei sind stets Zeit und Temperatur zu beachten s. → Abb. 4.1, Seite 140 Proportionalitätsgrenze. Eine Bestimmung des Elastizitätsmoduls im nichtlinearen Verformungsbereich ist wegen der Veränderungen mit der Zeit nicht möglich.

Verformungsverhalten aufgrund einer Zugkraft in Abhängigkeit von der Struktur der Plastomere, Duromere und Elastomere

» Beschreibung des Verformungsverhaltes für Plastomer-Werkstoffe

Plastomere zeichnen sich dadurch aus, dass die Kettenmoleküle über Nebenvalenzkräfte miteinander verbunden sind, während die stärkeren chemischen Quervernetzungen über Hauptvalenzen fehlen. Bei länger andauernder Krafteinwirkung und auch bei höherer Temperatur treten somit die reversiblen Umlagerungen immer mehr zurück und bleibende irreversible Umlagerungen nehmen zu.

Elastischer Verformungsanteil nach dem *Hooke*-Gesetz

Wirkt auf das Kettenmolekül für wenige Sekunden eine nicht zu große Kraft (weit unterhalb vom Bruch) ein, so verhält es sich elastisch, d.h. die Verformung erfolgt momentan und geht nach Entlastung spontan wieder zurück: es gilt das *Hooke*-Gesetz. Die Kettenmoleküle haben keine Zeit, sich durch Umlagerungen zu entknäueln oder gegeneinander zu verschieben. Die Veränderungen sind reversibel und beschränken sich auf geringfügige Abstands- und Winkeländerungen. Dieser als elastisch bezeichnete Verformungsanteil ist bei Kettenmolekülen nicht nur von der Größe der einwirkenden Kraft, sondern vor allem von der Zeitdauer der Krafteinwirkung und der Temperatur abhängig.

Viskoelastischer Verformungsanteil

Dieser Verformungsanteil nimmt im belasteten Zustand mit der Zeit langsam zu, kommt nach einiger Zeit, also verzögert zum Stillstand, wenn ein Gleichgewicht bei den Kettenumlagerungen entsprechend der Spannung erreicht ist; er nimmt nach Entlastung verzögert wieder ab, um in eine neue – entspannte – Gleichgewichtslage zu kommen. Die Kettenbeweglichkeiten – verursacht durch das Lösen der Nebenvalenzen – reagieren also im festen Aggregatzustand auf die Krafteinwirkung.

Der viskoelastische Verformungsanteil ist eine *verzögerte, zeitabhängige, teils elastische (reversibel relaxierende), teils viskose (irreversibel relaxierende) Verformung.* Durch reversible und irreversible Kettenumlagerungen werden Spannungen abgebaut, die durch die Krafteinwirkung und Verformung entstanden sind.

Plastomere bezeichnet man allgemein als *viskoelastische Körper.*

Relaxation

Unter Relaxation (lat. relaxare erholen) versteht man hier das *Abklingen von Spannungen*, die durch eine vorausgegangene konstante, langzeitige Krafteinwirkung entstanden sind. Es ist die verzögerte Einstellung eines Gleichgewichtzustands, die Spannungen zunehmend abbaut, im Extremfall auf Null. Die Kettenmoleküle streben einen Zustand geringsten Zwanges an. Die reversiblen und irreversiblen Umlagerungen der Kettenmoleküle erfordern Zeit, daher gibt es eine Relaxationszeit. Die Relaxation ist temperaturabhängig.

Plastischfließender Verformungsanteil

Dieser Verformungsanteil geht nach Überschreiten einer Mindestspannung nicht mehr zurück, die bleibenden *irreversiblen Umlagerungen* der Kettenmoleküle nehmen bei länger andauernder Krafteinwirkung zu. Der plastischfließende Verformungsanteil ist von der Stärke der Nebenvalenzkräfte abhängig, die unter der Dauer der Krafteinwirkung (oder auch bei höherer Temperatur) zunehmend gelöst werden. Diese irreversible Verformung nennt man *plastischfließende Verformung*.

Ein ideal plastischer Körper wäre ein Körper, der nach der Verformung restlos die neue Form behält. Ein Beispiel hierfür ist Plastilin.

Das Zusammenwirken der drei Verformungsanteile

Der elastische Verformungsanteil ist sehr gering. Dagegen reagieren die organischen Kettenmoleküle viskoelastisch, d.h. mit zeitverzögerten, teils reversiblen teils irreversiblen Veränderungen auf eine Krafteinwirkung. Dadurch werden Spannungen bis zu einem Gleichgewicht abgebaut. Die plastischfließende Verformung nimmt ständig zu. Die molekularen Umlagerungen verlaufen statistisch unregelmäßig. Da das Verhältnis der drei Verformungsanteile untereinander sich laufend ändert – der elastische Verformungsanteil nimmt ab, der viskoelastische Verformungsanteil kommt verzögert zum Stillstand, die plastischfließende Verformung nimmt zu – ändert sich die Spannungsverteilung innerhalb eines Bauteils *zeitabhängig*. Die Verformungsanteile überlagern sich, manche können gering sein, andere überwiegen.

Für die Praxis am wichtigsten erweisen sich Zeit- und Temperatureinfluss solange die Krafteinwirkung unterhalb vom Bruch bleibt. Niedrige Temperaturen wirken sich bei Plastomeren wie kurze Einwirkungszeiten aus, höhere Temperaturen wie lange Einwirkungszeiten.

Tabelle 4.2 Verformungsverhalten der Plastomer-Werkstoffe bei Krafteinwirkung im Vergleich zu Metallen

Material	Verformungsverhalten bei Krafteinwirkung	Umlagerungen der Kettenmoleküle
Metalle	Elastisches Verformungsverhalten: *Hooke*-Gesetz $$E = \frac{\sigma}{\varepsilon}\ N/mm^2$$	
Plastomere	Elastisches Verformungsverhalten: Dieser Verformungsanteil gilt für eine kurze Krafteinwirkung s. → Abb. 4.1, Seite 140. Es gilt das *Hooke*-Gesetz.	Keine Kettenumlagerungen. Veränderungen (Spannungen) werden spontan und reversibel abgebaut.
	Viskoelastisches Verformungsverhalten: Es ist der teils elastische (reversible), teils viskose (irreversible) Verformungsanteil. Plastomer-Werkstoffe nennt man viskoelastische Körper.	Reversible und irreversible Kettenumlagerungen. Veränderungen werden teils reversibel, teils irreversibel abgebaut, jedoch zeitverzögert (Relaxation).
	Plastischfließendes Verformungsverhalten: Dieser Verformungsanteil tritt ein, wenn durch die Krafteinwirkung eine Mindestspannung überschritten wird und gleichzeitig Relaxation stattfindet.	Irreversible Kettenumlagerungen. Veränderungen (Spannungen) werden irreversibel, mit der Zeit zunehmend, abgebaut. Die Verformung bleibt. Ideal plastisch verformbar (irreversibel) ist z.B. Plastilin.

Zusammenfassung

» *Beschreibung des Verformungsverhaltens für Plastomere aufgrund einer Zugkraft* (s. → Abb. 4.1, Seite 140).

Die Höhe der einzelnen Verformungsanteile bei Plastomeren ist abhängig von

- der Größe der einwirkenden Kraft: Bei geringer Krafteinwirkung erfolgen keine irreversiblen Kettenbeweglichkeiten und Umlagerungen; bei höherer Krafteinwirkung erfolgen reversible und irreversible Umlagerungen;
- der Zeit der Krafteinwirkung: Umlagerungen benötigen Zeit;
- der Temperatur: Bei niedriger Temperatur werden weniger Nebenvalenzen gelöst, es finden weniger Kettenumlagerungen statt als bei hohen Temperaturen.

» *Beschreibung des Verformungsverhaltens aufgrund einer Zugkraft für Duromere und Elastomere* (s. → Abb. 4.1, Seite 140).

Duromere reagieren – vor allem mit Zunahme der Quervernetzungen – auf eine nicht allzu große Krafteinwirkung bis zur Proportionalitätsgrenze weitgehend elastisch, es gilt das *Hooke*-Gesetz.

Elastomere zeigen schon bei geringer Krafteinwirkung ein hohes Dehnvermögen.

Schematisches Spannungs-Dehnungs-Diagramm für Plastomere, Duromere und Elastomere im Gebrauchstemperaturbereich

Die nachfolgende → Abb. 4.1 zeigt in charakteristischer Weise die Abhängigkeit des Verformungsverhaltens im *Zugversuch* von der Struktur des Polymers. Es besteht daher auch die Möglichkeit, aus der Bestimmung des Kurvenverlaufs die Charakterisierung eines Materials vorzunehmen und einer Gruppierung zuzuordnen.

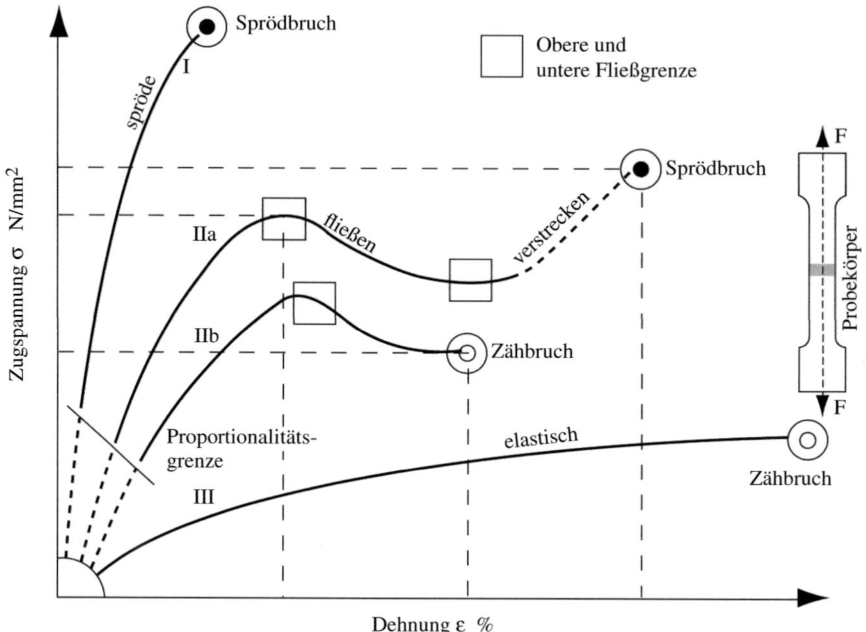

Abb. 4.1 Schematisches Spannungs-Dehnungs-Diagramm im Zugversuch für Plastomere, Duromere und Elastomere als Basispolymere im Gebrauchstemperaturbereich.
I Duromere und spröde Plastomere, IIa reckbare (verstreckbare) Plastomere, IIb verformungsfähige, zähe Plastomere, III Elastomere

Zunächst ist ersichtlich, dass alle Kurven mit einem kurzen, geradlinigen Anstieg mit Zunahme der Zugspannung beginnen. Hier gilt das *Hooke*-Gesetz mit einer linearen Beziehung zwischen Zugspannung σ (N/mm²) und Dehnung ε (%). Es ist der elastische Verformungsbereich. Die Stelle (eingezeichneter Schrägstrich), ab der das *Hooke*-Gesetz nicht mehr gilt, bei der der elastische Bereich endet, nennt man *Proportionalitätsgrenze*.

Bei Stahl liegt diese Proportionalitätsgrenze sehr hoch. Bei Polymeren tritt sie nur bei kurzzeitiger Verformung einige Sekunden in Erscheinung. Mit Temperaturerhöhung würde sich die Proportionalitätsgrenze bei Plastomeren immer weiter nach unten verschieben, so dass das Material bei der kleinsten Zugspannung schon plastisch geworden ist. Weitere Temperaturerhöhung bewirkt dann schließlich das Schmelzen bzw. bei stark vernetzten Duromeren und Elastomeren die Zersetzung.

» *Kurve I: Duromere und spröde Plastomere*
Nach der Proportionalitätsgrenze krümmt sich die Kurve und hört dann plötzlich auf: hier ist das Material gerissen, zerstört. An dieser Stelle wird die so genannte *Zugfestigkeit* N/mm² gemessen. Die Zugfestigkeit gibt das Spannungsmaximum der Spannungs-Dehnungs-Kurve an, das als Folge eine Querschnittsminderung kurz vor dem Bruch auftritt. Der Bruch für Duromere und spröde Plastomere ist glasartig und splittrig. Man nennt ihn *Sprödbruch* oder *Trennbruch*.

Beispiele:

Das Duromer Phenolharz PF (Bakelit), die spröden Plastomere Polystyrol PS, Polymethylmethacrylat PMMA (Plexiglas) u.a.

Allgemein: Duromere und spröde Plastomere brechen oder zerreißen schon nach geringer Dehnung (Verformung), wozu eine relativ hohe Zugspannung erforderlich ist.

Anmerkung über die Bezeichnungen ‚hart' und ‚spröd':
Metalle und Keramik sind harte Werkstoffe. Im Gegensatz zu Metallen (hartelastisch s. → Buch 1, Abb. 4.65, Seite 229) ist Keramik spröde. (s. → Buch 1, Abb. 4.15, Seite 126), Dies hängt von den Bindungsverhältnissen ab: Metallbindung, Ionenbindung und Atombindung.
Bei den Polymeren unterscheidet man ‚hart', ‚spröd' und ‚zäh', was meist als hartelastisch, hartelastisch-spröd, zähelastisch-hart angegeben wird. Außerdem gibt es noch den weichelastischen Zustand. Amorphe Plastomere sind im hartelastischen Zustand spröde und glasartig (transparent), teilkristalline Plastomere sind zähelastisch-hart. Polyamide sind verstreckbar (orientierbar) und es gibt verformungsfähige Plastomere. Dies hängt vom Bindungsverhältnis der Struktur des Polymers ab (s. → Strukturen Seite 126).

» _Kurve IIa und IIb, verstreckbare und verformungsfähige Plastomere_

Auch hier liegt die Proportionalitätsgrenze niedrig. Danach verformt (dehnt) sich das Material bei zunehmender Zugspannung immer noch verhältnismäßig wenig, jedoch reversibel, obwohl die Proportionalität nicht mehr exakt gegeben ist. Hier ist der zeitverzögerte, reversible und irreversible Verformungsbereich, der viskoelastische Bereich.

Plötzlich gibt das Material seinen Widerstand auf und verformt sich stärker, die Zugspannung wird geringer. Das Material beginnt im festen Zustand unter der Einwirkung der Zugkraft zu ‚fließen', man nennt dies _plastisches Fließen._

Den Punkt, wo das ‚Fließen' beginnt (Wendepunkt), nennt man die _obere Fließgrenze_. Die Zugspannung an diesem Punkt wird ebenfalls als _Zugfestigkeit_ (oder Streckspannung) bezeichnet, wenn sie im Verlauf der Kurve keinen höheren Wert erreicht: Fließgrenze und Zugfestigkeit fallen dann zusammen.

Bei den Kurven IIa und IIb fällt die Zugspannung von der oberen Fließgrenze an zu einem Minimum ab, das bei Kurve IIa _untere Fließgrenze_ genannt wird.

Der Kurve IIa folgen die verstreckbaren (orientierbaren) Plastomere, beispielsweise die Polyamide PA, die an der unteren Fließgrenze nicht reißen. Schon ab der oberen Fließgrenze beginnen sie sich bereits in Zugrichtung zu verstrecken (orientieren). Beim plastischen Fließen werden ihre Kettenmoleküle in eine neue Lage verschoben, so dass sich die Ketten sehr nahe kommen und die stärkeren Wasserstoffbrückenbindungen ausgebildet werden. Im unteren Fließbereich verläuft Kurve IIa dann nahezu waagrecht, die Zugspannung ist hier zunächst gleich bleibend und zeigt bei Zunahme der Dehnung ein weiteres Verstrecken an. Wird die Verstreckung weiter durchgeführt, so steigt die Zugspannung wieder von der unteren Fließgrenze aus an, bis schließlich die Bruchgrenze erreicht ist. An dieser Stelle erhält man einen _Sprödbruch_ (Trennbruch), die Spannung an dieser Stelle nennt man ebenfalls _Zugfestigkeit_ (früher Reißfestigkeit).

So erklärt sich, dass ein verstreckter Polyamidfaden richtungsabhängig eine höhere Zugfestigkeit hat, als ein nicht verstreckter Faden.

Der Kurve IIb folgen zähe, verformungsfähige Plastomere, beispielsweise das Styrol/Acrylnitril-Copolymer SAN (s. → Abschn. 5.3.2, Seite 185). Ist der Zusammenhalt der Kettenmoleküle gering, d.h. sind die Nebenvalenzkräfte schwach, fällt die Zugspannung ab der oberen Fließgrenze (Wendepunkt) bei weiterer Dehnung wieder ab. In diesem abfallenden Kurvenabschnitt kommt es ebenfalls zur bleibenden, plastisch-irreversiblen Verformung bis zum Auseinanderbrechen der Kettenmoleküle. Dieser Bruch sieht ganz anders aus als ein Sprödbruch (Trennbruch). Man nennt ihn Verformungsbruch oder *Zähbruch*. Am sich verjüngenden Querschnitt des Probekörpers erkennt man noch die Verformung vor dem Bruch.

Ein zähes Material bricht erst nach erheblicher Verformung. Ursache der Zähigkeit (Viskosität) ist die Fähigkeit zur Relaxation. Noch während die Kraft einwirkt, werden Spannungen abgebaut. Die durch die Deformation verspannten Kettenmoleküle verschieben sich gegeneinander, wenn sie Zeit haben, ohne zu zerreißen, bis es letztendlich zum Bruch kommt.

Damit bleibende, plastisch-irreversible Verformungen entstehen, muss zunächst eine gewisse Mindestspannung, die obere Fließgrenze überschritten werden.

Allgemein: Plastomere zeigen unterschiedliches Verhalten, je nachdem, ob sie verstreckbar (IIa) oder nur verformungsfähig (IIb) sind. Das verformungsfähige Plastomer zerreißt bei kleineren Spannungen als das verstreckte (orientierte) Plastomer.

Anmerkung: Zähigkeit (Viskosität) bezeichnet diejenige Eigenschaft eines Stoffes, die bei einer Deformation gewisse Spannungen (Schubspannungen) senkrecht zur Deformationsrichtung hervorruft. Versucht man beispielsweise die oberste Schicht einer Flüssigkeitssäule seitwärts zu verschieben so werden die darunter liegenden Schichten (teilweise) mitbewegt. Die auftretenden Scherkräfte werden hier durch die zwischenmolekularen Bindungskräfte vermittelt. Sie verursachen den Widerstand gegen Bewegungen in der Flüssigkeit. In diesem Zusammenhang spricht man von der inneren Reibung in einer Flüssigkeit.

» *Kurve III, Elastomere*

Diese Kurve verläuft sehr viel flacher. Schon bei relativ geringer Zugspannung nimmt die Dehnung schnell zu und der Kurvenverlauf deutet etwa ab der Mitte der Kurve auf ein ‚Fließen' hin. Im Bereich des 'Fließens' verläuft die Kurve sehr flach, fast waagrecht. Bei weiterer Dehnung bleibt die Zugspannung hier nahezu gleich. Das bedeutet, dass schon während des Fließens infolge der Umlagerung bzw. Orientierung allmählich eine Verfestigung eintritt. Die Entknäuelung und Verschiebung von Kettenmolekülsegmenten gegeneinander wird schließlich bei noch stärkerer Dehnung gestoppt, es kommt zu einem Verformungsbruch, einem Zähbruch.

Beispiele:
Elastomere, Weich-PVC, Propfcopolymere SB, ABS. Einen ähnlichen Kurvenverlauf zeigt konditioniertes, elastisches Polyamid PA. Die zwischen die Polyamidketten eingelagerten Wassermoleküle wirken als Weichmacher, so dass es sich wie ein Elastomer verhält s. → Abschn. 5.3.2, Seite 182 äußere Weichmachung.

Allgemein: Elastomere haben bei geringer Zugspannung ein hohes Dehnvermögen. Man kann sie sehr stark dehnen, ohne dass sie zerreißen. Bei Elastomeren ist Festigkeit nicht im Sinne eines kleineren E-Moduls zu verstehen, sondern als eine hohe Dehnungsfähigkeit.

4.3.2 Beschreibung des thermischen Verhaltens von Polymeren

Zufuhr oder Entzug von Wärme ändert den Energieinhalt eines Stoffes. Ein Maß für den Energieinhalt ist die Temperatur. Stoffe können dabei eine Phasenumwandlung erfahren und damit verbunden sind Eigenschaftsänderungen.

Wiederholung: Wasser H_2O hat als Eis einen Schmelzpunkt von 0 °C, einen Siedepunkt von 100 °C und geht dabei von der festen in die flüssige bzw. gasförmige Phase über. Metalle und Keramik gehen am Schmelzpunkt von der festen in die flüssige Phase, d.h. in die Schmelze über. Aufgrund ihrer stärkeren Bindungskräfte (Metall-, Ionen-, Atombindung) und ihrer Anordnung in der Kristallstruktur, d.h. im energieärmsten Zustand liegt der Schmelzpunkt meist sehr hoch.

Polymere haben im Vergleich zu Metallen und Keramik eine Besonderheit, was das thermische Verhalten anbetrifft. Denn von der Energiezufuhr hängen nicht nur *Eigenschaftsänderungen* ab, sondern sie zeigen auch eine *andere Art der Phasenumwandlung*. Der Unterschied beruht auf ihrem organischen, makromolekularen Aufbau und ihrer geringen chemischen Beständigkeit bei Wärmezufuhr.

Die Zersetzungstemperaturen sind allgemein niedrig: Plastomere können bis zu Temperaturen von etwa 100 °C und nur in Einzelfällen bis zu etwa 180 °C verwendet werden, hochtemperaturbeständige Polymere bis etwa 300 °C. Bei Stahl tritt in diesem Temperaturbereich noch keine merkliche Veränderung ein.

Beispiele:
Schmelzpunkt von Eisen 1535 °C, Aluminium 660 °C, Aluminiumoxid 2048 °C.

Thermisches Verhalten in Abhängigkeit von der Struktur der Plastomere, Duromere und Elastomere

Zunächst wird das allgemeine thermische Verhalten beschrieben, das in charakteristischer Weise auf die unterschiedlichen Strukturen zurückzuführen ist.

» *Beschreibung des thermischen Verhaltens amorpher Plastomere*
Die Kettenmoleküle liegen bei amorphen Plastomeren nicht in einer einheitlichen Länge und Form vor, was zu ihren unterschiedlichen Beweglichkeiten führt. Ursache ist die unterschiedliche Stärke der Nebenvalenzkräfte, wie sie zwischen ungleichen Kettenlängen, kurzen und stärkeren Verzweigungen, starken und weniger starken Verhakungen, unterschiedlich großen amorphen und kristallinen Phasen vorliegen. Dies hat zur Folge, dass es keinen bestimmten Schmelz*punkt* geben kann, bei dem sich die Eigenschaften ändern. Plastomere haben Übergangsbereiche – Phasenumwandlungsbereiche – von etwa 10 bis 30 °C Breite. Diese fallen bei chemischer Quervernetzung über Hauptvalenzen – bei *Duromeren und Elastomeren* – völlig weg, sie zersetzen sich, bevor sie schmelzen.

Wie sich die linearen, nur durch Nebenvalenzkräfte verbundenen Kettenmoleküle mit der Temperatur ändern, soll nachfolgendes Schema in → Abb.4.2 zeigen.

In Abhängigkeit von der Temperatur gibt es *drei Zustandsbereiche* und *zwei Phasen-*

umwandlungsbereiche (mit ⇌ Pfeilen angezeigt). Innerhalb der Zustandsbereiche sind die Veränderungen der Eigenschaften gering, in den Phasenumwandlungsbereichen führen geringe Änderungen der Temperatur zu großen Eigenschaftsänderungen.

Zustandsbereich hartelastisch-spröde Glaszustand	T_g ⇌ T_{ET}	*Zustandsbereich* weichelastisch Erweichungs- bereich	T_f ⇌	Zustandsbereich Schmelze Kettenmoleküle gleiten gegen- einander ab	T_z $\longrightarrow$ thermische Zersetzung

$$\longrightarrow \quad \text{Temperatur } °C$$

Abb. 4 .2 Thermisches Verhalten amorpher Plastomere in schematischer Darstellung

Phasenumwandlung: T_g Glasübergangstemperatur, meist nur Glastemperatur genannt. T_{ET} Einfriertempe-
⇌   ratur bei Abkühlung. T_g und T_{ET} sind nicht immer genau identisch. In Abhängigkeit
                             von der Aufheiz- bzw. Abkühlgeschwindigkeit gibt es eine Umwandlungshysterese.

Phasenumwandlung: *T_f* Fließtemperatur oder Schmelztemperatur.

                             T_g und *T_f* geben jeweils die mittlere Temperatur des Phasenumwandlungsbereichs an.

                             T_z Zersetzungstemperatur.

Die Temperaturen für die Phasenumwandlungen hängen vom Aufbau der Kettenmoleküle und der damit im Zusammenhang stehenden Wirkung der Nebenvalenzkräfte ab.

Hartelastisch-spröder Zustandsbereich oder Glaszustand

In diesem Zustandsbereich verhalten sich amorphe Plastomere spröde, glasartig, die Wärmebewegungen einzelner Molekülabschnitte sind gering. Hier gleichen sie strukturell einer eingefrorenen, unterkühlten Schmelze. Vgl. → Buch 1, Abschn. 4.2.8, Seite 205, Glas). Die Eigenschaften verändern sich mit steigender Temperatur über ein bestimmtes Temperaturintervall nur geringfügig.

Phasenumwandlungsbereich vom hartelastischen zum weichelastischen Zustandsbereich, der Glasübergangsbereich

Bei Temperaturerhöhung, d.h. sobald die Wärmeenergie ausreicht, dass Kettenmolekülabschnitte zunehmend Umlagerungs- und Rotationsbewegungen ausführen können, um in energetisch günstigere Lagen zu kommen, schließt sich der Glasübergangsbereich an. Anschaulich erklärt, erfolgen diese Umlagerungs- und Rotationsbewegungen in Hohlräume, in Leerstellen, in ‚freies Volumen' zwischen den Verknäuelungen der Kettenmoleküle hinein, denn die Verknäuelungen sind nicht dicht gepackt. Mit zunehmender Temperatur können jedoch mehr Hohlräume, Leerstellen und freie Volumina entstehen. Dies geschieht umso leichter, je weniger sperrige Gruppen (Substituenten) und kristalline Phasen vorhanden sind, denn Dispersionskräfte können leichter überwunden werden. Der Glasübergangsbereich ist für amorphe Phasen charakteristisch und besonders ausgeprägt.

Die Temperatur, bei der die größte Änderung der Eigenschaften zu beobachten ist

(Mittelwert des Temperaturbereichs), nennt man

Glasübergangstemperatur oder Glastemperatur T_g (Einfriertemperatur T_{ET} bei Abkühlung). Vgl. Transformationsbereich bei Glas s. → Buch 1, Abb. 4.56, Seite 209.

Wenige Grad Temperaturänderung führen im Glasübergangsbereich zu großen Eigenschaftsänderungen. Mit zunehmender Temperatur wird die Beweglichkeit der Kettenmoleküle stärker, es findet der Übergang vom hartelastischen zum weichelastischen Zustandsbereich statt.

Weichelastischer Zustandsbereich oder Erweichungsbereich

In diesem Zustandsbereich können die Verknäuelungen unter Einfluss einer äußeren Kraft, beispielsweise der Zugkraft, eine gestreckte Gestalt annehmen. Diese gestreckte, orientierte Form ist eine geordnete, jedoch ,unwahrscheinlichere' Form des Kettenmoleküls. Es entsteht eine elastische Rückstellkraft, da die gestreckten Kettenabschnitte infolge der Wärmebewegung nach Entlastung wieder die Knäuelform, die ,Unordnung' anstreben. Der weichelastische Zustandsbereich wird daher auch *entropieelastischer Zustandsbereich* genannt. Die Eigenschaften ändern sich hier über einen größeren Temperaturbereich nur wenig.

Phasenumwandlungsbereich vom weichelastischen Zustandsbereich zum Schmelz- bzw. Fließbereich

Bei weiterem Temperaturanstieg schließt sich ein Übergangsbereich an, in dem die Nebenvalenzen zunehmend gelöst werden und die Ketten gegeneinander abgleiten können. Die Temperatur, bei der die größte Änderung der Eigenschaften zu beobachten ist (Mittelwert des Temperaturbereichs), nennt man

Fließtemperatur T_f

Hier beginnt der Schmelzvorgang.

Zustandsbereich der Schmelze, auch Fließbereich genannt.

Die Eigenschaften ändern sich in diesem Zustandsbereich nur wenig mit der Temperatur. Ab einer bestimmten Temperatur, der

Zersetzungstemperatur T_Z

tritt thermische Zerstörung der organischen Kettenmoleküle ein, indem ihre Hauptvalenzen irreversibel zerstört werden und Abbaureaktionen einleiten.

» *Beschreibung des thermischen Verhaltens teilkristalliner Plastomere*

In teilkristallinen Plastomeren liegen Kristallite eingebettet in amorphen Phasen vor. Die Nebenvalenzkräfte sind in den eng nebeneinander liegenden Kettenabschnitten stärker wirksam als in den Verknäuelungen der amorphen Phasen. Man benötigt eine höhere Temperatur, um dieser so genannten physikalischen Vernetzung entgegen zu wirken.

Wie sich die teilkristallinen Plastomere mit der Temperatur ändern, zeigt nachfolgende → Abb. 4.3:

Zustandsbereich hartelastisch- spröde	$\dfrac{T_g}{T_{ET}}$	*Zustandsbereich* zähelastisch-hart	$\dfrac{T_m}{T_{KT}}$	*Zustandsbereich* Schmelze Kettenmoleküle gleiten gegen- einander ab	T_z $\longrightarrow$ thermische Zersetzung

$\longrightarrow$ Temperatur °C

Abb. 4.3 Thermisches Verhalten teilkristalliner Plastomere in schematischer Darstellung

Phasenumwandlung: T_g Glastemperatur, T_{ET} Einfriertemperatur für amorphe Anteile bei Abkühlung.

Phasenumwandlung: T_m Kristallitschmelztemperatur, T_{KT} Kristallisationstemperatur. Bei Abkühlung sind T_m und T_{KT} nicht immer genau identisch. In Abhängigkeit von der Aufheiz- bzw. Abkühlgeschwindigkeit gibt es eine Umwandlungshysterese. T_z Zersetzungstemperatur

Hartelastisch-spröder Zustandsbereich.

Nur die amorphen Phasen zeigen eine

Phasenumwandlung im Glasübergangsbereich.

Mit Zunahme der Temperatur treten die ersten Wärmebewegungen bei den vorhandenen amorphen Phasen auf, während in den Kristalliten der Zusammenhalt noch fest ist. Bei teilkristallinen Plastomeren mit wenig amorphen Phasen verliert verständlicherweise der Glasübergang an Einfluss.

Zähelastisch-harter Zustandsbereich

Die amorphen Phasen beeinflussen das Eigenschaftsbild der teilkristallinen Plastomere insofern, als dass sie durch die Umlagerungs- und Rotationsbewegungen von Kettenabschnitten insgesamt ‚dämpfend' auf die harten Kristallite wirken und dadurch das zähelastische, flexible Verhalten der teilkristallinen Plastomere ermöglichen.

Phasenumwandlungsbereich, der Übergangsbereich vom zähelastischen Zustandsbereich zum Schmelzbereich bzw. Fließbereich

Hier ist der Übergang der Kristallite vom festen in den geschmolzenen Zustand. Bis dahin unbewegliche Molekülabschnitte der kristallinen Phasen werden beweglich und können sich gegeneinander verschieben. Es hängt vom Anteil und von der Einheitlichkeit der Kristallitgrößen ab wie breit der Schmelzbereich der teilkristallinen Plastomere ist. Je mehr kristalline Phasen vorhanden sind, desto enger wird der Schmelzbereich. Man gibt die

Kristallitschmelztemperatur T_m (Kristallisationstemperatur T_{KT} bei Abkühlung)

an, bei der die größten und stabilsten Kristallite schmelzen. Die Fließtemperatur der vorhandenen amorphen Phasen kommt hier kaum zur Geltung.

Zustandsbereich der Schmelze

Die Eigenschaften ändern sich in diesem Zustandsbereich mit der Temperatur wenig. Ab einer bestimmten Temperatur, der

Zersetzungstemperatur T_Z

tritt Zerstörung der organischen Kettenmoleküle ein. Es werden Hauptvalenzen irreversibel zerstört und Abbaureaktionen eingeleitet.

» *Beschreibung des thermischen Verhaltens der Duromere* (s. → Abb. 4.4)

Die engmaschig vernetzten Duromere liegen im hartelastisch-spröden Zustandsbereich vor, die Nebenvalenzkräfte spielen eine untergeordnete Rolle. Bei Temperaturerhöhung gibt es keine Phasenumwandlungen und dadurch auch keine Eigenschaftsänderungen. Duromere zersetzen sich, bevor sie schmelzen. Bei Temperaturerhöhung werden Hauptvalenzen, insbesondere der Quervernetzung, irreversibel zerstört.

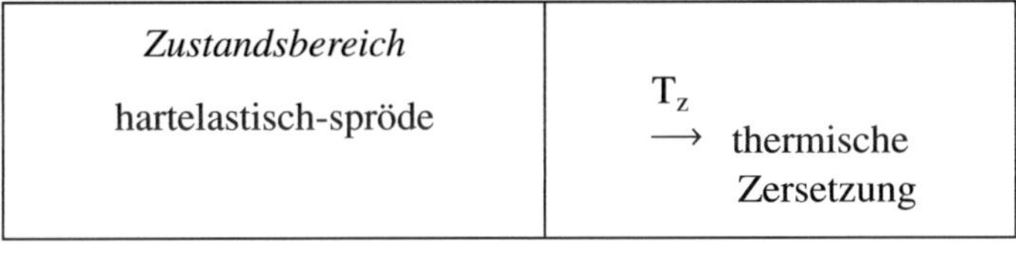

Abb. 4.4 Thermisches Verhalten der Duromere (ausgehärtet) in schematischer Darstellung. Es gibt keine Phasenumwandlung. (Ausgehärtet s. → Abschn. 5.4.1, Seite 193)

» *Beschreibung des thermischen Verhaltens quervernetzter Elastomere* (s. → Abb.4.5)

Elastomere können sowohl über Nebenvalenzen vernetzt sein – dann verhalten sie sich wie amorphe Plastomere – als auch weitmaschig quervernetzt über Hauptvalenzen. Zwischen den Vernetzungsstellen liegen die Kettenabschnitte verknäuelt, also als amorphe Phase vor. Unterhalb der Glastemperatur T_g – sie liegt im Allgemeinen unterhalb 0 °C – befinden sie sich im Glaszustand und sind hart und spröde. Bei T_g erfolgt die Phasenumwandlung, der Übergang in den weichelastischen Zustand. Im Unterschied zu den amorphen Plastomeren zersetzen sie sich durch die Quervernetzung bei weitere Temperaturerhöhung (T_z), ohne vorher zu schmelzen.

Abb. 4.5 Thermisches Verhalten quervernetzter Elastomere in schematischer Darstellung.
⇌ Phasenumwandlung

Thermisches Verhalten von Zugfestigkeit und Dehnung in Abhängigkeit von der Struktur der Plastomere, Duromere und Elastomere

Das Zustandsdiagramm

Das thermische Verhalten, das so genannte *Zustandsdiagramm* wird hier am Beispiel der Eigenschaften von Zugfestigkeit und Dehnung angegeben. Auch für andere mechanische Eigenschaften gibt es charakteristische Zustandsdiagramme, z.B. für den Schubmodul, Torsionsmodul u.a.

» *Schematisches Zustandsdiagramm amorpher Plastomere* (s. → Abb. 4.6)

Während im Glaszustand, unterhalb der Glastemperatur T_g die Zugfestigkeit bei amorphen Plastomeren nur geringfügig abnimmt, ist der Übergangsbereich zum Erweichungsbereich durch ein starkes Absinken gekennzeichnet. Hier setzen Molekülbeweglichkeiten ein, die sich bis zur Fließ(Schmelz)temperatur T_f verstärken. Der Kurvenverlauf der Dehnung ist gegenläufig. Die Dehnung ist im Glaszustand gering, nimmt dann im Übergangsbereich bei T_g rasch zu, um im weichelastischen Zustandsbereich ein Maximum zu erreichen. Durch das einsetzende Abgleiten der Makromoleküle mit steigender Temperatur fällt auch die Dehnung bis zur Fließtemperatur T_f stark ab.

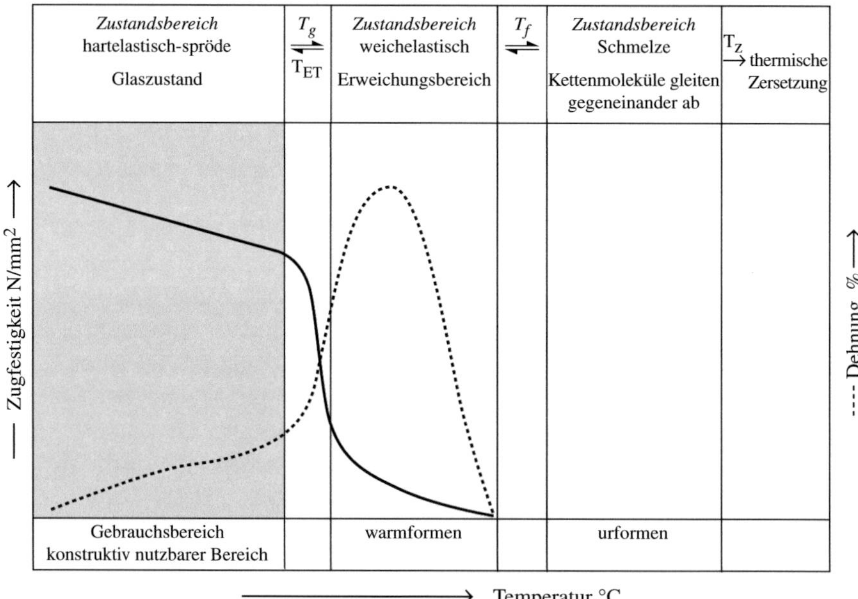

Abb. 4.6 Schematische Darstellung von Zugfestigkeit und Dehnung amorpher Plastomere in Abhängigkeit von der Temperatur. ⇌ Phasenumwandlung

Bei amorphen Plastomeren liegt der Gebrauchsbereich – der konstruktiv nutzbare Bereich – unterhalb der Glastemperatur T_g. Amorphe Plastomere sind hart, spröde, glasartig. Der Übergang in den weichelastischen Zustandsbereich setzt allgemein in Abhängigkeit von der makromolekularen Struktur bei Temperaturen von etwa 100 °C ein. Bei der Suche nach einem Werkstoff aus einem amorphen Plastomer ist daher zu beachten, dass die Gebrauchstemperatur möglichst in der Mitte des breiten Plateaus des hartelastischen Zustandsbereichs liegt. In der Nähe des Glas-übergangs besteht die Möglichkeit, dass schon geringe Temperaturschwankungen starke Eigenschaftsänderungen bewirken. Der Erweichungsbereich oberhalb T_g kann für das Warmformen genutzt werden und der Schmelzbereich für das Urformen.

Beispiel:
Befindet sich die Gebrauchstemperatur in der Nähe der Glasübergangstemperatur, so kann sich ein polymerer Stoff im Sommer anders verhalten als im Winter: Eine Polyvinylacetat-(PVAC)-Dispersion bildet im Sommer einen elastischen Film. Die Sommertemperaturen reichen aus, um die Wirkung der Nebenvalenzkräfte so zu schwächen, dass die Kettenmoleküle die erforderliche Beweglichkeit zur Weichelastizität erhalten, denn die Sommertemperatur liegt über der Glastemperatur T_g im weichelastischen Bereich. Bei Wintertemperaturen wird die Glastemperatur von Polyvinylacetat bereits unterschritten, es erfolgt der Übergang in den hartelastischen Bereich, die Wärmebeweglichkeit der Kettenmoleküle geht zurück. Der Film wird spröde und rissig.

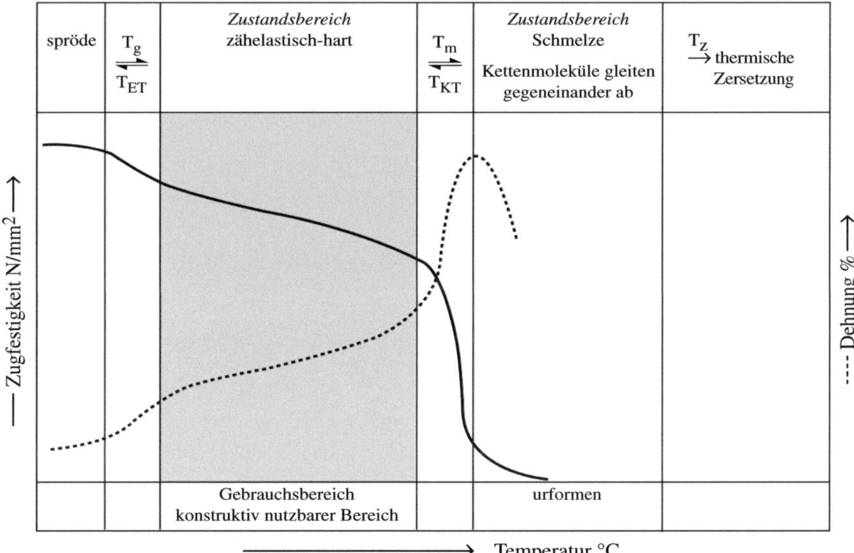

$$n\ CH_2{=}CH \quad\longrightarrow\quad \left[CH_2{-}CH{-}\!\!\!\!\left|\ \underset{O}{\overset{}{O{-}\underset{\parallel}{C}{-}CH_3}}\right.\right]_n \qquad \text{Polyvinylacetat PVAC}$$

» *Schematisches Zustandsdiagramm teilkristalliner Plastomere* (s. → Abb. 4.7)

Der geringe Abfall im Glasübergangsbereich weist auf die vorhandenen amorphen Phasen hin. Der Gebrauchsbereich – konstruktiv nutzbare Bereich – der teilkristallinen Plastomere liegt im zähelastisch-harten Zustandsbereich zwischen T_g und T_m. Hier sind Zugfestigkeit und Dehnung gegenläufig. Ab der Kristallitschmelztemperatur T_m, im Übergangsbereich zum Schmelzbereich nimmt die Zugfestigkeit sprunghaft ab, die Dehnung zunächst zu, um dann ebenfalls abzunehmen. Der Schmelzbereich eignet sich für das Urformen.

Abb. 4.7 Schematische Darstellung von Zugfestigkeit und Dehnung teilkristalliner Plastomere in Abhängigkeit von der Temperatur. ⇌ Phasenumwandlung

» *Schematisches Zustandsdiagramm der Duromere* (s. → Abb. 4.8)

Zugfestigkeit und Dehnung zeigen bei den über Hauptvalenzkräfte chemisch vernetzten Duromeren keine sprunghaften Änderungen in Abhängigkeit von der Temperatur. Duromere befinden sich im Gebrauchsbereich im hartelastischen Zustandsbereich. Gebrauchsbereich und konstruktiv nutzbarer Bereich reichen bis zu T_z. Bei entsprechend hoher Temperatur tritt Zersetzung ein, die Hauptvalenzen werden zerstört und leiten Abbaureaktionen ein.

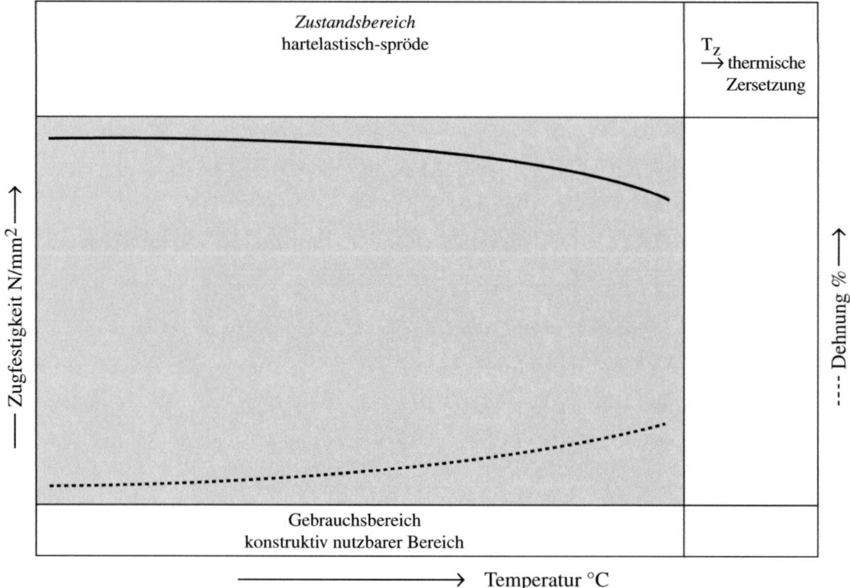

Abb. 4.8 Schematische Darstellung von Zugfestigkeit und Dehnung der Duromere (ausgehärtet).in Abhängigkeit von der Temperatur.

» *Schematisches Zustandsdiagramm quervernetzter Elastomere* (s. → Abb. 4.9)

Im Glasübergangsbereich erfolgen eine sprunghafte Abnahme der Zugfestigkeit und ein sprunghafter Anstieg der Dehnung. Im Unterschied zu den amorphen Plastomeren steigt die Dehnung mit der Temperatur weiter an bis zur Zersetzungstemperatur ohne zu schmelzen. Das Abgleiten der Kettenmoleküle wird durch die Quervernetzung verhindert.

Gebrauchsbereich und konstruktiv nutzbarer Bereich liegen zwischen T_g und T_z.

Abb. 4.6 bis 4.9 gezeichnet von Dipl.Ing(FH) Christian Diener. Lit.: Roos – Maile: Werkstoffkunde für Ingenieure 2. Auflage 2005, Springer Verlag, Berlin, Heidelberg

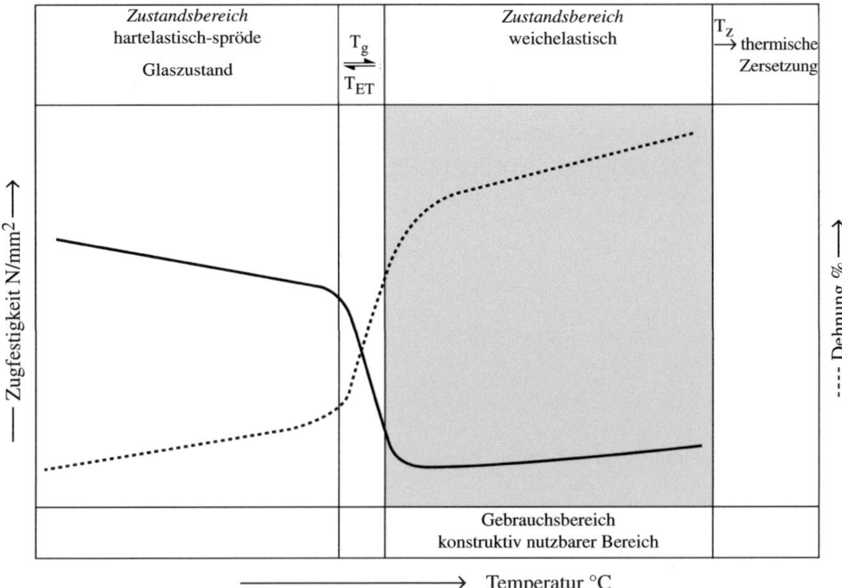

Abb. 4.9 Schematische Darstellung der Eigenschaften von Zugfestigkeit und Dehnung quervernetzter Elastomere in Abhängigkeit von der Temperatur. ⇌ Phasenumwandlung

4.4 Langzeitverhalten der Polymerwerkstoffe

Durch Kurzeitprüfungen können die Eigenschaften der Polymerwerkstoffe gut beschrieben werden. Diese Prüfungen geben dem Konstrukteur jedoch keine Auskunft über das Verhalten bei länger dauernden statischen oder dynamischen (wechselnden) Belastungen.

Das Langzeitverhalten der Polymerwerkstoffe wird von der makromolekularen Struktur bestimmt, insbesondere von den mehr oder weniger starken Nebenvalenzkräften bzw. Quervernetzungen. Daher fordert die Zeitabhängigkeit des Verformungsverhaltens für konstruktive Maßnahmen vor allem bei Plastomeren besondere Aufmerksamkeit. Bei Einwirkung einer Kraft überlagern sich hartelastischer, viskoelastischer und plastischfließender Verformungsanteil, ihr Verhältnis zueinander ändert sich zeitlich laufend, auch kommen sie bei den verschiedenen Basispolymeren unterschiedlich zur Wirkung. Sie reagieren stets zunehmend auf Einwirkungen von Kräften und Temperatur, denn Kettenumlagerungen benötigen Zeit und organische Makromoleküle sind schlechte Wärmeleiter. Darin liegt der Unterschied zum Verhalten von Metallen und Keramik.

Festigkeit und deren Zeitabhängigkeit setzen eine Grenze für die Verwendung von Polymeren. Wie im → Abschn. 4.3.1, Seite 135 angegeben wurde, ist der E-Modul im Vergleich zu metallischen und keramischen Werkstoffen einige Größenordnungen kleiner.

Entsprechend der Zunahme der kristallinen Phasen bei Plastomeren und der stärkeren chemischen Vernetzung über Hauptvalenzen bei Duromeren verliert der Faktor Zeit an Einfluss.

Das Langzeitverhalten der Polymere kann durch Zeitstand- oder Kriechversuche angegeben werden. Kriechmodul → Anhang DIN-Normen

5 Ausgewählte Basispolymere für Polymerwerkstoffe

Zunächst sollen die Polymerisationsreaktionen beschrieben werden, wie sie zur Herstellung von Basispolymeren durchgeführt werden.

5.1 Die Polymerisationsreaktion

Die Nomenklatur der Polymerisation ist international durch die IUPAC (International Union of Pure and Applied Chemistry) vereinheitlicht worden. Sie verwendet den Ausdruck ‚Polymerisation' als Überbegriff für verschiedene Polymerisationsarten:

- Additionspolymerisation als Kettenreaktion APK, die Entstehungsprodukte nennt man Polymerisate
- Kondensationspolymerisation KP, die Entstehungsprodukte nennt man Polykondensate.
- Additionspolymerisation als Stufenreaktion APS, die Entstehungsprodukte nennt man Polyaddukte.

5.1.1 Additionspolymerisation als Kettenreaktion APK für Homopolymere

Die APK ist die Verknüpfung – Addition – von vielen Monomeren zu Polymermolekülen (Makromolekülen, Kettenmolekülen) mit unterschiedlicher Länge. Die Reaktion verläuft als Kettenreaktion ohne Abspaltung von Nebenprodukten, dadurch sind keine weiteren Prozessschritte für deren Abtrennung notwendig. Will man gleichartige Monomere zu einem Kettenmolekül verknüpfen, so ist dies nur möglich, wenn die Monomere eine reaktionsfähige Bindung enthalten z.B. eine Doppelbindung s. dazu → Gln. (1.3) bis (1.10), Seite 25-27. In → Tabelle 3.1, Seite 113 sind Monomere angegeben, wie sie als Monomereinheit in das Kettenmolekül eingebaut – addiert – sind zu *Homopolymeren*.

Radikalkettenpolymerisation

Eine in der Praxis viel angewandte Additionspolymerisation als Kettenreaktion APK ist die *Radikalkettenpolymerisation*. Sie wird durch drei Reaktionsschritte charakterisiert, die gleichzeitig nebeneinander ablaufen können. Es sind dies die

Startreaktion, die Kettenwachstums- und die Kettenabbruchreaktionen

Im Folgenden wird ein Reaktionsschema für eine Radikalkettenpolymerisation angegeben:

» *Startreaktion*

Bei der großtechnisch durchgeführten Additionspolymerisation als Kettenreaktion werden so genannte *Initiatoren* (Aktivatoren, Polymerisationsstarter) verwendet. Sie unterscheiden sich von Katalysatoren, die aus einer Reaktion unverbraucht hervorgehen dadurch, dass sie mit dem Monomer reagieren und sich bei der Reaktion verbrauchen. Initiatoren sind Verbindungen, die leicht in Radikale zerfallen z.B. Peroxide und damit die Kettenreaktion einleiten. Bei hohen Polymerisationsgraden beeinflusst das Verbleiben einer geringen Menge an Initiatoren die späteren Eigenschaften des Polymerwerkstoffs nicht.

Wiederholung: Radikale sind elektrisch neutrale Teilchen (Atome, Moleküle) mit mindestens einem ungepaarten Elektron. Sie sind unbeständig und daher sehr reaktionsfähig. Sie greifen z.B. eine Doppelbindung (π-Bindung) an unter Bildung eines neuen Radikals.

Ein bekanntes Beispiel für einen Initiator, der leicht in Radikale zerfällt, ist *Benzoylperoxid*:

Das Initiatorradikal, abgekürzt I•, lagert sich bei Zufuhr von Wärme an ein Monomer, ein Alkenmolekül an, dabei öffnet sich die Doppelbindung unter Bildung eines Alkylradikals:

Alkylradikal
startende Radikalkette

» *Kettenwachstumsreaktion*

An das aktivierte Monomer addiert sich ein nächstes Monomer usw.

wachsende Radikalkette

Die Radikalkettenpolymerisation ist eine stark exotherme Reaktion. Bei dem entstehenden polymeren Stoff – er ist ein schlechter Wärmeleiter – stellt die Wärmeabführung eine besondere technische Aufgabe dar, denn die exothermen Kettenwachstumsreaktionen werden begünstigt, wenn die frei werdende Energie abgeführt wird. Nur so kann eine Rückreaktion (Depolymerisation) oder sogar eine Explosion verhindert werden.

Vgl. die Radikalkettenreaktionen der Knallgasreaktion, die Verbrennung von Kohle bzw. Kohlenwasserstoffen (s. → Buch 1, Seite 311, 309, 321) und des Gasschweißens (s. → Abschn.1.1.2, Seite 30). Bei diesen Radikalkettenreaktionen ist im Gegensatz zur APK die hohe exotherme Reaktionswärme der Kettenreaktion erwünscht, solange die Reaktion kontrolliert abläuft.

» *Kettenabbruchreaktionen*

Es gibt verschiedene Möglichkeiten:

- Die Radikalketten können mit Initiatorradikalen reagieren, sofern noch welche vorhanden sind.
- Zwei Radikalketten vereinigen sich, d.h. der Kettenabbruch erfolgt durch *Kombination* zweier Radikalketten.
- Ein Kettenabbruch wird verursacht, wenn eine Radikalkette einer zweiten Radikalkette ein H-Atom entreißt und sich dadurch absättigt. Die zweite Radikalkette stabilisiert sich dann durch Ausbildung einer Doppelbindung. Man nennt dies *Disproportionierung*.
- Ein Kettenabbruch kann durch eine so genannte *Übertragungsreaktion* erfolgen. Radikale am Kettenende entreißen anderen bereits gebildeten Kettenmolekülen H-Atome an irgendeiner Stelle *innerhalb* der Kette. Dabei sättigen sich die Radikale mit diesen H-Atomen ab, wodurch der Kettenabbruch erfolgt. Am neu entstandenen Radikal innerhalb der Kette setzen neue Kettenwachstumsreaktionen ein. Es entsteht eine *Verzweigung* (Beschreibung s. PE-LD → Abschn. 5.3.1, Seite 171).

Durch die Zufälligkeit der Abbruchreaktionen entstehen *Ketten verschiedener Länge* und in Abhängigkeit von der Monomereinheit *verschiedene Verzweigungen*. Die Molmasse der Kettenmoleküle schwankt daher um einen Mittelwert (mittlere Molmasse s. → Abb. 3.3, Seite 120).

» *Steuerung des Kettenwachstums*

Um eine Produktkonstanz zu erreichen, müssen bestimmte Reaktionsbedingungen eingehalten werden, z.B. ist eine stets gleiche mittlere Molmasse $\overline{M}$ für die Verarbeitbarkeit und die Eigenschaften des Polymers von Bedeutung.

Steuerungsmechanismen sind:

- Die Verwendung des reinen Monomers.
- Gleichmäßige Temperaturführung: aufgrund der schlechten Wärmeleitfähigkeit des entstehenden Polymers muss die Reaktion langsam ablaufen, damit die entstandene Wärme gleichmäßig abgeführt werden kann.
- Genaue Dosierung der Initiatormoleküle: Je größer die Zahl der Initiatormoleküle ist, umso mehr Startreaktionen werden ausgelöst, dadurch erhält man kurze Ketten, d.h. niedere Molmassen.
- Zugabe von so genannten Reglern: Ist die quantitative Polymerisation nicht erwünscht, so wird der Abbruch der Polymerisation durch eine höhere Zugabe von Reglern gesteuert. Reglermoleküle, z.B. Merkaptane R-SH (s. → Tabelle 1.4, Seite 43) geben leicht ein Wasserstoffatom an die Polymer-Radikalketten ab. Die entstehenden Regler-Radikale R-S· sind so träge, dass sie nicht als Initiator fungieren können.

Ionische Polymerisation

Auch Ionen – Kationen oder Anionen – kommen als Initiatoren in Abhängigkeit von der Art der Substituenten am Monomer zur Anwendung. Das Reaktionsschema entspricht in etwa dem der Radikalkettenpolymerisation. Anstelle eines Initiatorradikals reagiert ein Kation bzw. ein Anion und polarisiert das Monomer sowie die wachsende Kette:

Mit einem Kation K^+: $\qquad K^+ + n\ C{=}C \longrightarrow K{-}[C{-}C]_n^+$ usf.

Mit einem Anion A^-: $\qquad A^- + n\ C{=}C \longrightarrow A{-}[C{-}C]_n^-$ usf.

Die ionische Polymerisation spielt im Verhältnis zur radikalischen Polymerisation eine untergeordnete Rolle.

Katalytische Polymerisation

Die katalytische Polymerisation mit *Ziegler-Natta*-Katalysatoren läuft als *heterogene* Reaktion ab. *Ziegler-Natta*-Katalysatoren sind z.B. stereospezifische Metalkomplex-Katalysatoren. Dagegen reagieren zirkoniumhaltige Metallocen-Katalysatoren in einer *homogenen* Reaktion (s. PE-HD und PP-i → Abschn. 5.3.1, Seite 172/173). Bei beiden Verfahren wächst die Polymerkette aus einem Metallkomplex heraus, dabei entstehen Polymere mit definierter räumlicher Konfiguration, die wenig fehlerhaft sind.

Polymerisation von Copolymeren

- Statistische (unregelmäßig angeordnete) Copolymere (s. → Abschn. 3.1.1, Seite 114) entstehen, wenn die unterschiedlichen Monomere selbständig mit etwa der gleichen Reaktionsgeschwindigkeit Homopolymere bilden. Beide Homopolymere polymerisieren dann zum Copolymer. Ihr prozentualer Anteil hat Einfluss auf die Eigenschaften des entstehenden Copolymers. Die resultierende Eigenschaft liegt etwa zwischen den beteiligten Homopolymeren.

  Beispiel SAN s. → Abschn. 5.3.2, Seite 185.

- Blockcopolymere entstehen, wenn eine Monomerart schneller polymerisiert als die andere.

  Beispiel das Dreiblockpolymer S/B/S s. → Abschn. 5.6.3, Seite 207.

- Pfropfcopolymere entstehen, wenn ein anderes Monomer auf eine Polymerkette aufpolymerisiert (‚aufgepfropft') wird.

  Beispiel ABS s. → Abschn. 5.6.2, Seite 203.

- Die Struktur eines Elastomers oder Duromers entsteht, wenn im Kettenmolekül noch Doppelbindungen verblieben sind und mit entsprechenden Reaktionspartnern über Hauptvalenzen eine Vernetzung möglich ist.

  Beispiele: Bildung von Polyesterharzen s. → Abschn. 5.4.2, Seite 195, und Vulkanisation von Kautschuk s. → Abschn. 5.5, Seite 201.

Verfahrensvarianten der APK

Ausgerichtet nach der späteren Verwendung des Polymers – es ist nicht immer angebracht, Granulate oder Pulver herzustellen – versucht man Produktionsgänge einzusparen, um die Wirtschaftlichkeit zu verbessern.

» *Substanzpolymerisation*

Der polymere Stoff wird aus dem reinen, unverdünnten Monomer durch Zugabe von Initiator und Regler zur festen Substanz polymerisiert. Hier ist die Wärmeregelung am schwierigsten.

Beispiele:
Polyethylen niedriger Dichte PE-LD wird aus gasförmigem Ethylen synthetisiert, Polyvinylchlorid PVC aus dem gasförmigen Vinylchlorid und Polyamid PA 6 (Guss-PA) direkt aus den flüssigen Monomeren. Meist entstehen glasklare, reine Polymere.

Eine besondere Art der Substanzpolymerisation ist, große Formteile (Schiffsschrauben u.a.) direkt in der Form als Fertigteil zu polymerisieren. Es wird der Umweg vom Granulat über die Schmelze zur Formgebung gespart.

» *Lösungspolymerisation*

Die Polymerisation wird in einem geeigneten Lösemittel durchgeführt, in dem sowohl das Monomer als auch das entstehende Polymer löslich sind. Das Lösemittel erhöht die Wärmeleitfähigkeit und kann – wenn die exotherme Reaktion so viel an Reaktionswärme liefert, dass die Siedetemperatur des Lösemittels erreicht wird – durch seine teilweise Verdampfung Reaktionswärme verbrauchen. Die Polymerlösung ist zur Weiterverarbeitung gebrauchsfertig z.B. für die Herstellung von Lacken und Klebstoffen. Der Umweg über die Herstellung von fester Substanz (Granulat, Pulver) und Wiederauflösung entfällt.

Beispiele:
Polyisobutylen PIB, Polystyrol PS

» *Fällungspolymerisation*

Das gelöste Monomer wird in der Lösung polymerisiert, das entstandene Polymer löst sich jedoch nicht im Lösemittel, sondern fällt als feines Pulver aus der Lösung aus. Das Lösemittel wird durch Filtrieren oder Zentrifugieren abgetrennt und kann wieder verwendet werden.

Beispiele:
PE-HD und isotaktisches PP-i können in flüssigen Kohlenwasserstoffen polymerisiert werden. Acrylnitril wird in Wasser zu Polyacrylnitril PAN polymerisiert.

» *Emulsionspolymerisation*

Das wasserunlösliche Monomer wird dispers als Tröpfchen in Wasser durch Zugabe eines Emulgators emulgiert, während der Initiator im Wasser gelöst ist. Die Polymerisation läuft im Wasser ab, indem die Monomere aus der Emulsion heraus zur Kettenbildung angelagert werden. Durch Zusammenlagerung von Makromolekülen entstehen Partikel mit einem Durchmesser von etwa 0,04 mm. Der entstandene so genannte Latex kann direkt zur Herstellung von Anstrichfarben, Klebstoffen u.a. verwendet werden.

Beispiele:
Zur Emulsionspolymerisation eignet sich Vinylchlorid, dabei entsteht Emulsions-Polyvinylchlorid PVC-E. Ebenso kann Styrol/Butadien-Elastomer SBR und Polyvinylacetat PVAC als Emulsionspolymerisat hergestellt werden.

» *Suspensionspolymerisation, Perlpolymerisation*

Das wasserunlösliche Monomer wird in Wasser z.B. durch intensives Rühren dispergiert. Der Initiator reagiert mit dem Monomer, so dass hier die Polymerisation beginnt. Die entstehenden festen Polymerteilchen werden durch Zugabe eines Schutzkolloids (Stabilisator oder Dispergator s. → grenzflächenaktive Substanzen, Buch 1, Seite 201) vor dem Zusammenlagern geschützt. Es können Polymerteilchen von bis zu etwa 1 mm Durchmesser entstehen und in Form von ‚Perlen' anfallen, die durch Filtrieren oder Zentrifugieren abgetrennt und getrocknet werden. Unter bestimmten Bedingungen erhält man die Polymerteilchen auch in Pulverform.

Beispiele:
Polyvinylchlorid PVC-S, Polystyrol PS, Polymethylmethacrylat PMMA.

5.1.2 Kondensationspolymerisation KP
für alternierende Copolymere

Bei der Kondensationspolymerisation werden zwei verschiedenartige, niedermolekulare Verbindungen linear miteinander verknüpft unter Abspaltung eines so genannten ‚Kondensats', z.B. Wasser H_2O bzw. Alkohol ROH oder Chlorwasserstoff HCl. Jede einzelne Verknüpfungsreaktion kann unabhängig von den anderen ablaufen.

Um die alternierende Reihenfolge zu erreichen, müssen die niedermolekularen Verbindungen bifunktionell sein, d.h. sie müssen am Anfang und Ende eine reaktionsfähige funktionelle Gruppe tragen. Entscheidend ist, dass sich die funktionellen Gruppen der einen Verbindung von der der anderen Verbindung unterscheiden, jedoch in einer einfachen Reaktion eine Verknüpfung miteinander eingehen können. Nur so ist eine ‚technisch machbare' Synthese gewährleistet, bei der die beiden verschiedenartigen Komponenten regelmäßig abwechselnd – alternierend – zum Kettenmolekül reagieren.

Die Kondensationspolymerisation ist eine endotherme Reaktion, wobei sich bei einer bestimmten Temperatur ein Gleichgewicht einstellt zwischen Ausgangsstoffen

(Edukten) und Endstoffen (Produkten) (s. → Buch 1. Abschn. 5.1.1, Seite 278). Will man die Polymerisation vollständig ablaufen lassen, d.h. die Reaktion ganz auf die Seite der Endstoffe verschieben, so erfolgt dies nur, wenn ständig Wärme zugeführt und die entstehenden Abspaltungsprodukte abgeführt werden (s. → Buch 1, Abschn. 5.1.6, Seite 302). Eine Gleichgewichtsreaktion ermöglicht die Reaktion auf einer Zwischenstufe, d.h. vor Ablauf der vollständigen Polymerisation abzubrechen. Man erhält dann ein so genanntes Vorkondensat. Dieses kann später zu längeren Kettenmolekülen weiter polymerisiert werden.

Beispiele:

» *Polyamid PA 66*

Bei der Polymerisation von Hexan-1,6-diamin mit der Dicarbonsäure Adipinsäure spaltet sich Wasser ab:

Monomereinheit 1:   Monomereinheit 2:
Hexan-1,6-diamin   Adipinsäure
$n\ H_2N–(CH_2)_6–NH_2$ $+$ $n\ HOOC–(CH_2)_4–\ COOH$

↓ unter Abspaltung von H_2O

$$\cdots\left[NH–(CH_2)_6–NH–\overset{O}{\overset{\|}{C}}–(CH_2)_4–\overset{O}{\overset{\|}{C}}\right]_n \cdots$$

Polyamid 66

» *Polyester PET* (Polyethylenterephthalat)

Bei der Polymerisation von Ethan-1,2-diol (Ethylenglykol) mit der Dicarbonsäure Terephthalsäure spaltet sich Wasser ab:

Monomereinheit 1   Monomereinheit 2
Ethan-1,2-diol   Terephthalsäure

$$n\ HO–CH_2–CH_2–OH \quad + \quad n\ HO–\overset{O}{\overset{\|}{C}}–\langle\bigcirc\rangle–\overset{O}{\overset{\|}{C}}–OH$$

↓ unter Abspaltung von H_2O

$$\cdots\left[O–CH_2–CH_2–O–\overset{O}{\overset{\|}{C}}–\langle\bigcirc\rangle–\overset{O}{\overset{\|}{C}}\right]_n \cdots$$

Polyester PET

Anmerkung: Beim Polyester PET geht man bei der technischen Herstellung nicht von der reinen Terephthalsäure aus, sondern vom Terephthalsäuremethylester. Bei der Polykondensation wird dann nicht Wasser H_2O, sondern Methylalkohol CH_3OH abgespalten.

» *Polycarbonat PC*

Bei der Polymerisation von Phosgen mit 2,2-Di(4-hydroxyphenyl)propan, Bisphenol A genannt, spaltet sich HCl ab:

Monomereinheit 1   Monomereinheit 2
Phosgen   2,2-Di(4-hydroxyphenyl)propan

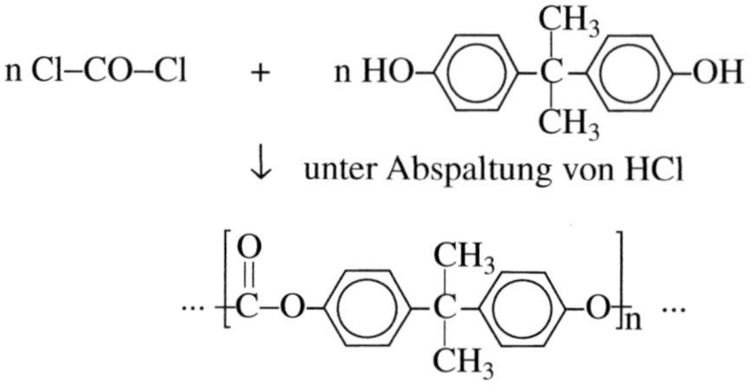

Polycarbonat PC

Anmerkung: Wird anstelle von Phosgen (Cl–CO–Cl) Kohlensäuredimethylester $CH_3O-CO-OCH_3$ verwendet, so ist das Abspaltungsprodukt Methanol.

5.1.3 Additionspolymerisation als Stufenreaktion APS für alternierende Copolymere

Bei der Additionspolymerisation als Stufenreaktion werden zwei verschiedenartige, bifunktionelle Verbindungen linear miteinander verknüpft. Bei jedem Reaktionsschritt wandert ein aktives Wasserstoffatom von einem zum anderen Reaktionspartner *ohne* Abspaltung von Nebenprodukten.

Die Verknüpfungsreaktionen am Anfang und Ende eines Moleküls können unabhängig voneinander stattfinden, d.h. jede einzelne Verknüpfungsreaktion geschieht bei der APS unabhängig von der anderen, in ‚Stufen', daher die Bezeichnung *Stufenreaktion*. Dies ist ein Unterschied zur Additionspolymerisation als Kettenreaktion APK, bei der sich zwangsweise die Kette fortführt.

Mehrfunktionelle Verbindungen führen zu räumlichen Vernetzungen, zu Duromeren. Die APS ermöglicht die Reaktion auf einer Zwischenstufe, d.h. vor Ablauf der vollständigen Polymerisation, abzubrechen. Die vollständige so genannte Aushärtung kann später erfolgen.

» *Polyurethan PUR*

Additionspolymerisation von Butan-1,4-diol mit Hexamethylendiisocyanat:

Monomereinheit 1   Monomereinheit 2
Butan-1,4-diol   Hexamethylendiisocyanat

$$n\ HO-(CH_2)_4-OH \quad + \quad n\ O=C=N-(CH_2)_6-N=C=O$$

$$\downarrow$$

$$\cdots \left[O-(CH_2)_4-O-\overset{\overset{\displaystyle O}{\|}}{C}-NH-(CH_2)_6-NH-\overset{\overset{\displaystyle O}{\|}}{C} \right]_n \cdots$$

Polyurethan PUR

Beispiele:
Vernetzte Polyurethane und Epoxidharze s. → Abschn. 5.4.2, Seite 196.

5.2 Eigenschaften von Polymeren, wie sie sich aus ihrem chemischen Aufbau, dem organischen Makromolekül ableiten

Trotz der Vielfalt des chemischen Aufbaus der Polymere wie sie in den → Abschn. 3.1 und 3.2 beschrieben wurde, haben Polymere *gemeinsame Eigenschaften*, wenn auch mit graduellen Unterschieden. Deren Kenntnis erleichtert und vereinfacht den sachgemäßen Umgang und den Einsatz von Polymeren.

5.2.1 Kennzeichnende Eigenschaften von organischen Makromolekülen

Brennbarkeit

Polymere, die nur aus C- und H-Atomen bestehen, wie Polyethylen PE, Polypropylen PP, u.a. sind feuergefährliche Substanzen, sie verbrennen in einer radikalartigen Kettenreaktion und erzeugen hohe Temperaturen (exotherme Reaktion).

Der Einbau von Chlor und Fluor wirkt flammhemmend: Polyvinylchlorid PVC verbrennt wesentlich schlechter als Polyethylen PE und Polypropylen PP; Polytetrafluorethylen PTFE (Teflon) verbrennt praktisch nicht. Diese Polymere sind daher im Hochbau, Kraftfahrzeug- und Flugzeugbau von besonderer Nützlichkeit.

Geringe Massendichten

Polymere – organische Makromoleküle – bestehen hauptsächlich aus den Nicht-metallatomen Kohlenstoff C und Wasserstoff H, deren Atommassen niedrig sind: Kohlenstoff 12, Wasserstoff 1

Substituenten wie Fluor in Polytetrafluorethylen (PTFE) oder Chlor in Poly-vinylchlorid (PVC) machen die Monomereinheit relativ ,schwer' und sind daher eine Ausnahme. Die vier Fluoratome mit der Atommasse 4 x 19 = 76 g/mol und das Chlor mit der Atommasse 36 g/mol haben einen hohen prozentualen Anteil in der jeweiligen Monomereinheit:

Molekülmasse von Tetrafluorethylen ist 100 g/mol, prozentualer Anteil von F ist 76 %.

Molekülmasse Vinylchlorid ist 63 g/mol, prozentualer Anteil von Cl ist 57 %.

Die höheren Massendichten dieser beiden Polymere gegenüber den meisten anderen Polymeren kann zur Trennung von Polymergemischen ausgenützt werden. Ihre Formeln s. → Tabelle 3.1, Seite 113.

Die Massendichten der Polymere liegen allgemein im Bereich von 0,92 g/cm^3 für PE-LD (Polyethylen niederer Dichte) bis 2,2 g/cm^3 für PTFE (s. → Anhang Tabelle 5, Seite 227).

Polymere eignen sich aufgrund ihrer geringen Massendichten als Leichtbauwerkstoffe im Kraftfahrzeugbau und in der Luft- und Raumfahrt. Ein Kriterium für den Leicht-bauwerkstoff ist die *spezifische Festigkeit*, das Verhältnis von Festigkeit zur Massendichte.

Forminstabilität

Die Forminstabilität, die auf der freien Drehbarkeit um C–C-Einfachbindungen, d.h. auf der Kettenbeweglichkeit beruht, ist bei Plastomeren besonders zu beachten. Für den Schmelzvorgang wirkt sich die Kettenbeweglichkeit dagegen günstig aus. Durch den Einbau von großen Gruppen sowie von steifen, temperaturbeständigen aromati-schen und heterocyclischen Ringen in das Polymermolekül wird die Kettenbeweglich-keit vermindert (sterische Hinderung).

Wärmebeständigkeit

Die maximalen Gebrauchstemperaturen der Polymere liegen etwa zwischen 100 und 150 °C, bei hochtemperaturbeständigen Polymeren zwischen 200 und 350 °C. Ober-halb dieser Temperaturen tritt Zersetzung ein. Polymere sind also weit weniger wär-mebeständig als Metalle und Keramiken und auch der Einfluss der Temperatur wirkt sich bei Polymeren stärker auf die Eigenschaften aus.

Vgl. Schmelzpunkt von Al 660 °C, von Al$_2$O$_3$ 2040 °C.

Beim *schnellen Abkühlen* einer Plastomerschmelze können Spannungen ent-stehen, wenn die Zeit für Umlagerungen der Kettenmoleküle nicht ausreicht. Der nun aufgezwungene, instabile Zustand wird bei Wiedererwärmung aufgehoben.

Wärmeleitfähigkeit

Die Nichtmetallatome C, H, O, N, F, Cl sind in einer Atombindung fixiert, frei bewegliche Elektronen für die Wärmeleitung, d.h. für den Energietransport fehlen bei Polymeren. Die Wärmeleitfähigkeit λ ist daher bei polymeren Stoffen extrem gering: Wärmeleitfähigkeit λ in W m^{-1} K^{-1} für Polymere ist 0,15 – 0,3 (20 °C bis 50 °C).

Eine schlechte Wärmeleitfähigkeit hat Konsequenzen für alle Wärmebehandlungsverfahren wie Schmelzen, Warmformen, Schweißen, ebenso bei den Fertigungsverfahren durch Spritzgießen, Extrudieren, Kalandrieren und Pressen, ebenso beim spannungsfreien Abkühlen von Formteilen und Halbzeug. Erwärmung und Abkühlung sind Vorgänge, die aufgrund der schlechten Wärmeleitfähigkeit längere Zeiten benötigen. Bestimmte Zusatzstoffe können die Wärmeleitfähigkeit erhöhen.

Isolatoren

Aufgrund der fehlenden frei beweglichen Elektronen ist bei Polymeren auch die elektrische Leitung nicht möglich, Polymere sind Isolatoren. Die Festigkeit gegen den elektrischen Durchschlag, der die Zerstörung einer elektrischen Isolation zur Folge hat, muss jeweils für den einzelnen polymeren Stoff bestimmt werden.

Es gibt elektrisch leitfähige Polymere, ihre Herstellung ist aufwändig. Die Leitfähigkeit beruht auf einer Elektronenbeweglichkeit von π-Bindungen entlang der Molekülkette (s. → Abschn. 5.3.4, Seite 191). Eine sehr schwache Ionenleitfähigkeit bei technischen Polymeren ist meist auf Verunreinigungen zurückzuführen.

Transparenz der amorphen Plastomere

Die amorphe Ordnung (s. → Abb. 3.6, Seite 124) mit relativen großen Kettenabständen und die starke, gerichtete Atombindung ermöglichen keine Wechselwirkung mit den Wellenlängen des sichtbaren Lichts. Amorphe Plastomere sind insbesondere bei hohem Verzweigungsgrad und sperrigem Aufbau, was die Nebenvalenzkräfte schwächt und den Kettenabstand vergrößert, transparent. Es gibt keine Gitterebenen in der Größenordnung der Wellenlängen des Lichts (400 bis 800 nm), an denen eine Beugung oder diffuse Streuung stattfinden könnte. Das Licht geht hindurch, solange das Polymer nicht eingefärbt ist oder Zusatzstoffe enthält.

Die transparenten Eigenschaften bestimmter amorpher Plastomere werden ausgenützt, z.B. für unzerbrechliche Brillengläser und Verglasungen. Ihre optischen Eigenschaften sind vergleichbar mit entsprechenden anorganischen Gläsern, bei verbesserter Zähigkeit (s. PMMA → Abschn. 5.3.2, Seite 180).

Vgl. Transparenz von Glas, Diamant, Metalloxid-Einkristalle.

Teilkristalline Plastomere sind nicht transparent. Das Licht wird an den kristallinen Phasen des Gefüges gestreut.

Biologischer Abbau

Polymere, insbesondere unpolare Polymere, können von Mikroorganismen nicht abgebaut werden. Einerseits ist es in der Technik von Vorteil, dass Polymere nicht verrotten, andererseits kann kein biologischer Abbau auf der Mülldeponie erfolgen.

Allenfalls können kurze Ketten, die durch Einwirkung von Sonnenstrahlen und/oder chemische Reaktionen in kleine Bruchstücke zerfallen u.U. bakteriell abgebaut werden. Dies trifft z.B. auf Polykondensate (Polyester, Polyamide) zu, wenn durch Hydrolyse (Umkehrung der Polykondensation) kurze Ketten entstanden sind.

Für den Menschen sind die amorphen, teilkristallinen und insbesondere die räumlich vernetzten Polymere überwiegend physiologisch unbedenklich, sie werden im Stoffwechsel nicht resorbiert und abgebaut, solange weder Monomere noch giftige, niedermolekulare Zusatzstoffe vorhanden sind. Früher hatten bestimmte niedermolekulare Weichmacher in PVC-Verpackungsfolien toxische Wirkung, sie ‚wanderten' in die verpackten Lebensmittel und gelangten dadurch in die Nahrung des Menschen.

Ein Polyester aus den beiden β-Hydroxycarbonsäuren – der β-Hydroxybuttersäure mit etwa 20 % β-Hydroxyvaleriansäure – der in einer Pflanze entdeckt wurde, gab den Hinweis, dass es durchaus möglich ist, biologisch abbaubare, verrottbare Polymere für bestimmte Anwendungsgebiete herzustellen. Die künstliche, biotechnologische Herstellung dieses Polyesters eignet sich jedoch nicht für eine großtechnische Massenproduktion.

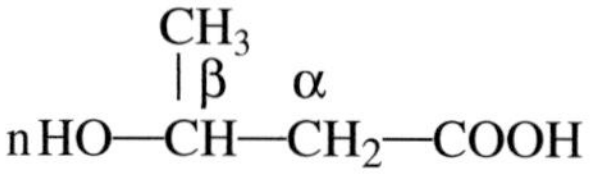

$$
\begin{array}{cc}
\overset{\displaystyle CH_3}{\underset{}{|}} & \overset{\displaystyle CH_2-CH_3}{\underset{}{|}} \\
n\,HO-\overset{\beta}{C}H-CH_2-COOH & n\,HO-\overset{\beta}{C}H-CH_2-COOH \\[4pt]
\beta\text{ - Hydroxybuttersäure} & \beta\text{ - Hydroxyvaleriansäure}
\end{array}
$$

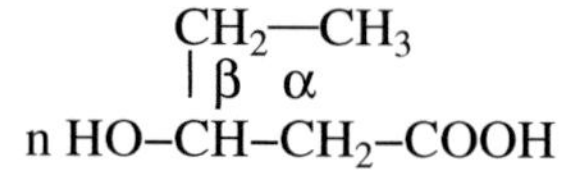

Esterbildung aus β-Hydroxybuttersäure und β-Hydroxyvaleriansäure

$$
\cdots\left[\!\!\begin{array}{cc} CH_3 & CH_2-CH_3 \\ | & | \\ O-CH-CH_2-CO-O-CH-CH_2-CO \end{array}\!\!\right]_n\cdots
$$

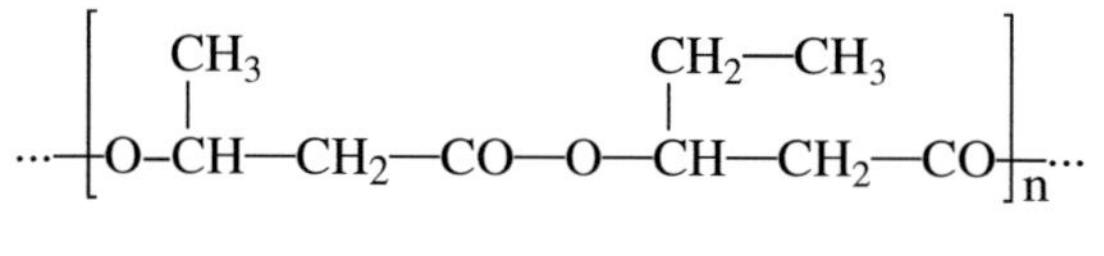

Alterung

Polymere sind oftmals Alterungsprozessen ausgesetzt mit irreversiblen Veränderungen, die den Abbau des Polymers zur Folge haben. Den größten Einfluss haben Wärme, Licht, Sauerstoff und Ozon. Man versucht bei der Herstellung des Werkstoffs mit so genannten Stabilisatoren den Alterungsprozessen entgegen zu wirken. Es gibt Stabilisatoren, die sowohl UV-Strahlung absorbieren wie auch als Antioxidantien und Radikalfänger dienen (s. → Abschn. 4.1, Seite 129). Alterungsprozesse setzen sich nach der Anfangsreaktion meist mit unübersichtlichen Reaktionen fort.

Besonders leicht angegriffen werden Polymere mit Doppelbindungen in der Kette, z.B. Kautschukarten (Elastomere s. → Abschn. 5.5, Seite 198). Bei Polyvinylchlorid PVC und Polyacrylnitril PAN zeigen sich Abbaureaktionen durch Vergilbungen und Verfärbungen an.

Eigenschaften, die von der Stärke der Nebenvalenzkräfte abhängen

Zwischen den Polymermolekülen sind stets Nebenvalenzen wirksam. Ihre Stärke ist vom struktuellen Aufbau (Plastomere, Duromere, Elastomere) und von der Anwesenheit von Heteroatomen abhängig.

- Den größten Einfluss haben Nebenvalenzkräfte auf die Eigenschaften der *Plastomere*: Aufgrund des Zusammenhalts der Kettenmoleküle nur über Nebenvalenzkräfte sind Plastomere reversibel *schmelzbar und schweißbar*. Die Möglichkeit des reversiblen Schmelzens wird beim Materialrecycling ausgenützt. Der Vorgang ist allerdings nicht beliebig oft durchführbar. Das Aufschmelzen ist stets von Abbaureaktionen des Kettenmoleküls begleitet, zumal es sich nie um das reine Polymer handelt, sondern stets Zusatzstoffe vorhanden sind.

  Dagegen sind Elastomere und Duromere wegen der Quervernetzung über Hauptvalenzkräfte weder schmelz- noch schweißbar. Es gibt keinen Schmelzbereich: sie zersetzen sich bevor sie schmelzen.
- Über Nebenvalenzkräfte kann eine Wechselwirkung mit anderen Stoffen stattfinden, z.B. beim *Lösevorgang*. Allgemein gilt: unpolare Stoffe lösen sich über Dispersionskräfte in unpolaren Lösemitteln und sind gegen polare Lösemittel chemisch beständig; polare Stoffe (mit Heteroatomen) lösen sich über Dipolkräfte in polaren Lösemitteln und sind gegen unpolare Lösemittel chemisch beständig (s. → Buch 1, Abschn. 4.2.7, Seite 200). Das ‚Lösen' der Plastomere und in speziellen Fällen der Elastomere äußert sich allerdings oft nur in einem Quellen, vor allem dann, wenn die Ketten lang sind und der Zusammenhalt über Nebenvalenzen dadurch zunimmt. Bei Duromeren besteht keine Löslichkeit, da Nebenvalenzen gegenüber Hauptvalenzen zu vernachlässigen sind. Das Löseverhalten, die Beständigkeit gegen andere Stoffe ist vor allem für die Verpackungsindustrie von Bedeutung.
- Polymerwerkstoffe enthalten Zusatzstoffe, man ist daher stets auf die Angaben der Hersteller angewiesen und hat deren Lösevorschriften zu beachten.
- Die Abhängigkeit der mechanischen und thermischen Eigenschaften von den Nebenvalenzen, d.h. von der Struktur der Polymere (Plastomere, Duromere, Elastomere) wurde im → Abschn. 4.3, Seite 134 bis 152 beschrieben.
- Technisch in großem Maßstab ausgenutzt wird die Wechselwirkung von polaren Kettenmolekülen mit anderen polaren Verbindungen über die stärkeren Dipol-Dipol-Kräfte bei der *äußeren Weichmachung*, z.B. von Polyvinylchlorid PVC und Polyamid PA 66 (ausführlich s. → Abschn. 5.3.1 und 5.3.2, Seite 176/182). Sprödes, relativ billiges PVC kann durch weitmaschige Vernetzung mit einer polaren Verbindung als Weichmacher gummielastische Eigenschaften annehmen. Das so entstandene Elastomer ist wesentlich billiger als die Herstellung von Synthesekautschuk und die anschließende chemische Quervernetzung. Ebenso kann der zunächst spröde PA 66-Dübel zum ‚elastischen Dübel' werden, wenn sich polare H_2O-Moleküle über Wasserstoffbrückenbindungen zwischen die polaren Ketten von PA 66 weitmaschig einlagern.

5.2.2 Gezielte ‚maßgeschneiderte' Veränderungen im organischen Makromolekül

Änderung der Kettenlänge

Mit Zunahme der Kettenlänge erhöhen sich Festigkeit, Steifigkeit, Härte und Wärmebeständigkeit vor allem dann, wenn die Molmassenverteilung eng ist. Makroskopisch kann dies bis zu einer Faserstruktur führen.

Beispiele:
Polystyrol PS und Polyethylen PE

Polystyrol PS mit Kettenlängen von einer mittleren Molmasse $\overline{M}$ in g/mol:	$\overline{M}$	
	um 10000	mäßig fest,
	um 250000	hart, spröd,
	> eine Million	fasrig
Polyethylen PE mit Kettenlängen von einer mittleren Molmasse $\overline{M}$ in g/mol:		
PE-LD	um 10000	wachsartig,
PE-UHMW	> eine Million	fasrig

PE-LD, low density s. → Abschn. 5.3.1, Seite 171.
PE-UHMW, ultra high molecular weight Polyethylene. Makromolekülmassen >10^6 sind oft nur noch durch Sinterpressen zu verarbeiten s. → Abschn. 5.3.4, Seite 189.

Für *lange* Kettenmoleküle ist die amorphe Ordnung energetisch am günstigsten. Die Verhakungen und Verknäuelungen nehmen zu. Mit der Kettenlänge nimmt somit die Kristallisationsneigung ab. Lange Ketten sind beständiger gegen den Einfluss der Temperatur. Bei Einwirkung einer Kraft haben große Verschlaofungen somit eine lange Abgleitstrecke untereinander, was die Dehnung bis zum Zähbruch vergrößert.

Je *kürzer* eine Kette ist, desto mehr Kettenenden gibt es. Viele Kettenenden sind Schwachstellen, somit müssen beispielsweise bei Zugbelastung weniger Verknäuelungen überwunden werden. Die Zugfestigkeit ist daher bei Polymeren mit vielen kurzen Ketten geringer als bei Polymeren mit langen Ketten. Doch bringt ein gewisser Anteil kurzer Ketten bei sonst sehr hohen mittleren Molmassen eine Erleichterung bei der Verarbeitung von Schmelzen, ohne die mechanischen Eigenschaften des Polmers zu verschlechtern. Eine breite Verteilung der Molmassen (s. → Abschn. 3.1.4, Seite 120) führt allgemein zu Vorteilen in der Verarbeitung, da die kurzen Ketten die Fließfähigkeit der Schmelze verbessern.

Änderung der mittleren Molmasse $\overline{M}$

Von besonderer Bedeutung für Makromoleküle ist die Möglichkeit, dass sie mit sehr unterschiedlichen mittleren Molmassen hergestellt werden können.

Eine Änderung der mittleren Molmasse bedeutet jedoch nicht immer eine Zunahme bzw. Abnahme der Kettenlänge, sie kann auch durch *starke oder schwache Verzweigungen* verursacht werden (s. → Abb. 3.2, Seite 119).

Damit verbunden ist eine Tendenz zur Änderung von makroskopischen Eigenschaften wie beispielsweise für die mechanischen Eigenschaften der Konstruktionspolymere und deren Abhängigkeit von der Temperatur. Bei einer *starken Verzweigung* kann eine Sperrigkeit zwischen den Kettenmolekülen im Gegensatz zum *schwach* verzweigten Kettenmolekül enstehen. Die Sperrigkeit behindert das enge Zusammenlagern von Kettenmolekülen und schwächt die Wirkung der Nebenvalenzkräfte. Die *Massendichte* eines stark verzweigten Kettenmoleküls ist geringer, als die eines wenig oder nichtverzweigten Kettenmoleküls. Die *Transparenz* ist begünstigt, dagegen mindern Verzweigungen die mechanischen und thermischen Eigenschaften, erhöhen jedoch Dehnung bis zum Bruch.

Beispiel:

$$n\ CH_2{=}\underset{\underset{CH_3}{|}}{\overset{\overset{CH_3}{|}}{C}} \longrightarrow \left[CH_2{-}\underset{\underset{CH_3}{|}}{\overset{\overset{CH_3}{|}}{C}} \right]_n \qquad \text{Polyisobutylen PIB}$$

Durch die Verzweigungen auf *beiden* Seiten des Kettenmoleküls (,Abstandshalter') ist der Zusammenhalt der Ketten besonders geschwächt. Mit mittleren Molmassen von ca. 200000 g/mol erhält man bei Gebrauchstemperatur nur eine kautschukartige Masse, während Polystyrol PS unter diesen Bedingungen hart ist.

Polyisobutylen PIB mit Kettenlängen von einer mittleren Molmasse $\overline{M}$ in g/mol:	$\overline{M}$	
	um 4000	ein zähflüssiges Öl,
	um 50000	ein wachsartiger Stoff,
	bis 200000	kautschukartig

Die gezielte Herstellung von mehr oder weniger großen Verschlaufungen bei amorphen Plastomeren ermöglicht, dass sie selektiv für Gase, Dämpfe oder Flüssigkeiten durchlässig werden, für Begleitstoffe jedoch nicht.

Wegen dieser Fähigkeiten und auch wegen ihrer geringen Massendichten finden Polymere Verwendung für die Herstellung von *durchlässigen Membranen* so genannten *Molekularsieben,* beispielsweise für den Einsatz zur Gastrennung und Wasserreinigung. Membranen aus Polyethylen werden in Brennstoffzellen für die Protonenwanderung eingesetzt.

Vgl.: Anorganische Molekularsiebe und Katalysatormaterial sind Zeolithe (Alumosilikate).

Veränderungen durch Einführung von Heteroatomen sowie von aromatischen Ringen

» *Heteroatome als Substituenten*

Heteroatome – sie haben eine höhere Elektronegativität (EN) – können Wasserstoffatome in der Monomereinheit substituieren und machen dadurch die unpolare $-C-C-$Kette, beispielsweise von Polyethylen PE polar. Anstelle der schwachen Dispersionskräfte wirken dann die stärkeren Dipolkräfte zwischen den Kettenmolekülen.

Heteroatome sind größer als C- und H-Atome, sie schränken die freie Drehbarkeit der Kettenmoleküle ein. Dies hat zur Folge, dass sich die Kettensteifigkeit verstärkt, die Festigkeit und Wärmebeständigkeit werden begünstigt.

Heteroatome bringen eine höhere Reaktionsbereitschaft in das Kettenmolekül. Die Beständigkeit des Polymers und die Wechselwirkung mit anderen Stoffen z.B. beim Lösevorgang wird dadurch verändert. Ebenso verändern sich die thermischen Daten wie T_g und T_m und T_f (s. $\rightarrow$ Abb. 4.2 bis 4.5, Seite 144–147).

Beispiele:
Cl– und CN–Substituenten (s. $\rightarrow$ Abschn. 5.3.1, Seite 175 und 5.3.2, Seite 179) erhöhen die Temperatur- und Lichtempfindlichkeit eines Kettenmoleküls.

» *Die Einführung von aromatischen Ringen in eine $-C-C$-Kette*

Während der Phenylenring im Polyester PET eine günstige Auswirkung auf die *Faserbildung* hat, wird im $\rightarrow$ Abschn. 5.3.4, Seite 189 die versteifende Wirkung bei der Bildung von *flüssigkristallinen Polymeren* beschrieben. Nicht nur Kettensteifigkeit, sondern insbesondere Temperaturbeständigkeit kann durch Einführung von aromatischen Ringen in das Kettenmolekül erreicht werden. In der $\rightarrow$ Tabelle 5.1, Seite 187 sind *hochtemperaturbeständige Polymere* angegeben.

Veränderungen durch Doppelbindungen im Kettenmolekül

Doppelbindungen in einem Kettenmolekül führen zu reaktionsfähigen Angriffsstellen. Eine π-Bindung ist reaktionsfähiger als eine σ-Bindung.

» *An Doppelbindungen können Additionsreaktionen stattfinden, z.B. Quervernetzungsreaktionen*

Sowohl *engmaschige* Vernetzungen der Kettenmoleküle über Hauptvalenzen zu Duromeren als auch *weitmaschige* Vernetzungen zu Elastomeren führen praktisch zu einem einzigen Riesenmolekül mit hoher Festigkeit. Bei Elastomeren ist eine Zunahme der Festigkeit nicht im Sinne eines höheren E-Moduls zu verstehen, sondern als eine hohe Dehnungsfähigkeit. Festigkeit und Dehnung lassen sich über räumliche Vernetzungen durch Hauptvalenzen weit variieren.

Beispiele:
Vernetzung von ungesättigtem Polyester mit Styrol zum Duromer (Reaktionsharz), Vernetzung von Synthesekautschuk mit Schwefel zu Gummi s. $\rightarrow$ Abschn. 5.4 und 5.5, Seite 195/201.

» *An einer C=C-Doppelbindung ist die freie Drehbarkeit aufgehoben.*

Unterschiedliche Atome oder Atomgruppen sind an einer Doppelbindung festgelegt.
Die *cis*-Form einer Verbindung hat andere Eigenschaften als die *trans*-Form.

Beispiel:
Die *trans*-Form von 1,4-Polyisopren neigt zu kristallinen Bereichen und ist weniger
elastisch als die *cis*-Form s. → Abschn. 5.5, Seite 199.

**» *Konjugierte π-Elektronensysteme im Kettenmolekül führen zu beweglichen
Elektronen.***

Als elektrisch leitendes Polymer wird Polyacetylen PAC im → Abschn. 5.3.4, Seite 191
beschrieben.

5.2.3 Für Konstruktionspolymere weniger geeignete Eigenschaften

Trotz vieler hervorragender Eigenschaften der Polymere gibt es für die Verwendung
in der Technik noch Bereiche, welche die Eigenschaften der Metalle und Keramiken
nicht ersetzen können.

Nachteilige Eigenschaften von Polymeren sind:

- Niedrige E-Moduln, geringe Zugfestigkeit und Steifigkeit,
- Zeitabhängigkeit der mechanischen und thermischen Eigenschaften,
- geringe Temperaturbeständigkeit,
- Versprödung in der Kälte,
- relativ niedere Zersetzungstemperaturen,
- Brennbarkeit,
- Alterung und Empfindlichkeit gegen Strahlung.

Diesen Nachteilen begegnen zum Teil Neuentwicklungen von Polymerlegierungen,
wie Blends und Verbundwerkstoffe sowie der Einbau von versteifenden und
temperaturbeständigen aromatischen Verbindungen ebenso auch die Weiterentwicklung
des Gefüges.

5.3   Plastomere – nach anwendungstechnischen Gesichtspunkten ausgewählt

Im folgenden Abschnitt wird eine Auswahl an Plastomeren aus anwendungstechni-
scher Sicht – gewissermaßen nach der ‚Leistungsfähigkeit' – getroffen. Die Einteilung
erfolgt nach:

- Standardplastomere,
- Plastomere für technische Anwendungen,
- hochtemperaturbeständige Plastomere,
- Plastomere für spezielle Anwendungen.

Nicht immer sind die Eigenschaften eines Plastomers nur einem einzigen dieser Bereiche zuzuordnen, beispielsweise findet Polytetrafluorethylen PTFE als technisches und als hochtemperaturbeständiges Plastomer Anwendung.

Massendichten und thermische Daten s. → Anhang Tabelle 5, Seite 227.

Zusammenfassung über Plastomere aus vorhergehenden Abschnitten:

Für amorphe Plastomere liegt der konstruktiv nutzbare Bereich (Gebrauchsbereich) unterhalb der Glastemperatur T_g. Sie sind hart, spröde, glasartig (ohne Funktionszusatzstoffe, Füllstoffe und Verstärkungsstoffe). Oberhalb der Glastemperatur sind sie zäh- bis weichelastisch und plastisch formbar (Warmformbereich). Die Schmelze ist viskosfließend.

Bei teilkristallinen Plastomeren liegt der konstruktiv nutzbare Bereich (Gebrauchsbereich) unterhalb der Kristallitschmelztemperatur T_m. Der Schmelzbereich verengt sich mit Zunahme der kristallinen Bereiche. Die Kristallinität beträgt höchstens etwa 70%, nur in Ausnahmefällen erreicht man 80% oder mehr. Das Vorhandensein von amorphen Phasen zeigt einen kleinen Glasübergangsbereich an mit der Glastemperatur T_g. Teilkristalline Plastomere sind bis zur Kristallitschmelztemperatur zähhart und steif, sie sind gegenüber den amorphen Plastomeren mechanisch fester und gegen Wärme stabiler. Sie sind nicht transparent, sondern weißlich, da das Licht an den geringen Abmessungen der parallel liegenden Kettenabschnitte (Kristallite) gestreut wird. Die mechanischen Eigenschaften der teilkristallinen Plastomere hängen vom Gefüge aus amorphen und kristallinen Phasen ab.

5.3.1 Standardplastomere

PE, PP, PVC, PS

Die maximalen Gebrauchstemperaturen (ohne mechanische Belastung) der hier angegebenen Plastomere liegen unterschiedlich hoch, bei kurzzeitiger Anwendung im Bereich von etwa 60 bis 130 °C, bei langzeitiger Anwendung im Bereich von etwa 60 bis 90 °C.

Polyethylen (Polyethen) PE $\left[CH_2-CH_2\right]_n$

PE ist eines der wichtigsten und umweltfreundlichsten Polymere. Bei der Verbrennung entstehen nur CO_2 und H_2O.

Man unterscheidet

PE-LD, d.h. PE <u>l</u>ow <u>d</u>ensity (niederer Dichte), etwa 0.92 g/cm³ und

PE-HD, d.h. PE <u>h</u>igh <u>d</u>ensity (hoher Dichte), etwa 0.97 g/cm³.

» PE-LD, *low density polyethylene, früher Weich-PE* (s. auch → Abschn. 3.1.5, Seite 123)

Polyethylen wird aus gasförmigem Ethylen $H_2C=CH_2$ (Sdp. $-102\ °C$) in einer Radikalkettenpolymerisation als Substanzpolymerisation (s. → Abschn. 5.1.1, Seite 157) in der Gasphase unter hohem Druck bis ca. 2000 bar bei Temperaturen um 200 °C hergestellt, daher auch als *Hochdruckpolyethylen* bezeichnet. Der Druck erhöht die Konzentration des gasförmigen Ethylens, dies wirkt sich auf die Polymerisationsgeschwindigkeit und auf die Molmasse des Polymers aus. Unter den angegebenen Reaktionsbedingungen entstehen nach der so genannten *Übertragungsreaktion* stark verzweigte Ketten.

Übertragungsreaktion s. → Abb. 5.1: Radikale am Kettenende entreißen bei hohen Drücken anderen bereits gebildeten Nichtradikalketten H-Atome *innerhalb* der Kette. Dabei sättigen sich die Radikale mit diesen H-Atomen ab. Vom neu gebildeten Radikal innerhalb der Kette, welches das H-Atom abgegeben – übertragen – hat, setzen neue Kettenwachstumsreaktionen ein. Es entsteht eine *Verzweigung*, die auch ihrerseits wieder verzweigt werden kann. Bei der Zufälligkeit der Abbruchreaktionen entstehen Lang- und Kurzkettenverzweigungen. Die Molmassen der einzelnen Kettenmoleküle können daher erheblich variieren.

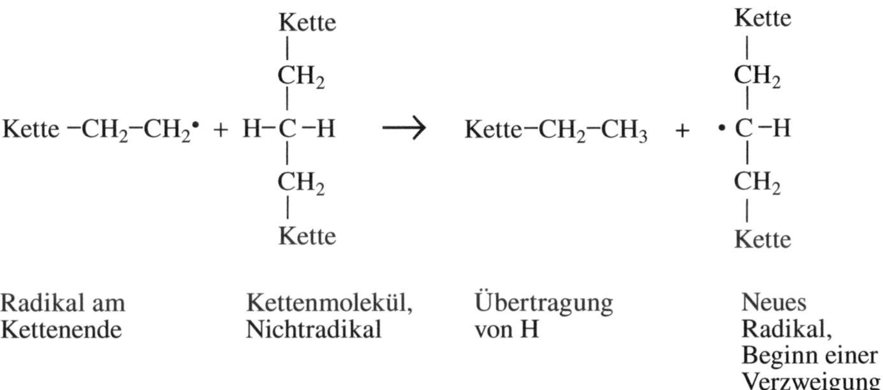

Abb. 5.1 Übertragungsreaktion bei der Verzweigung von PE-LD

PE-LD fällt als klebrige Masse an. Nach Zumischung der Funktionszusatzstoffe erhält man die Formmasse, die in einem Extruder zu Strängen geformt und anschließend in einer Abschlagmaschine zu Granulat zerschnitten wird.

PE-LD hat wegen der vielen Seitenverzweigungen eine verhältnismäßig geringe Dichte und einen relativ geringen Anteil an kristallinen Bereichen. Es ist weich bis mittelhart mit geringer Festigkeit. Als unpolares Makromolekül nimmt es kaum Wasser auf. Es erfährt eine starke Quellung in unpolaren Lösemitteln wie Kraftstoffen, Ölen und Fetten, bei höheren Temperaturen sogar Lösung. Die Eigenschaften, auch die Beständigkeit gegen Chemikalien hängen von der Molmassenverteilung ab.

Verwendung von PE-LD:

Aus PE-LD werden Verpackungsfolien, Schrumpffolien, Beschichtungen, Hohlkörper, Kabel- und Drahtummantelungen, Beutel u.a. hergestellt.

» *PE-HD, high density polyethylene, früher Hart-PE* (s. auch → Abschn. 3.1.5, Seite 123)

Es wird ebenfalls aus gasförmigem Ethylen $H_2C=CH_2$ (Sdp. $-102\ °C$) nach einem Niederdruckverfahren bei Drücken von etwa 5 bar in Dieselöl, meist in einer katalytischen Fällungspolymerisation bei Temperaturen zwischen 60 und 150 °C hergestellt, daher auch als *Niederdruckpolyethylen* bezeichnet.

PE-HD wurde erstmalig 1953 mit metallorganischen Katalysatoren nach dem so genannten *Ziegler*-Niederdruckverfahren *(Karl Ziegler 1898 –1973, Nobelpreis 1963)* hergestellt. Es sind Katalysatoren, die vorzugsweise aus Titantetrachlorid $TiCl_4$ und der aluminiumorganischen Verbindung Triethylaluminium $Al(CH_2CH_3)_3$ bestehen und als feste Katalysatoren in einer heterogenen Reaktion angewendet werden. Das Besondere dieser stereospezifischen, heterogenen Polymerisation ist, dass jedes neu hinzukommende Monomer sich unmittelbar zwischen den Katalysatorkomplex und das wachsende Kettenmolekül schiebt. Dieses ‚wächst‘ daher buchstäblich aus dem Metallkomplex heraus und fällt in weißen Flocken an. Die wenig verzweigten Ketten neigen stärker zu kristallinen Bereichen als das durch Radikalkettenpolymerisation hergestellte PE-LD.

PE-HD ist zähhart, hat eine höhere Dichte, eine höhere thermische Beständigkeit und bessere mechanische Eigenschaften als PE-LD.

Verwendung von PE-HD:

Aus PE-HD werden Lager- und Transportbänder, größere Hohlkörper wie Kraftstofftanks, Fässer, Mülleimer, Flaschen- und Batteriekästen, Druckrohre u.a. hergestellt.

Beispiele für Abwandlungen der Eigenschaften von PE:

Polyethylen ist relativ kostengünstig herzustellen, zu verarbeiten und auch wieder zu recyceln, daher wird versucht, aus Polyethylen durch geringe Veränderungen ein möglichst breites Eigenschaftsprofil zu erreichen. Um Gebrauchseigenschaften gezielt zu verändern, haben später außer den *Ziegler-Natta*-Katalysatoren die Verwendung von zirkoniumhaltigen Metallocen-Katalysatoren beigetragen s. → unter Propylen.

- Erhöhung der Kettenlänge bis zu einer Molmasse von ca. $3\ \text{bis}\ 6 \cdot 10^6$ für PE-UHMW, <u>u</u>ltra <u>h</u>igh <u>m</u>olecular <u>w</u>eight polyethylene s. → Abschn. 5.3.4, Seite 189, Polymere für spezielle Anwendungen.
- Statistisches Copolymer PE-LLD <u>l</u>inear <u>l</u>ow <u>d</u>ensity Polyethylene, mit genau definierter Kurzkettenverzeigung mit höheren Olefinen s. → Abschn. 5.3.2, Seite 186, Polymere für technische Anwendungen.
- Herstellung von Polyblends z.B. (PA 66 + PE). Dies ist eine heterogene Polymermischung aus Polyethylen und Polyamid 66 – eine thermoplastische Polymerlegierung – die auch in der Kälte und bei Trockenheit schlagzäh ist s. → Abschn. 5.6.2, Seite 206, schlagzähe Plastomere.
- Chlorierung: In chloriertem Polyethylen PE-C sind H Atome durch Cl ersetzt. Die Entflammbarkeit wird herabgesetzt.
- Chemische Veränderung der Oberfläche durch Chlorierung oder Oxidation: an der Oberfläche entstehen polare Gruppen, die z.B. das Bedrucken mit Farben ermöglichen.

- Vernetzung der Ketten durch Bestrahlung mit UV-Licht oder anderen energiereichen Strahlen unter Abspaltung von H-Atomen. PE wird unlöslich und unschmelzbar.
- Funktionszusatz- und Füllstoffe verändern physikalische Eigenschaften.

Polypropylen (Polypropen) PP $\left[CH_2{-}CH{-}CH_3 \right]_n$

Polypropylen bildet drei Konfigurationsisomere mit unterschiedlichen Eigenschaften. Die räumliche Anordnung der CH_3-Gruppe kann: ataktisch (statistisch, unregelmäßig), isotaktisch (regelmäßig einseitig), oder syndiotaktisch (regelmäßig wechselseitig) angeordnet sein (s. → Abb. 3.4, Seite 122).

Für die Technik ist das weitgehend isotaktische, teilkristalline Polypropylen wegen seiner hohen mechanischen Festigkeit besonders interessant.

» *Isotaktisches Polypropylen* PP-i

Die stereospezifische Polymerisation von isotaktischem Polypropylen PP-i:

Natta (Giulio Natta, 1903–1979, Italien, Nobelpreis 1963) hat 1954 unabhängig von *Ziegler* ein stereospezifisches Niederdruckverfahren zur Herstellung von isotaktischem Polypropylen mit Metallkomplex-Katalysatoren entwickelt. Isotaktisches Polypropylen wird in einer Fällungspolymerisation bei einer Temperatur von 30 bis 80 °C unter Normaldruck hergestellt. Lösemittel für das gasförmige Propylen (Sdp. −47 °C) ist Heptan oder Dieselöl. Das Propylen schiebt sich in einheitlicher Weise zwischen Katalysator und das wachsende Kettenmolekül, so kann eine räumlich (sterisch) geordnete isotaktische Kette entstehen.

1957 haben *Ziegler* und *Natta* diese Katalysatoren zu hochaktiven stereospezifischen Metallkomplex-Katalysatoren weiter entwickelt, sie sind als *Ziegler-Natta*-Katalysatoren bekannt geworden.

Ab 1975 ermöglichten die so genannten *heterogenen Ziegler-Natta*-Katalysatoren ein relativ einfaches, preiswertes und kontrollierbares Produktionsverfahren im industriellen Maßstab.

1985 haben *Kaminsky (W. Kaminsky, Stanford University* USA) und *Brintzinger (Hans-Herbert Brintzinger, Konstanz)* die Polymerisation von isotaktischem Polypropylen PP-i mit Zirkonium-Metallocen-Katalysatoren durchgeführt (Metallocene s. → Abschn. 1.1.3, Seite 39). Der Durchbruch zu ihrer Verwendung kam 1990/91. Diese Katalysatoren haben den Vorteil, dass sie in *homogener* Reaktion, in flüssigem Aggregatzustand anwendbar sind. Das Monomer schiebt sich in einheitlicher Weise zwischen Katalysator und wachsendes Kettenmolekül.

Grundgerüst eines Metallocen-Katalysators:
X z.B. $(H_3C)_2Si$

Abb. 5.2 ansa-Metallocen

Mit diesem Verfahren lassen sich bei der Herstellung von Polymeren der mittlere Polymerisationsgrad, die Molmassenverteilung, der Verzweigungsgrad, Kristallisationsgrad (Dichte), die Taktizität u.a. gezielt beeinflussen. Dadurch können Festigkeit, Härte, Schlagzähigkeit, die chemische und thermische Stabilität weiter verbessert werden. Diese Katalysatoren ermöglichen auch die Herstellung bisher unbekannter Copolymere und erweitern somit das Sortiment von Polypropylen.

Ein isotaktisches Polypropylen mit sehr enger Molmassenverteilung lässt einen hohen Kristallinitätsgrad zu. Härte, Zugfestigkeit, elastisches Rückstellvermögen, Wärmebeständigkeit, Formstabilität und Langzeitbeanspruchung sind besser als bei PE-HD, die Kerbschlagzähigkeit ist geringer. Die Chemikalien- und Lösemittelfestigkeit sowie die elektrischen Eigenschaften sind ebenso gut wie bei PE. Nachteile sind die Versprödung bei Temperaturen um 0 °C sowie eine Oxidationsempfindlichkeit bei höherer Temperatur (radikalartiger Angriff auf die C–C-Bindung).

Ebenso wie PP-i können mit Metallocen-Katalysatoren in selektiver Weise auch stereospezifisches ataktisches oder syndiotaktisches PP hergestellt werden. Das *ataktische* PP-a hat wegen der unregelmäßig angeordneten CH_3-Gruppe eine niedrigere Dichte und Schmelztemperatur, geringeren Kristallisationsgrad, geringere Festigkeit und Härte als das isotaktische PP-i. Die Zähigkeit ist aufgrund der amorphen Ordnung höher.

Verwendung von PP-i:

Die relativ hohe Kristallitschmelztemperatur T_m von 160 bis 165 °C macht es möglich, dass aus PP-i nicht nur hoch beanspruchte Formteile für den Maschinen- und Fahrzeugbau (Pumpengehäuse, Heizkanäle, Autobatteriegehäuse, Rohrleitungen, u.a.) hergestellt werden, sondern auch sterilisierbare medizinische Geräte.

Beispiele für Abwandlungen der Eigenschaften von PP-i:

- Vergrößern oder Verkleinern der ataktischen Phasen.
- Statistische Copolymerisation mit Ethylen mit Anteilen von ca. 10 %.
- Glasfasern dienen zur Erhöhung der Festigkeit, Steifigkeit und Wärmebeständigkeit, z.B. bringen Bauteile aus langfaserverstärktem PP in der Automobilproduktion deutliche Gewichts- und Kostenvorteile.
- Mit Treibmittel können Schäume hergestellt werden.
- Funktionszusatz- und Füllstoffe verändern physikalische Eigenschaften.
- Herstellung von Verbundwerkstoffen s. → 7.1.2, Seite 218, GMT-Formteile.

Polyvinylchlorid PVC

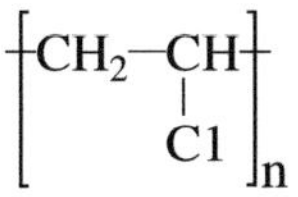

$$\left[\!\!\begin{array}{c} CH_2\!-\!CH \\ | \\ Cl \end{array}\!\!\right]_n$$

Für die Herstellung von Polyvinylchlorid aus dem giftigen, gasförmigen Vinylchlorid $H_2C\!=\!CHCl$ (Sdp. $-14\,°C$) gibt es verschiedene Radikalkettenpolymerisations-Verfahren. Da bei Vinylchlorid im Gegensatz zu Polyvinylchlorid PVC der Verdacht besteht, krebserzeugend zu sein, wird bei der Herstellung unter besonderen Vorsichtsmaßnahmen gearbeitet. Unkontrollierte Verbrennung von PVC s. → Seite 176.

» *PVC-U, Hart-PVC* (unplasticized, nicht plastifiziert, ohne Weichmacher)

Amorphes PVC-U, das meist verwendete PVC ist zu ca. 90% transparent, schwerentflammbar, mechanisch und chemisch sehr beständig mit hoher Festigkeit, Steifigkeit und Härte. Chlor als Substituent macht PVC polar, so dass es gegen polare Lösungsmittel unbeständig ist. Von unpolaren Lösemitteln (Kohlenwasserstoffe, Kraftstoffen, Fette, Öle) wird es nicht angegriffen.

Substituenten wie Chlor bringen eine höhere Reaktionsbereitschaft in das Kettenmolekül und sind daher Angriffspunkte. Unter Einwirkung von UV-Strahlen und bei Temperaturen ab etwa $100\,°C$ wird HCl abgespalten. Das elektronegative $Cl^{\delta-}$-Atom übt eine Anziehung auf das Elektron eines benachbarten H-Atoms aus und lockert dadurch seine Bindung zum C-Atom. Unter Abspaltung von HCl bilden sich Doppelbindungen. Nachfolgend wird die Abspaltung von HCl dargestellt.

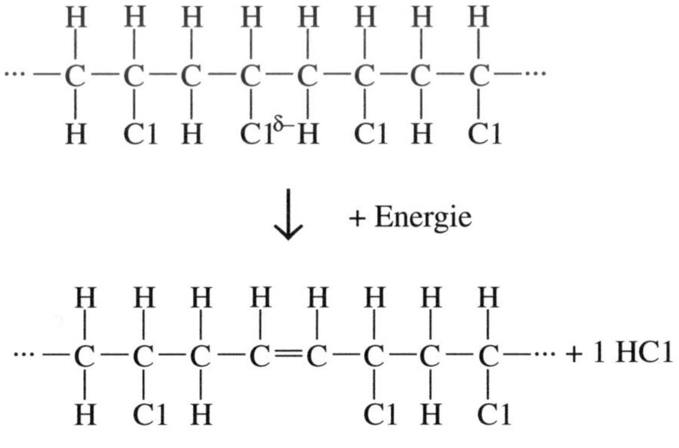

$$\cdots\!-\!\overset{\displaystyle H}{\underset{\displaystyle H}{\overset{|}{\underset{|}{C}}}}\!-\!\overset{\displaystyle H}{\underset{\displaystyle Cl}{\overset{|}{\underset{|}{C}}}}\!-\!\overset{\displaystyle H}{\underset{\displaystyle H}{\overset{|}{\underset{|}{C}}}}\!-\!\overset{\displaystyle H}{\underset{\displaystyle Cl^{\delta-}}{\overset{|}{\underset{|}{C}}}}\!-\!\overset{\displaystyle H}{\underset{\displaystyle H}{\overset{|}{\underset{|}{C}}}}\!-\!\overset{\displaystyle H}{\underset{\displaystyle Cl}{\overset{|}{\underset{|}{C}}}}\!-\!\overset{\displaystyle H}{\underset{\displaystyle H}{\overset{|}{\underset{|}{C}}}}\!-\!\overset{\displaystyle H}{\underset{\displaystyle Cl}{\overset{|}{\underset{|}{C}}}}\!-\!\cdots$$

$$\downarrow \quad + \text{ Energie}$$

$$\cdots\!-\!\overset{\displaystyle H}{\underset{\displaystyle H}{\overset{|}{\underset{|}{C}}}}\!-\!\overset{\displaystyle H}{\underset{\displaystyle Cl}{\overset{|}{\underset{|}{C}}}}\!-\!\overset{\displaystyle H}{\underset{\displaystyle H}{\overset{|}{\underset{|}{C}}}}\!-\!\overset{\displaystyle H}{\overset{|}{C}}\!=\!\overset{\displaystyle H}{\overset{|}{C}}\!-\!\overset{\displaystyle H}{\underset{\displaystyle Cl}{\overset{|}{\underset{|}{C}}}}\!-\!\overset{\displaystyle H}{\underset{\displaystyle H}{\overset{|}{\underset{|}{C}}}}\!-\!\overset{\displaystyle H}{\underset{\displaystyle Cl}{\overset{|}{\underset{|}{C}}}}\!-\!\cdots + 1\ HCl$$

Dieser Abspaltungsprozess setzt sich innerhalb des Kettenmoleküls fort und kann zu konjugierten Doppelbindungen entlang des Kettenmoleküls führen.

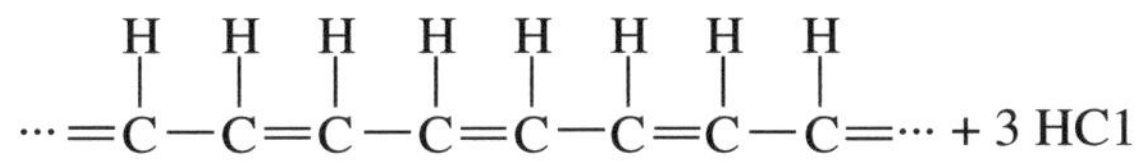

$$\cdots\!=\!\overset{\displaystyle H}{\overset{|}{C}}\!-\!\overset{\displaystyle H}{\overset{|}{C}}\!=\!\overset{\displaystyle H}{\overset{|}{C}}\!-\!\overset{\displaystyle H}{\overset{|}{C}}\!=\!\overset{\displaystyle H}{\overset{|}{C}}\!-\!\overset{\displaystyle H}{\overset{|}{C}}\!=\!\overset{\displaystyle H}{\overset{|}{C}}\!-\!\overset{\displaystyle H}{\overset{|}{C}}\!=\!\cdots + 3\ HCl$$

Es folgen weitere unübersichtliche Reaktionen und schließlich kann auch länger-welliges Licht mit dem π-Elektronensystem in Wechselwirkung treten. Dies führt zur Bildung von Vergilbungen und dunklen Verfärbungen. Um diese Abbaureaktionen zu verhindern, müssen dem PVC-Werkstoff Stabilisatoren zugesetzt werden. Sie sollen schädigendes UV-Licht absorbieren, um die HCl-Abspaltung und die weiteren oxidativen und radikalischen Abbauvorgänge zu unterbinden. Die Zugabe von Stabilisatoren beruht auf Erfahrung.

Bei der *unkontrollierten Verbrennung* von PVC entstehen zwischen ca. 250 bis 450 °C in Gegenwart von aktivem, d.h. in statu nascendi entstehendem Kohlenstoff die besonders giftigen, chlorhaltigen Dioxine (s. → Abschn. 1.2.2, Seite 58). Werden in Müllverbrennungsanlagen die Rauchgase unter 250 °C abgekühlt oder erneut einer Verbrennung zugeführt, so können die Grenzwerte der zulässigen Emission an Dioxinen eingehalten werden. Chlor bzw. Chlorwasserstoff werden zurückgewonnen und wiederverwertet oder als Chloride abgetrennt. Es wird ein geschlossener Chlor-Kreislauf angestrebt. Auch evtl. noch vorhandene Stabilisatoren Blei und Cadmium können bei der Müllverbrennung oder Pyrolyse abgefangen werden.

Heute versucht man die Produktion von PVC zurückzudrängen bzw. auf langlebige Güter (15 bis 100 Jahre) zu beschränken.

Verwendung von Hart-PVC:

Als langlebige Güter werden Fensterrahmen und Fensterbänke, Türrahmen und Abwasserrohre sowie Dichtungsfolien gefertigt, ebenso korrosionsfeste Formteile für Anlagen und Apparate in der chemischen Industrie. Für PVC-Produkte ist die Kennzeichnung von besonderer Bedeutung, damit es sortenrein gesammelt und der getrennten Wiederverwertung zugeführt werden kann. PVC kann bei kurzlebigen Gütern zum Teil durch PE ersetzt werden.

» *PVC-P, Weich-PVC (plasticized, plastifiziert mit Weichmacher)*
Weich-PVC kann durch *äußere* oder *innere* Weichmachung hergestellt werden.

Äußere Weichmachung

Unter äußerer Weichmachung versteht man das Mischen von polaren Polymeren (Kettenmolekülen) mit niedermolekularen polaren, vor allem schwerflüchtigen Verbindungen, dadurch kann die Weichmacherwirkung mit der Zeit nicht verloren gehen. Der Weichmacher löst die Dipol-Dipol-Anziehungskräfte zwischen den Ketten, lagert sich an die frei gewordenen Ladungen an und bildet eine Quervernetzung. Die Ketten weiten sich auf, sie werden beweglicher, was sich makroskopisch als Weichmachung äußert. Für PVC wird z.B. der Octylester der Phthalsäure verwendet (s. → Abschn. 1.2.1 unter Ester, Seite 54).

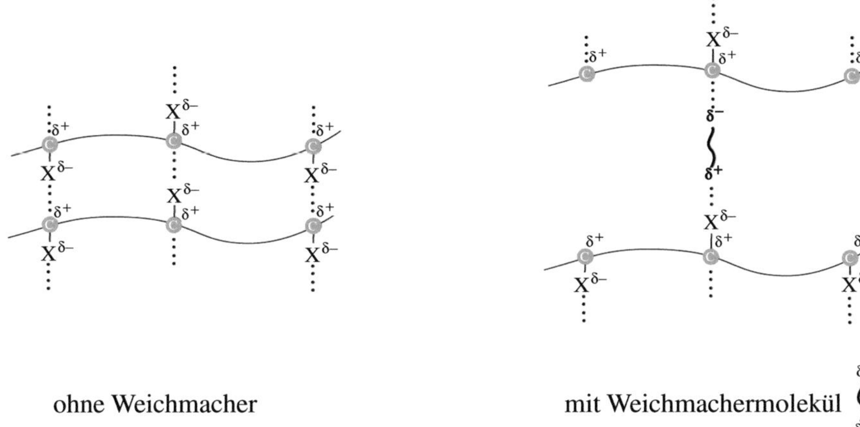

Abb. 5.3 Schema zur äußeren Weichmachung. X ist ein polarer Substituent, z.B. $Cl^{\delta-}$ in PVC.

Nach diesem Verfahren wird PVC-P aus PVC-U hergestellt. Es wird zum ‚Elasto-mer' und entspricht in seiner Konsistenz etwa unvulkanisiertem Kautschuk s. → Abschn. 5.5, Seite 198.

Durch Variation der Weichmacher kann man Eigenschaften beeinflussen: Phosphor-säureester wirken flammhemmend, Zitronensäureester sind vor allem physiologisch unbedenklich. Die Schmelztemperatur beträgt für PVC ohne Weichmacher 160 °C, mit Weichmacher etwa 140 °C.

Verwendung von Weich-PVC:

Aus Weich-PVC wird geschmeidiges Material gefertigt: Schläuche, Zeltbahnen, Plas-tikschuhe, Fußbodenbeläge u.a. Es kann zum Teil durch PE-LLD ersetzt werden s. → Abschn. 5.3.2, Seite 186.

Innere Weichmachung

Sie beruht u.a. auf der Bildung eines *Polyblends* aus (*ABS + PVC*) s. → Abschn. 5.6.2, Seite 206. Man erhält ein schlagzähes PVC.

Weitere Beispiele für Abwandlungen von PVC:

- PVC-S, Suspensions-PVC ist glasklar, hat gute elektrische Isolierwerte, gute Thermostabilität und ist korrosions- und witterungsbeständig. Suspensionspolymeri-sation s. → Abschn. 5.1.1, Seite 158.
- PVC-E, Emulsions-PVC fällt als Pulver an. Emulsionspolymerisation s. → Abschn. 5.1.1, Seite 158
- PVC-C: bei nachchloriertem PVC erhöht sich die Temperaturbeständigkeit.
- Funktionszusatz- und Füllstoffe verändern physikalische Eigenschaften. Selten werden Verstärkungsmaterialien verwendet.

Polystyrol PS

$$\left[CH_2 - \underset{\underset{\bigcirc}{|}}{CH} \right]_n$$

Polystyrol PS ist das älteste (1930), durch Additionspolymerisation als Kettenreaktion (APK) hergestellte Plastomer. Es wird aus Styrol, einer leicht polymerisierenden Flüssigkeit hergestellt (Smp. $-30\,°C$, Sdp. $145\,°C$, Flammpunkt $31\,°C$, Dichte $0{,}909\ g/cm^3$).

Der Phenylring in der Monomereinheit von Polystyrol ist fast dreimal so groß wie die dazugehörige $-CH_2-CH$-Gruppierung. Aus der Sperrigkeit des Phenylrings resultiert die Transparenz, Steifigkeit und Sprödigkeit von Polystyrol. Es ist weitgehend unverzweigt und verhält sich unpolar. Daher ist es in polaren Lösemitteln beständig, gegen Feuchtigkeit unempfindlich, weitgehend chemikalienfest und hat wegen der Phenylringe eine gute Strahlenbeständigkeit. Es besitzt hervorragende dielektrische Eigenschaften, nachteilig ist die Brennbarkeit.

Die Schmelze von PS hat sehr gute Fließeigenschaften. PS eignet sich deshalb besonders zur Spritzgussverarbeitung. Die Spritzgussteile sind maßhaltig und schrumpfen nicht. Die Kettenmoleküle können sich in Fließrichtung orientieren. Quer zur Fließrichtung ist die Festigkeit geringer. Polystyrol ist wie Polyethylen und Polyvinylchlorid eines der am häufigsten verwendeten Polymere.

Verwendung von PS:

PS wird für glasklare Spritzguss-Gegenstände im Haushalt und in der Elektrotechnik verwendet.

Beispiele für Abwandlungen der Eigenschaften von PS:

- Die innere Weichmachung beruht hauptsächlich auf Copolymerisation mit Butadien:
  Styrol/Butadien-Elastomer SBR, Buna S. ist ein statistisch angeordnetes Copolymer und SBR ist eines der am meisten hergestellten Synthesekautschuke s. → Abschn. 5.5, Seite 200.
  Styrol/Butadien/Styrol Dreiblockcopolymer S/B/S kann man ebenfalls als weichgemachtes Polystyrol PS betrachten s. → Abschn. 5.6.3, Seite 207, wie auch das _Styrol/Butadien Pfropfcopolymer S/B_ s. → Abschn. 5.6.2, Seite 205. Im _Pfropfcopolymer ABS_ wird sowohl Polystyrol PS, als auch Polyacrylnitril PAN durch Polybutadien BR weichgemacht s. → Abschn. 5.6.2, Seite 203.
- Copolymerisation mit Polyacrylnitril zu _Styrol/Acrylnitril-Copolymer SAN_ s. → Abschn. 5.3.2, Seite 185.
- Polystyrol-Schaum (Styropor): Treibmittel sind Wasserdampf, Cyclopentan oder CO_2.
- Abwandlung mit Funktionszusatzstoffen. Füll- und Verstärkungsstoffe spielen eine untergeordnete Rolle.

5.3.2 Plastomere für technische Anwendungen

Homopolymere: POM, PAN, PMMA
Copolymere PA, PET, PC, PUR, SAN, S/B, ABS, PE-LLD, PTFE

Diese Polymere kommen als Konstruktions- und Funktionswerkstoffe zur Anwendung mit guten mechanischen und thermischen Eigenschaften sowie Korrosions- und Chemikalienbeständigkeit.

Die maximalen Gebrauchstemperaturen (ohne mechanische Belastung) der hier angegebenen Plastomere liegen unterschiedlich hoch, bei kurzzeitiger Anwendung im Bereich von etwa 85 bis 200 °C, für PTFE bei 300 °C, bei langzeitiger Anwendung von etwa 65 bis 135 °C, für PTFE bei 250 °C (s.→ Abschn. 5.3.3, Seite 188).

Kautschuke, die nach ihrer chemischen Struktur ebenso zu den Plastomeren gehören, nehmen unter den Plastomeren für technische Anwendungen eine Sonderstellung ein und werden im → Abschn. 5.5, Seite 197 Elastomere beschrieben.

Polyoxymethylen POM $\left[CH_2\!-\!O\right]_n$

Für die Herstellung von POM wird Methanol zu Formaldehyd oxidiert und dieses anschließend polymerisiert. Es entsteht ein teilkristallines Plastomer.

Polyoxymethylen hat eine stabile Etherbindung. POM ist beständig gegen polare und unpolare Lösemittel, nimmt kein Wasser auf und wird von Kraftstoffen nicht angegriffen. Es ist leicht zu verarbeiten. Neben sehr günstigen mechanischen Eigenschaften wie Härte und Festigkeit, auch bei tiefen Temperaturen bis etwa –50 °C, zeigt es gute tribologische (s.→ Glosar, Seite 239) Eigenschaften. Es ist maßhaltig, zeitstandfest, jedoch nicht UV-beständig.

Verwendung von POM:

POM ist ein hochwertiger, technischer Werkstoff. Im Automobilbereich wird es zunehmend eingesetzt für Teile, die Temperaturen unterhalb von 80 °C ausgesetzt sind. Andere Verwendungsmöglichkeiten gibt es in der Feinwerktechnik für kleine Präzisionsteile, Schrauben, Gehäuse, Pumpen u.v.a.

Beispiele für Abwandlungen der Eigenschaften von POM:

Füllstoffe wie Ruß (färbt schwarz), Stahlfasern machen POM elektrisch leitfähig. Die Zugabe eines Flammschutzmittels ist von besonderer Bedeutung, da der in die Kette eingebaute Sauerstoff das Brennverhalten begünstigt.

Polyacrylnitril PAN $\left[\begin{array}{c} CH_2\!-\!CH \\ | \\ CN \end{array}\right]_n$

Das Monomer Acrylnitril $H_2C=CH-CN$ ist das Nitril der Propensäure $H_2C=CH-COOH$, die wegen ihres stechenden Geruchs Acrylsäure genannt wird (acer, scharf). Acryl(säure)nitril (s. → Abschn. 1.2.1, Seite 55) hat eine CN-(Nitril)Gruppe als Substituent, es ist eine farblose, giftige, bei 77 °C siedende Flüssigkeit, die sehr leicht polymerisiert.

Polyacrylnitril PAN ist glasklar, zäh bis steif, mit geringer Gasdurchlässigkeit. Mit der Nitrilgruppe als heteropolaren Substituenten ist das Polymer polar. Es ist thermisch instabil und zersetzt sich bei Erwärmung bevor es den Erweichungsbereich erreicht hat, dabei bildet es unter Abspaltung von HCN in ersten Reaktionen Doppelbindungen im Kettenmolekül aus, was den Übergang zu weiteren Zersetzungsreaktionen bedeutet. Der Instabilität kann durch Copolymerisation entgegengewirkt werden (s. → SAN und ABS, Seite 185/203).

Verwendung von PAN:

PAN dient hauptsächlich zur Faserherstellung (Dralon, Orlon). Es wird in gelöstem Zustand zu wollähnlichen Fasern verarbeitet. Die PAN-Faser ist u.a. ein wichtiges Vorprodukt für die Herstellung von Carbonfasern (CF) (s. → Abschn. 7.1, Seite 214).

Beispiele für Abwandlungen der Eigenschaften von PAN:

- Das *Acrylnitril/Butadien-Elastomer NBR*, auch Nitrilkautschuk genannt, ist weichgemachtes Polyacrylnitril. Es ist ein statistisch angeordnetes Copolymer und besonders benzin- und mineralölfest.
- Im *Pfropfcopolymer ABS* wird sowohl Polystyrol PS als auch Polyacrylnitril PAN durch Polybutadien BR ‚weich gemacht' (s. → Abschn. 5.6.2, Seite 203).

Polymethylmethacrylat PMMA

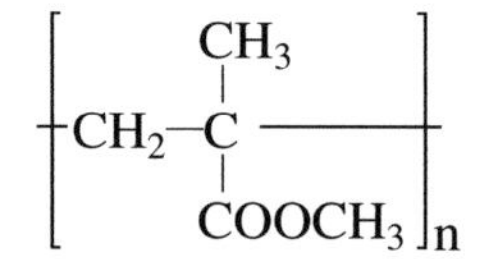

$$\left[CH_2-\underset{\underset{COOCH_3}{|}}{\overset{\overset{CH_3}{|}}{C}} \right]_n$$

Ein Derivat der Acrylsäure ist der Methylester der Methylacrylsäure, kurz Methylmethacrylat genannt. In einer radikalischen Polymerisation mit Initiatoren entsteht Polymethylmethacrylat als amorphes Plastomer. Es ist glasklar und als Acrylglas unter dem Handelsnamen Plexiglas bekannt. Weitere Eigenschaften sind: hohe Festigkeit, Steifigkeit, Härte, Witterungs- und Alterungsbeständigkeit, es hat Oberflächenglanz und splittert beim Bruch nicht.

Verwendung von PMMA:

PMMA kann in vielen Bereichen normales Glas ersetzen. Es wird u.a. für bruchsichere Verglasungen in der Fahrzeugindustrie, für Lichtkuppeln, Linsen und Lichtleiter verwendet.

Funktionszusatzstoffe können zugegeben werden, während Füll- und Verstärkungsstoffe nicht zur Anwendung kommen.

Polyamide PA

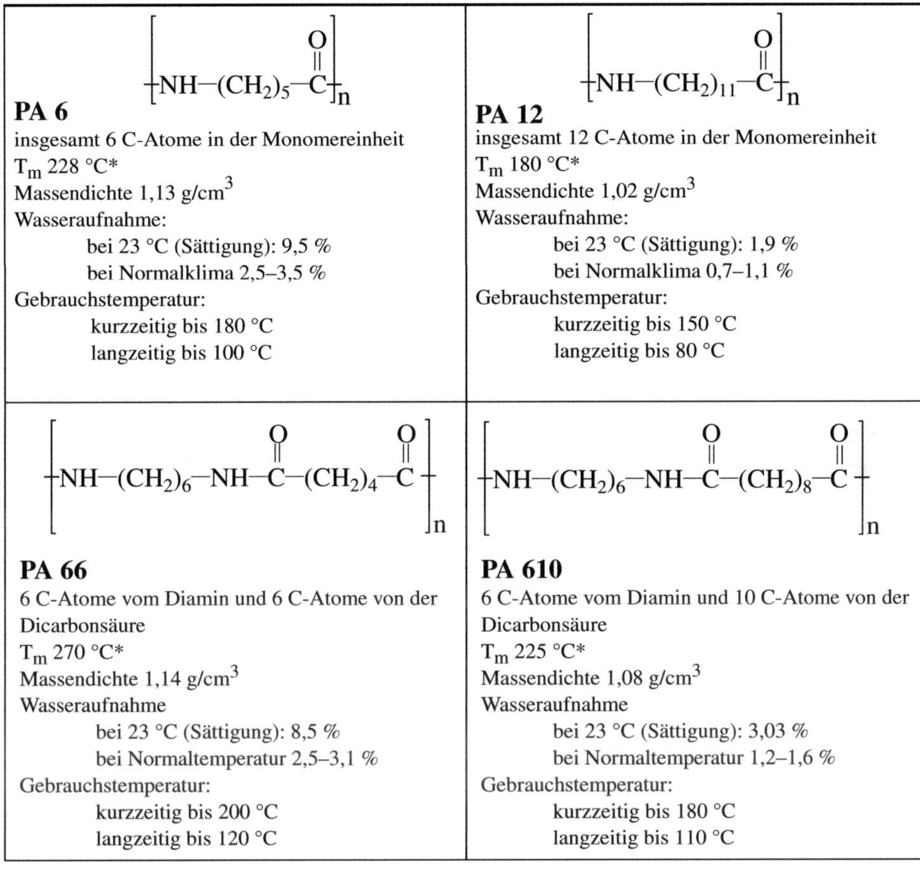

<table>
<tr><td>

PA 6
insgesamt 6 C-Atome in der Monomereinheit
T_m 228 °C*
Massendichte 1,13 g/cm^3
Wasseraufnahme:
     bei 23 °C (Sättigung): 9,5 %
     bei Normalklima 2,5–3,5 %
Gebrauchstemperatur:
     kurzzeitig bis 180 °C
     langzeitig bis 100 °C

</td><td>

PA 12
insgesamt 12 C-Atome in der Monomereinheit
T_m 180 °C*
Massendichte 1,02 g/cm^3
Wasseraufnahme:
     bei 23 °C (Sättigung): 1,9 %
     bei Normalklima 0,7–1,1 %
Gebrauchstemperatur:
     kurzzeitig bis 150 °C
     langzeitig bis 80 °C

</td></tr>
<tr><td>

PA 66
6 C-Atome vom Diamin und 6 C-Atome von der Dicarbonsäure
T_m 270 °C*
Massendichte 1,14 g/cm^3
Wasseraufnahme
     bei 23 °C (Sättigung): 8,5 %
     bei Normaltemperatur 2,5–3,1 %
Gebrauchstemperatur:
     kurzzeitig bis 200 °C
     langzeitig bis 120 °C

</td><td>

PA 610
6 C-Atome vom Diamin und 10 C-Atome von der Dicarbonsäure
T_m 225 °C*
Massendichte 1,08 g/cm^3
Wasseraufnahme
     bei 23 °C (Sättigung): 3,03 %
     bei Normaltemperatur 1,2–1,6 %
Gebrauchstemperatur:
     kurzzeitig bis 180 °C
     langzeitig bis 110 °C

</td></tr>
</table>

*T_m Kristallitschmelztemperatur

Die Herstellung von Polyamiden erfolgt nach einer Kondensationspolymerisation (s. → Abschn. 5.1.2, Seite 158). Mit unterschiedlichen Diaminen und Carbonsäuren lassen sich Polyamide in ihren Eigenschaften verändern s. → dazu die oben angegebenen Beispiel.

Erklärung der Bezeichnungen z.B. von PA 66 → Abschn. 3.1.1, Seite 115. Die ausführlichen Namen s. → Anhang, Seite 229.

Polyamide sind zähharte, weiße bis gelbliche Plastomere. Die chemische Beständigkeit der Polyamide ist gut, insbesondere gegen Kraftstoffe, Öle und Fette, was die Verwendung im Fahrzeugbau ermöglicht. Sie werden von starken Säuren angegriffen, dabei erfolgt die Depolymerisation (Rückreaktion) zu den Ausgangsstoffen.

Für Polyamide ist es charakteristisch, dass sie *Wasserstoffbrücken* zwischen den Kettenmolekülen ausbilden können (s. → Abschn. 3.1.2, Seite 118). Dies ermöglicht, auf bestimmte Eigenschaften Einfluss zu nehmen:

• Kristallitbildung

Wasserstoffbrücken zwischen den Kettenmolekülen begünstigen die Kristallitbildung.

Je weniger CH_2-Gruppen zwischen den Amidgruppen vorhanden sind – im obigen Schema linke Seite PA 6 und PA 66 gegenüber den Polyamiden auf der rechten Seite PA 12 und PA 610 – je näher also die Amidgruppen beieinander liegen, umso höher ist die Kristallitschmelztemperatur, Massendichte, Wasseraufnahme und die Gebrauchstemperatur. Das bedeutet, dass die Neigung zur Kristallitbildung bei PA 6 und PA 66 groß ist. Mit Zunahme der unpolaren CH_2-Gruppen in der Kette (rechte Seite) sind die Werte niedriger.

Außerdem wird die Kristallitbildung durch die Verarbeitung beeinflusst: beim langsamen Abkühlen der Schmelze ist Kristallitbildung begünstigt.

• Äußere Weichmachung

Wasserstoffbrücken zwischen den Polyamidketten ermöglichen die Einlagerung von Wassermolekülen. Man erreicht dadurch eine äußere Weichmachung, d.h. eine Lockerung des Zusammenhalts der Ketten über eine mehr oder weniger weitmaschige Vernetzung. Die Steifigkeit und Sprödigkeit nehmen ab, z.B. wird PA 66 dadurch zum thermoplastischen Elastomer. Die mechanischen Eigenschaften von Polyamiden hängen also vom Wassergehalt ab.

Vgl.: Äußere Weichmachung bei PVC-P mit Phthalsäuredioctylster, Seite 176.

Beispiel: Dübel-Herstellung
Frisch hergestellte Dübel aus Polyamid, sind wegen der hohen Verarbeitungstemperatur trocken und spröd. Die weich-elastischen Eigenschaften erreicht man erst nach der so genannten *Konditionierung* in einem Feuchtraum. Dort werden die Dübel gelagert, damit sie möglichst schnell eine bestimmte Wassermenge aufnehmen können. Die Steifigkeit und die Sprödigkeit nehmen ab, das Polyamid wird zum thermoplastischen Elastomer. Dieses Fertigungsverfahren ist kostengünstiger als die Herstellung aus vulkanisiertem Kautschuk. Die Feuchtigkeitsaufnahme verhindert außerdem eine elektrostatische Aufladung.

• Maßhaltigkeit

Mit der Wasseraufnahme oder -abgabe zwischen den Polyamidketten ist eine Volumenänderung verbunden, die sich auf die Maßhaltigkeit auswirkt. Maßkonstant sind Polyamide mit einer geringeren Zahl an Wasserstoffbrücken, d.h. wenn die CH_2-Kette lang ist wie beispielsweise bei PA 610.

Verwendung von Polyamiden:

Polyamide können im Spritzgussverfahren, zur Extrusion von Tafeln, Profilen, Rohren u.a., zum Blasformen von Hohlkörpern und zur Substanzpolymerisation (Guss-PA 6 hat hohe Molmasse) sowie zur Folienherstellung verwendet werden. Als Konstruktionswerkstoff dient es seit den 1950er Jahren in Konkurrenz zu Duromeren für die Herstellung von Zahnrädern, Kugellagerkäfigen, Kupplungselementen,

Autobremsschläuchen, Laufrollen, Nokkenscheiben, Gleitlagern, Schrauben, Dichtungen, Schiffsschrauben, Treibstoffleitungen, Ölfiltern, Schwimmern, Ölwannen u.a.

Beispiele für Abwandlungen der Eigenschaften von PA:

- die Verwendung unterschiedlicher Diamine und Dicarbonsäuren,
- unterschiedliche Molmassen,
- Mischungen zu Polyblends,
- Funktionszusatzstoffe, Füll- und Verstärkungsstoffe.

» *Verarbeitung zu Fasern*

PA 66-Faser ist unter dem Namen *Nylon*, PA 6-Faser unter dem Namen *Perlon* bekannt.

Auf lange Kettenmoleküle kann man aufgrund der hohen Anzahl von starken Atombindungen (Hauptvalenzen) sowie der freien Drehbarkeit um die C–C-Einfachbindung im geschmolzenen Zustand einen äußeren Zwang zur Ausrichtung – eine *Orientierung* – ausüben, ohne dass die Ketten reißen: Presst man beispielsweise eine Polyamid-Schmelze durch eine Düse und wird der entstehende Faden gleichzeitig auf das Vier- bis Sechsfache seiner Länge gedehnt, so bedeutet dies für die Kettenmoleküle einen Zwang, d.h. eine Orientierung durch die Krafteinwirkung in Zugrichtung. Die Ausbildung von Wasserstoffbrücken zwischen den Kettenmolekülen wird begünstigt und damit auch die Festigkeit des Fadens in Zugrichtung.

Polyester PET
Polyethylenterephthalat

$$\left[O-CH_2-CH_2-O-\overset{\overset{O}{\|}}{C}-\bigcirc-\overset{\overset{O}{\|}}{C} \right]_n$$

Zur Herstellung von Polyester aus Glykol und Terephthalsäure durch Polykondensation s. → Abschn. 5.1.3, Seite 159.

PET ist als teilkristallines (30 bis 40%), polares Polymer weiß, steif, fest und zäh. Der Phenylenring hat eine versteifende Wirkung auf das Kettenmolekül, daher eignet sich PET in besonderem Maße zur Faserbildung. Es lässt sich durch Abschrecken auch amorph herstellen. Amorphes PET ist transparent.

Verwendung von PET:

Der Markterfolg der PET-Getränkeflaschen beruht auf der hohen Festigkeit bei geringem Gewicht, einfacher Verarbeitbarkeit zu glasklaren Flaschen bei hoher Gestaltungsmöglichkeit und der Möglichkeit zum Recyceln. Vorzugsweise wird PET auch zu Drähten verarbeitet. Formteile wie maßhaltige Gleitelemente, Lager, Pumpenteile, Ventile, Gehäuse werden im Spritzgussverfahren hergestellt. Halbzeuge aus PET sind glasklare Polyesterfolien, Trägerfolien für Ton- und Videobänder u.a.

Polycarbonat PC

$$\left[\!\!-\!\!\underset{\|}{\overset{O}{C}}\!-O\!-\!\!\bigcirc\!\!-\underset{\underset{CH_3}{|}}{\overset{\overset{CH_3}{|}}{C}}\!-\!\!\bigcirc\!\!-O\!-\!\!\right]_n$$

Zur Herstellung von Polycarbonat (PC) aus 2,2-Di(4-hydroxyphenyl)propan und Phosgen (oder Kohlensäureester) unter Abspaltung von HCL durch Polykondensation s. KP → Abschn. 5.1.3, Seite 160.

Polycarbonat ist weitgehend amorph, farblos und transparent. Die aromatischen Ringe wirken versteifend, begünstigen mechanische Eigenschaften sowie die Verwendbarkeit bei hohen Temperaturen. PC ist maßhaltig, witterungsbeständig, selbsterlöschend nach Entfernung der Zündquelle und vor allem beständig gegen Kraftstoffe, Fette und Öle. Die Gebrauchstemperatur reicht bis etwa 130 °C, es kann kurzzeitig bei −100 °C eingesetzt werden.

Verwendung von PC:

PC ist ein hochwertiger Werkstoff. Er eignet sich für maßgenaue Formteile, für Maschinenteile, Heizungsgitter, Reflektoren, sowie im Fahrzeugbau für Blinker und Rückleuchten. Aus Polycarbonat können verschiedene Formteile in der Elektrotechnik, optische Speichermedien, sterilisierbare Geräte in der Medizin, Sicherheitsscheiben, CD-ROMs, Computergehäuse u.a. hergestellt werden.

Beispiele für Abwandlungen der Eigenschaften von PC:

- Verwendung verschiedener Monomerarten,
- Copolymerisation,
- Mischung mit einem mit ihm verträglichen Polymer als Polyblend,
- Funktionszusatz-, Füll- und Verstärkungsstoffe.

Polyurethan PUR $\left[\!-\!O\!-\!(CH_2)_4\!-O-\underset{\|}{\overset{O}{C}}\!-NH-(CH_2)_6\!-NH-\underset{\|}{\overset{O}{C}}\!-\!\right]_n$

Zur Herstellung von Polyurethan PUR aus Butan-1,4-diol und Hexamethylendiisocyanat s. APS → Abschn. 5.1.3, Seite 161.

Polyurethan hat eine hohe Maßhaltigkeit, zeigt nur geringen Schwund und geringe Wasseraufnahme. Veränderung der Eigenschaften ergeben sich durch Änderung der Monomereinheiten und durch eine räumliche Vernetzung.

Verwendung von PUR:

Polyurethan hat ähnliche Anwendungsmöglichkeiten wie PA 66.

SAN

Styrol/Acrylnitril-Copolymer **Poly(acrylnitril-*co*-styrol)**

co bedeutet statistisches (unregelmäßig angeordnetes) Copolymer

$$\left[\left(-CH_2-\underset{\underset{CN}{|}}{\overset{\overset{H}{|}}{C}}-\right)_{\!l}\cdots\left(-CH_2-\underset{\underset{\bigcirc}{|}}{\overset{\overset{H}{|}}{C}}-\right)_{\!m}\right]_n$$

Polyacrylnitril PAN   Polystyrol PS

Im Copolymer SAN sind die Anteile von Polystyrol – etwa 76 % – und die Anteile von Polyacrylnitril – etwa 24 % – statistisch verteilt. Die Eigenschaften von Polystyrol werden durch diejenigen von Polyacrylnitril modifiziert. Die CN-Gruppe ist polar, somit löst sich PAN in unpolaren Lösemitteln (Öl, Kraftstoffe) nicht und erhöht dadurch die Beständigkeit des unpolaren Polystyrols in diesen Lösungsmitteln. Ebenso wird durch Acrylnitril die Steifigkeit und die Zähigkeit erhöht, d.h. die Sprödigkeit von PS nimmt ab.

Zähigkeit nennt man die Eigenschaft, die verhindert, dass ein Material bei Krafteinwirkung nach geringer Deformation schnell und spröde bricht. Ein zähes Material bricht erst nach erheblicher Verformung unter deutlichem Kraftaufwand. Ursache der Zähigkeit ist die Fähigkeit zur Relaxation (s. → Abschn. 4.3.1, Seite 137). Noch während die Kraft einwirkt, werden Spannungen im Polymer abgebaut, d.h. die durch die Deformation verspannten Kettenmoleküle verschieben sich gegeneinander ohne zu zerreißen. Voraussetzung ist, dass die Kettenmoleküle Zeit dafür haben.

Die erhöhte Zähigkeit bei einem SAN-Stab äußert sich in der Weise, dass er nicht bricht, wenn man ihn langsam durchbiegt, während er bricht, wenn man ihn mit einer bestimmten Kraft schnell knickt.

Polyacrylnitril PAN beeinträchtigt die Lichtbeständigkeit. SAN ist glasklar und transparent, es hat gegenüber PS eine höhere Wärmebeständigkeit und Temperaturwechselbeständigkeit.

Verwendung von SAN:

SAN hat viele Anwendungsbereiche u.a. im Maschinen- und Fahrzeugbau (Rückstrahler, Scheinwerfergehäuse, Warndreiecke u.a.), in der Elektrotechnik (Videokassetten, Fernsehgehäuse u.a.), als Verpackungsmaterial und für Haushaltsartikel.

S/B

Styrol/Butadien-Pfropfcopolymer BR-*g*-PS

s. → Abschn. 5.6, Seite 205 Polymerlegierungen.

ABS
Acrylnitril/Butadien/Styrol-Pfropfcopolymer, BR-*g*-SAN.
s. → Abschn. 5.6, Seite 203/204 Polymerlegierungen.

PE-LLD, linear low density PE, linear niedriger Dichte
Poly(ethen-*co*-buten-*co*-Hexen- *co*-Octen).

Im Copolymer aus Ethen mit 1-Buten, 1-Hexen oder 1-Octen* sind die Monomere statistisch, also unregelmäßig im Kettenmolekül verteilt mit Anteilen von jeweils etwa 5 bis 10 %. Es gibt verschiedene Varianten.

* 1 bedeutet die Stellung der Doppelbindung ist am ersten C-Atom, oft auch als α-Olefin bezeichnet.

Die Herstellung des Copolymers erfolgt mit *Ziegler-Natta*-Katalysatoren und zunehmend mit Metallocen-Katalysatoren. Die dabei entstehenden Kettenmoleküle weisen eine enge Molmassenverteilung auf. Von PE-HD unterscheiden sie sich durch ihre niedrigere Kristallinität und geringere Dichte. Die Dichte liegt zwischen der von PE-LD und PE-HD.

PE-LLD zeichnet sich durch hohe Steifigkeit, Zugfestigkeit und Zähigkeit aus, seine Transparenz ist gering. Je höher der Octengehalt, desto elastischer wird das Polymer. Eine allgemeine Bezeichnung ist Polyolefinelastomer POE.

Verwendung von PE-LLD:

PE-LLD kann Weich-PVC ersetzen bei Verkabelungen, Beschichtungen von Bodenbelägen, Tapeten und künstlichem Leder. Durch Zusatz von PE-LLD lässt sich die Schlagzähigkeit von PE und PP erhöhen.

5.3.3 Hochtemperaturbeständige Plastomere – Hochleistungspolymere

PAI, PEEK, PEK, PESU (PES), PI, PPE, PPS, PTPA, PPP, PTFE

Im Hinblick auf Beständigkeit bei höheren Temperaturen wurden Polymere entwickelt, die die Lösung weiterer technischer Probleme ermöglichten.

Die thermische Beständigkeit eines organischen Kettenmoleküls wird entscheidend von aromatischen und heterocyclischen Ringen beeinflusst. Starre und sperrige Ringe im Kettenmolekül erhöhen nicht nur die Kettensteifigkeit, sondern auch die Temperaturbeständigkeit. Um sie in einer Schmelze noch verarbeiten zu können, müssen chemische Gruppen in die Kette eingebaut werden, die die Ketten in der Schmelze beweglicher machen. Dies können Sauerstoff-(Ether-) oder Carbonyl (Keton-)brücken, auch Amid- (–NH–CO–), Sulfid- (–S–) und Sulfon- (–SO$_2$–)brücken sein. In der → Tabelle 5.1 sind Beispiele für hochtemperaturbeständige Polymere angegeben.

Tabelle 5.1 Hochtemperaturbeständige Polymere

Name, Struktur	Glastemperatur T_g	Kristallitschmelztemperatur T_m	Maximale Gebrauchstemperatur
Polyamidimid PAI 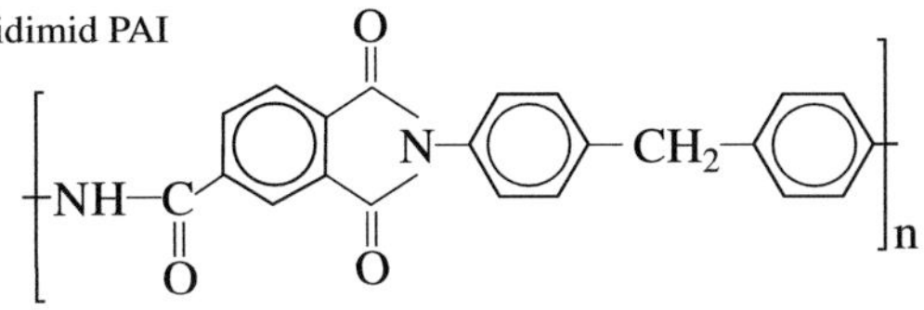	290 °C		240 °C
Polyetheretherketon PEEK 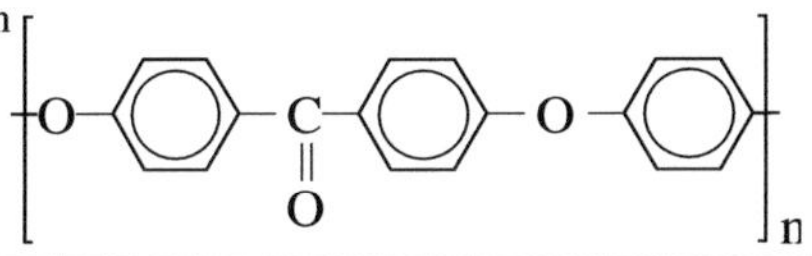		334 °C	250 °C
Polyetherketon PEK 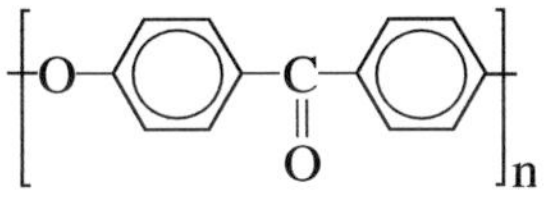			220 °C
Polyethersulfon PESU (PES) 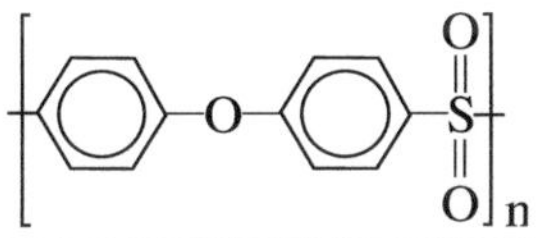	190 bis – 230 °C		180 °C
Polyimid PI 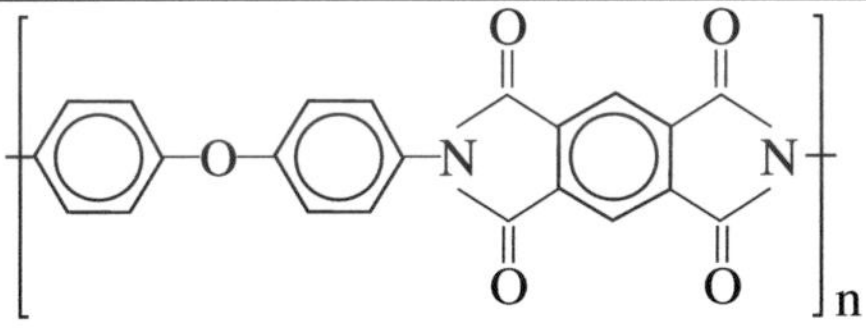			250 °C kurzzeitig ~ 300 °C
Polyphenylenether PPE 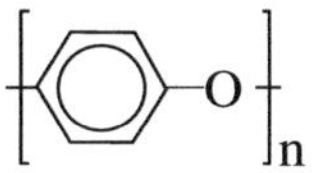	– 175°C		100 °C
Polyphenylensulfid PPS 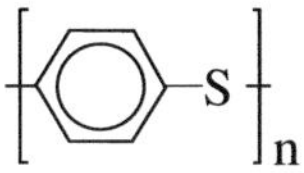		288 °C	230 °C
Aramid Poly(p-Phenylenterephthalamid) PTPA Aramidfaser (Kevlar) 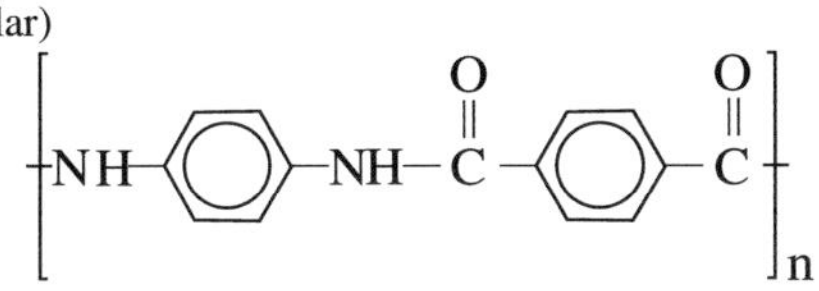	300 °		–200 °C bis + 160 °C T_z ca. 550 °C
Polyphenylen PPP (hochfest, elektrisch leitend) (Polyparaphenylen) 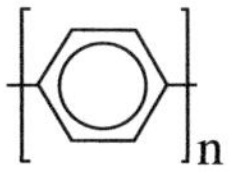	280 °C	530 °C	ca. 500 °C

Die Temperaturangaben gelten ohne mechanische Belastung.

Die Herstellung hochtemperaturbeständiger Polymere ist aufwändig, sie erfordert mehrere Reaktionsschritte und ist daher teuer. Mit der Langzeit-Hochtemperaturbeständigkeit verbessern sich weitere Eigenschaften: die Verschleißfestigkeit, die erhöhte Zündtemperatur, die Beständigkeit gegenüber Chemikalien und auch die Alterungsbeständigkeit.

Verwendung von hochtemperaturbeständigen Polymeren:

Hochtemperaturbeständige Polymere finden Anwendung im Fahrzeugbau, Maschinenbau, in der Elektrotechnik, Elektronik, in der Luft- und Raumfahrt.

Aramidfaser, Kevlar

Die kettenversteifende Wirkung von aromatischen Ringen bei gleichzeitiger Erhöhung der Temperaturbeständigkeit wurde für die Entwicklung der Aramidfaser ausgenützt (s. → Tabelle 5.1, Seite 187). Sie ist eine Weiterentwicklung der aliphatischen Polyamide zum Hochleistungspolymer. Die kaum zerstörbaren, schwer entflammbaren Fasern mit hoher Festigkeit, Steifigkeit, Wärme- und Chemikalienbeständigkeit lassen sich problemlos wickeln und weben. Sie finden wegen ihrer hohen spezifischen Festigkeit Anwendung als Verstärkungsfasern in Bauteilen der Luft- und Raumfahrt, auch für Bremsbeläge und als Cord in Autoreifen. Aramidgewebe können Pistolenkugeln stoppen. Sie haben gegenüber den Verbundwerkstoffen den Vorteil, dass kein Haftproblem zwischen zwei dispersen Phasen besteht wie in den Faserverbundwerkstoffen (s. → Abschn. 7.1, Seite 213). Der Handelsname der hochfesten und hochsteifen Aramidfaser ist *Kevlar*.

Fluorpolymere

Außer den Polymeren mit aromatischen und heterocyclischen Ringen besitzen auch Fluorpolymere eine außergewöhnliche Temperaturbeständigkeit. Als Beispiel wird hier das Polytetrafluorethylen PTFE genannt.

$$\textbf{\textit{Polytetrafluorethylen PTFE}}\quad \textbf{\textit{Teflon}} \quad [CF_2\text{--}CF_2]_n \quad \left[\begin{array}{cc} F & F \\ | & | \\ \text{--}C & \text{--}C\text{--} \\ | & | \\ F & F \end{array} \right]_n$$

Obwohl eine formale Ähnlichkeit mit dem chemischen Aufbau von Polyethylen PE besteht, gibt es in den Eigenschaften große Unterschiede. F-Atome sind großvolumiger als H-Atome, sie schirmen die C–C-Kette ab, was die Brennbarkeit wesentlich herabsetzt. Die C–F-Bindung ist stärker* als die C–H-Bindung. PTFE hat einen Einsatzbereich von etwa −200 bis +300 °C.

*Bindungsenergie C–F 489 kJ/mol, C–H 413 kJ/mol.

PTFE ist unpolar und wasserabweisend. Seine Vorzüge liegen in den chemischen, thermischen und elektrischen (Isolator) Eigenschaften. Es ist gegen nahezu alle Chemikalien beständig, auch unlöslich in den gebräuchlichen Lösemitteln, nicht brennbar, hornartig, flexibel, zäh und ist wetter- und lichtbeständig. PTFE zeigt Kriechneigung und geringe Härte und Festigkeit. Der E-Modul von 750 N/mm^2 ist niedrig. Man erreicht eine Kristallinität von 60 bis 70 %.

PTFE kann mit unterschiedlichen Füll- (Graphit, Molybdänsulfid MoS$_2$) und Verstärkungsstoffen (Glasfaser, Stahl) verarbeitet werden.

Verwendung von PTFE:

PTFE wurde zunächst in der Raumfahrt angewendet und eroberte nach und nach viele Bereiche des täglichen Lebens. Aus PTFE werden temperaturbeständige Beschichtungen, Bratpfannen, Dichtungen, Isolierungen, wartungsfreie Lager, Kolbenringe, tragende Teile, Haushaltsgeräte u.a. hergestellt.

5.3.4 Plastomere für spezielle Anwendungen

PE-UHMW, LCP, PAC, PPY, PPP

PE-UHMW
ultra high molecular weight polyethylen

PE-UHMW Polyethylen kann bis zu einer Molmasse von ca. 3 bis 6 · 10^6 g/mol hergestellt werden. Es ist ein teilkristallines Plastomer mit einer Dichte von 0,94 g/cm^2 und einem Kristallitschmelzbereich zwischen 125 bis 135 °C. Die Schmelze ist hoch viskos. Langzeitig ist es bis 100 °C beanspruchbar, hat hohe Schlagzähigkeit und hohe Abriebfestigkeit.

Verwendung von PE-UHMW:

Mit Sinterpressen lassen sich standfeste, hochbeanspruchte Teile und ebenso Fasern herstellen.

LCP
liquid crystal polymer

Flüssigkristalline Polymere bestehen aus Makromolekülen, die eine stabförmige, steife, streng parallele Ausrichtung ermöglichen. Diese ‚kristalline' Orientierung bleibt auch in der ‚Unordnung' der Schmelze oder der Lösung erhalten.

Im Unterschied zu C–C-Kettenmolekülen, die eine freie Drehbarkeit der C–C-Einfachbindungen erlauben wie z.B. bei Polyethylen PE, *versteifen* ebene, starre aromatische Ringe ein Kettenmolekül, so dass die freie Drehbarkeit stark eingeschränkt wird. Das Kettenmolekül ähnelt schließlich einem Stab. Wie ‚Baumstämme' lagern sich die stabförmigen Kettenmoleküle streng parallel aneinander und diese Orientierung bleibt – wie oben schon erwähnt – auch in der Schmelze oder einer Lösung erhalten, ohne dass eine orientierende Kraft einwirkt. Die parallel ausgerichteten Bereiche sind räumlich nicht beliebig groß, sie bilden begrenzte Domänen (kleine Bereiche). Liegt die Schmelztemperatur über der Zersetzungstemperatur, so kann keine verarbeitungsfähige Schmelze hergestellt werden. Häufiger werden Lösungen mit LCPs hergestellt. Die flüssigkristallinen Bereiche können aus der Lösung z.B. zu Fasern geformt werden, die eine ungewöhnlich hohe Steifigkeit aufweisen. Ein Beispiel ist die Aramidfaser (s. → Tabelle 5.1, Seite 187), das erste kommerzielle (Hauptketten-) flüssigkristalline Polymer. Durch die eingefrorene Orientierung entsteht eine Faserverstärkung aus der eigenen Substanz, man nennt dies ,Eigenverstärkung'.

Die steifen stabförmigen Kettenmoleküle können als Hauptkette vorliegen oder auch als Seitenketten an einer flexiblen Kette angehängt sein (s. → Abb. 5.4). Modifizierung der Steifigkeit kann erreicht werden, wenn so genannte flexible Abstandshalter (Spacer) aus mehr oder weniger vielen CH_2-Gruppen dazwischen eingebaut werden.

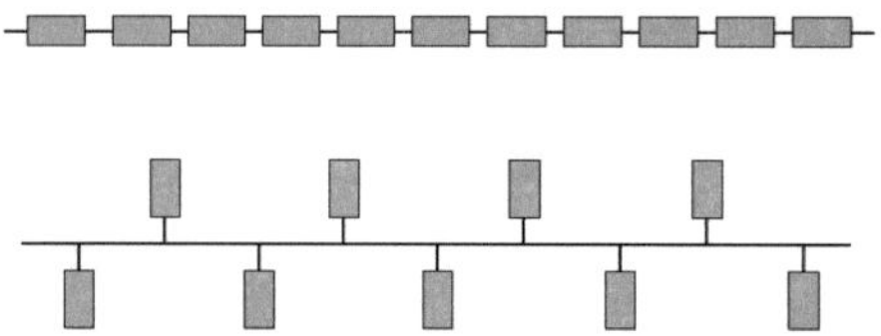

Abb. 5.4 Strukturen flüssigkristalliner Polymere (schematisch)

LCPs lassen sich ,maßgeschneidert' herstellen, man kann ihre Eigenschaften in weiten Grenzen beeinflussen. Heute werden Derivate von Benzol, Diphenyl und Naphthalin als Bestandteile von flüssigkristallinen Polymeren eingesetzt, die durch Amid- oder Estergruppierungen verknüpft sein können. Durch den Einbau von Naphthalin anstelle eines Benzolringes lässt sich die Temperaturbeständigkeit erhöhen.

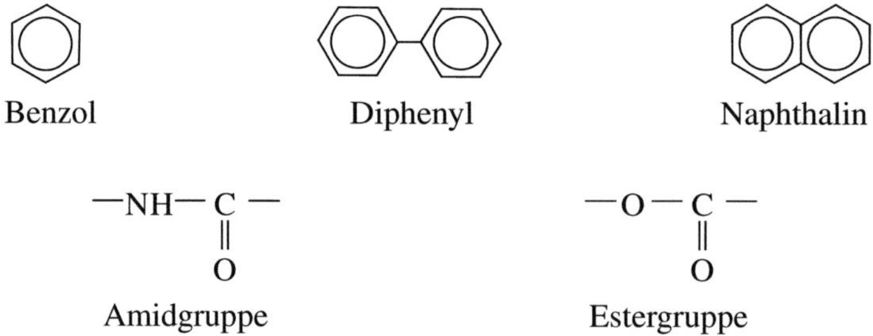

Abwandlungsmöglichkeiten bestehen auch in Form von Blends (Mischungen) z.B. mit PA, PET, PBT und mit anderen LCP-Typen.

Eigenschaften, die LCPs auszeichnen und vergleichbar mit denen von Stahl und Keramik sind: Sie haben eine sehr hohe Zugfestigkeit, einen sehr hohen Elastizitätsmodul, eine sehr hohe Kerbschlagzähigkeit sowie einen sehr niedrigen Wärmeausdehnungskoeffizienten. Durch die aromatischen Gruppierungen sind sie schwer entflammbar und chemikalienbeständig. Langzeitig können LCPs von extremer Kälte (Weltraum) bis etwa + 240 °C verwendet werden.

Von besonderer technischer Bedeutung ist die Anisotropie der LCPs im optischen und elektrischen Verhalten. Sie ist die Grundlage für die Verwendung in den Flüssigkristallanzeigen, den Liquid-Crystal-Displays (LCDs). Anisotropie entsteht beispielsweise, wenn die Domänen beim Extrudieren und Spritzgießen in Fließrichtung orientiert und anschließend eingefroren werden.

Verwendung von LCPs:

Hauptanwendungsbereiche sind in der Elektrotechnik, in der Elektronik, im Kraftfahrzeugbau, in der Luft- und Raumfahrt sowie in der Medizin- und Feinwerktechnik.

Historisches
Otto Lehmann (von 1888 bis 1919 an der damaligen Technischen Hochschule in Karlsruhe) bezeichnete Stoffe, die Eigenschaften von Kristall und Flüssigkeit besitzen als Flüssigkristalle. 1988 Prägung des Begriffs ‚Flüssiger Kristall'.

Elektrisch leitende Polymere

Zur Herstellung eines elektrisch leitenden Polymers war überlegt worden, dass ein langkettiges, konjugiertes π-Elektronensystem zu beweglichen Elektronen und damit zu einem eindimensionalen organischen Leiter führen müsste. Elektrisch leitende Polymere hätten im Vergleich zu metallischen Leitern den Vorteil einer geringeren Massendichte und könnten zur Metalleinsparung beitragen.

Als geeignete Verbindung hierfür wurde *Polyacetylen PAC* hergestellt. Im reinen PAC ist die Beweglichkeit der Elektronen allerdings zu gering, um eine elektrische Leitfähigkeit zu bewirken ($\sigma \approx 10^{-7}$ S $\cdot$ m^{-1} für die *cis*-Form und $\sigma \approx 10^{-3}$ S $\cdot$ m^{-1} für die *trans*-Form). Sie stellt sich erst nach einer Dotierung ein, beispielsweise mit Iod als Elektronenakzeptor (erstmals durchgeführt 1977). Auch die Dotierung mit einem positiven Ladungsträger ist möglich.

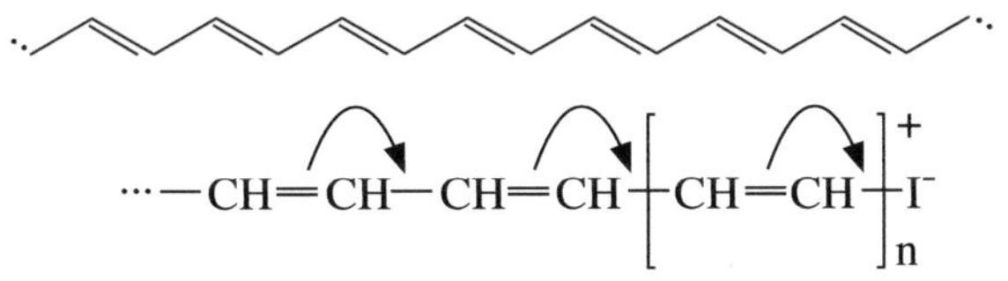

trans-Polyacetylen PAC

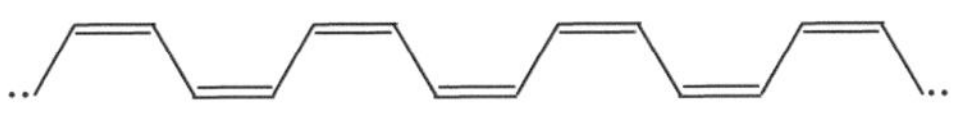

cis-Polyacetylen PAC

Abb. 5.5 *Trans*- und *cis*-Polyacetylen

Iod wirkt als elektronenanziehendes und daher oxidierendes Element. Es entstehen positive Ladungen in der PAC-Kette, die durch I⁻ ausgeglichen werden. Innerhalb der positiv geladenen PAC-Kette können sich die Elektronen über das konjugierte π-Elektronensystem bewegen. *Trans*-Polyacetylen ist stabiler als *cis*-Polyacetylen. Letzteres geht oberhalb 97 °C in die *trans*-Form über.

Die Herstellung von PAC erfolgt mit *Ziegler-Natta*-Katalysatoren zu einem dünnen, glatten, silberglänzenden Film, der schnell blau wird. PAC ist nicht schmelzbar, es ist unlöslich.

Eine mit Kupfer vergleichbare Leitfähigkeit ($59 \cdot 10^6$ S $\cdot$m^{-1}) erreicht man nur mit Polyacetylen-Einkristallen (1987). Sie sind spröde, instabil und unterliegen der Alterung.

Andere eindimensionale organische Leiter, die eine dünne, transparente Schicht bilden, enthalten aromatische Baugruppen, das Beispiel *Polypyrrol PPY* ist nachfolgend abgebildet. Seine Leitfähigkeit ($6 \cdot 10^4$ S $\cdot$m^{-1}, bis 70 °C beständig) beträgt etwa ein Hundertstel von der des dotierten Polyacetylens.

Das elektrisch leitende *Polyparaphenylen PPP* s. → Tabelle 5.1, Seite 187.

Polypyrrol PPY

5.4 Duromere

Zusammenfassung über Duromere aus vorhergehenden Abschnitten:

Die Kettenmoleküle sind mit einem geeigneten Reaktionspartner räumlich engmaschig über Hauptvalenzen vernetzt. Bei sehr starker räumlicher Vernetzung kann man einen duromeren Stoff als ein einziges Riesenmolekül auffassen. Der Gebrauchsbereich liegt unterhalb der Glastemperatur T_g im hartelastisch-spröden Bereich. T_g ist meist höher als 50 °C. Duromere zersetzen sich bevor sie schmelzen.

Duromere sind für technische Anwendungen geeignet, die Einteilung erfolgt nach

Kondensationsharzen und
Reaktionsharzen.

5.4.1 Kondensationsharze

Hierzu zählen die klassischen Produkte, die nach der Kondensationspolymerisation (s. → Abschn. 5.1.2, Seite 158) aus Formaldehyd mit Phenol bzw. Harnstoff oder Melamin hergestellt werden. Es sind dies

- Phenol-Formaldehydharze PF, Phenolharze,
- Harnstoff-Formaldehydharze UF, Harnstoffharze,
- Melamin-Formaldehydharze MF, Melaminharze.

UF und MF sind auch unter der Bezeichnung Aminoplaste bekannt.

Die Herstellung der Kondensationsharze erfolgt in zwei Stufen:

Die erste Stufe ist die *Vorkondensation.* Sie führt in wässriger Lösung (alkalisch oder sauer) zu löslichen und schmelzbaren Harzen. In diesem Zustand kann z.B. die Formmasse hergestellt und dem Basisduromer je nach Bedarf Füll- (Partikel) und Verstärkungsstoffe (Fasern, Gewebe) zugemischt werden. Füllstoffe aus Holzmehl, Zellstoff, Gesteinsmehl u.a. dienen zur Verbilligung und zur Aufnahme von Kondenswasser bei der nachfolgenden Härtung, die Verstärkungsstoffe erhöhen die mechanischen Eigenschaften des fertigen Formteils.

Die zweite Stufe nennt man *Härtung,* sie führt zur räumlichen Vernetzung. Die Formmasse wird in Formpressen bei höheren Temperaturen (60 bis 150 °C) unter Druck zu einem Formteil ausgehärtet. Ein hoher Vernetzungsgrad erhöht die Festigkeit, Steifigkeit, Härte und Wärmebeständigkeit. Kondensationsharze sind maßhaltig, schwer entflammbar, mit niedrigem Ausdehnungskoeffizient und geringer Kriechneigung. Dehnung durch Krafteinwirkung ist kaum möglich, ohne das Polymer zu zerstören. Duromere behalten ihre mechanischen und thermischen Eigenschaften bis nahe an die Zersetzungstemperatur und sind gegen Chemikalien größtenteils widerstandsfähig. Ihr mechanisches Verhalten ist ähnlich dem der spröden Plastomere, in der Langzeitbeanspruchung zeigen die Duromere jedoch größere Stabilität. Spannungs-Dehnungs-Diagramm für Duromere s. → Abb.4.1, Seite 140.

Die Nebenvalenzkräfte spielen wegen der starken chemischen Vernetzung eine untergeordnete Rolle, Duromere sind daher nicht schmelzbar, nicht schweißbar, nicht plastisch (bleibend) verformbar, sie sind unlöslich, allenfalls leicht quellbar. Formteile lassen sich nur noch spanabhebend bearbeiten.

Phenol-Formaldehydharze PF

Ein Phenol-Formaldehydharz ist 1909/10 unter dem Namen Bakelit als erster vollsynthetischer Kunststoff bekannt geworden (s. → Seite 106: Historisches).

Bei der Herstellung des Vorkondensats aus Phenol und Formaldehyd entstehen zunächst unter Abspaltung von H_2O lineare Phenolharze, dabei werden die Phenole zum großen Teil über Methylenbrücken ($-CH_2-$) miteinander verbunden. Da Phenol noch weitere reaktionsfähige H-Atome besitzt, kann die Vernetzung mit Formaldehyd auch räumlich erfolgen. Die wasserlöslichen Vorkondensate sind die Resole, bei weiterer Vernetzung entstehen die noch schmelzbaren Resitole und schließlich die unschmelzbaren Resite. Die vollständige Aushärtung erfolgt beim Pressvorgang.

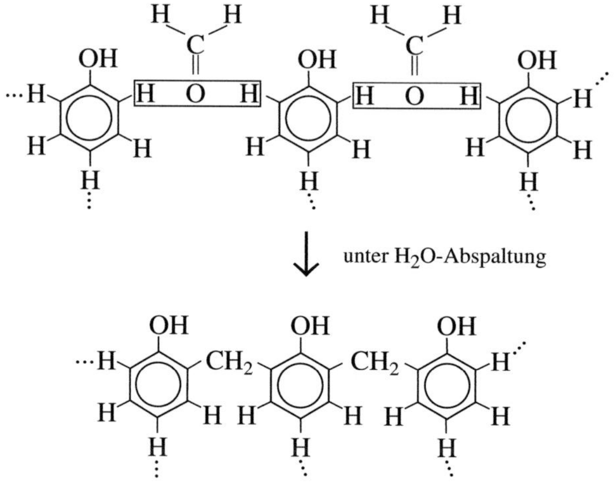

unter H_2O-Abspaltung

Abb. 5.6 Räumliche Vernetzung von Phenol mit Formaldehyd zu Phenolharz PF. Phenol kann durch Derivate wie Kresol u.a. ersetzt werden.

Verwendung von PF:

Als *Gießharze* werden sie ins offene Formwerkzeug gegossen, sie härten drucklos in der Wärme oder bei Raumtemperatur unter Zugabe eines Katalysators. Für *Schichtpressstoffe* werden mit Phenolharzlösung getränkte Bahnen aus Papier oder Geweben in mehreren Lagen bei Temperaturen von etwa 150 °C unter hohem Druck zu Platten gepresst.

Harnstoffharze UF und Melaminharze MF

Diese Verbindungen sind weiß, farbbeständig und haben ähnliche Eigenschaften, wie die Phenolharze. Die Maßhaltigkeit ist allerdings geringer, die maximale Gebrauchstemperatur niedriger (80 bis 120 °C) und die Empfindlichkeit gegen Wasser größer. Sie werden u.a. als Leime, Klebstoffe und Bindemittel verwendet.

5.4.2 Reaktionsharze

Reaktionsharze härten im Unterschied zu den Kondensationsharzen ohne Abspaltung von Nebenprodukten wie H_2O. Die Härtung erfolgt durch Polymerisation als Kettenreaktion (APK) oder als Stufenreaktion (APS) kalt oder bei geringer Wärme sowie drucklos. Sie kann durch Zusammengießen der Komponenten durchgeführt werden, daher stammt die Bezeichnung Gießharze. Eine Komponente muss schon als Kettenmolekül vorliegen. APK und APS s. → Abschn. 5.1.1, Seite 153 und Abschn. 5.1.3, Seite 160.

Bekannte Reaktionsharze sind

- Ungesättigte Polyesterharze UP
- Epoxidharze EP
- räumlich vernetzte Polyurethane PUR

Ungesättigte Polyesterharze UP

Für die Herstellung von UP-Harzen wird zunächst der lineare, ungesättigte Polyester aus einer ungesättigten Dicarbonsäure und einem Dialkohol (Diol) durch Kondensationspolymerisation (KP) hergestellt. In geschmolzenem Zustand wird der ungesättigte Polyester z.B. im Monomer Styrol zur Quervernetzung, d.h. zur Härtung gelöst. Gemischt mit Initiator (Benzoylperoxid), Füll- und/oder Verstärkungsstoffen wird die Mischung in die Form gebracht und die Härtung durch Erwärmen durchgeführt; sie erfolgt nach einer Radikalkettenreaktion (APK). Es bilden sich Brücken aus zwei bis drei Styrol-Monomereinheiten.

Als Beispiel wird die Härtung des ungesättigten Polyesters aus Butan-1,4-diol und Maleinsäure mit Styrol angegeben (s. → Abb. 5.7).

$$n\ HO-(CH_2)_4-OH \quad + \quad n\ HOOC-CH=CH-COOH$$

Diol	ungesättigte Dicarbonsäure
Butan-1,4-diol	Maleinsäure

$$\downarrow - n\ H_2O$$

$$\cdots \left[O-(CH_2)_4-O-CO-CH=CH-CO \right]_n \cdots$$

ungesättigter Polyester

Härtung mit Styrol:

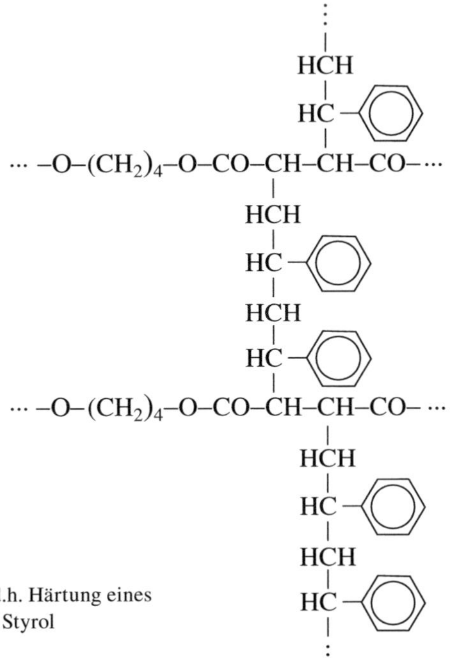

Abb. 5.7 Quervernetzung, d.h. Härtung eines ungesättigten Polyesters mit Styrol

Durch Variation der Monomere lassen sich UP-Harze mit sehr unterschiedlichen Eigenschaften herstellen. Mit Zunahme des Vernetzungsgrads nehmen Festigkeit, Härte, Wärme- und Chemikalienbeständigkeit zu. UP-Harze sind formbeständig, transparent, nehmen wenig Wasser auf und haben hohe Witterungsbeständigkeit.

Verwendung von UP-Harze:

Faserverstärkte UP-Harze werden im Hochbau, Maschinenbau, Fahrzeug- und Flugzeugbau eingesetzt, ebenso in der Elektrotechnik, im Boots- und Schiffbau sowie für Sport- und Freizeitartikel.

Epoxidharze EP

Beispiele sind Vernetzungsprodukte von kettenförmigen Derivaten des Ethylenoxids mit aromatischen Dihydroxyverbindungen, hauptsächlich mit 2,2-Di(4-hydroxidiphenyl)propan (Bisphenol A s. → Abschn. 5.1.2, Seite 160 Polycarbonat). Ihr Anwendungsgebiet ist weit gestreut im Maschinen-, Fahrzeug- und Flugzeugbau, in der Elektrotechnik, sowie in der chemischen Industrie und auch für Klebstoffe und Lacke.

Polyurethane PUR, räumlich vernetzt

Räumlich vernetzte Polyurethane entstehen, wenn Diisocyanate bzw. modifizierte Diisocyanate mit Polyhydroxyverbindungen, so genannten Polyolen, in einer Additionspolymerisation als Stufenreaktion (APS) reagieren. Die Herstellung, d.h. die Härtung, erfolgt durch Zusammengießen der Vorprodukte. Im Unterschied zu den Kondensationsharzen werden keine Nebenprodukte abgespalten. Sind beide Reaktionspartner nur bifunktionell, so bilden sich ausschließlich kettenförmige Polyurethane (s. → Abschn. 5.1.3, Seite 161, und Abschn. 5.3.2, Seite 184).

Die Eigenschaften sind in weiten Bereichen variierbar. Entsprechend der unterschiedlichen Ausgangsstoffe erhält man harte bis weichelastische Stoffe, d.h. Duromere oder Elastomere. Bei den räumlich vernetzten Polyurethanen steht vor allem das Interesse an Schaumstoffen unterschiedlicher Härte im Vordergrund, z.B. für den Fahrzeugbau und den Hausbau. Andere Verwendungsarten sind PUR-Gießharze, PUR-Lacke, PUR-Klebstoffe.

» *Beispiel für die Schaumbildung*

Wird die Vernetzung mit einem berechneten Überschuss an Isocyanat und Wasser durchgeführt, so bildet sich unter Zersetzung des Isocyanats das Treibgas CO_2, das während der Vernetzung zur Schaumbildung führt. Der Schaum wird durch die Härtung fixiert. Die Bildung von harten oder weichen Schaumstoffen hängt von den Anteilen an Isocyanat und der Reaktionsführung ab.

$$R{-}N = C = O \ + \ H_2O \ \longrightarrow \ R{-}NH_2 \ + \ CO_2 \uparrow$$

5.5 Elastomere

Historisches
Die Geschichte der Elastomere ist sehr viel älter als die der Plastomere und Duromere. Ihre Entwicklung verlief zunächst unabhängig von den um 1900 hergestellten ersten synthetischen Kunststoffen. Diese Trennung hat sich bis heute erhalten. In der Industrie wird zwischen Kunststofftechnik und Elastomertechnik unterschieden.

Das erste Elastomer, das im täglichen Leben Verwendung fand, wurde aus dem Saft des ca. 20 m hohen Baums Hevea brasiliensis gewonnen, der in Brasilien im Gebiet des Amazonas-Stromes weit verbreitet war. Die Eingeborenen Brasiliens nannten die Substanz, die aus dem Saft dieses Baumes gewonnen wurde seit alters her ‚cahuchu‘ (kau-utschu; von caa das Holz und o-chu fließen, weinen), was soviel wie ‚tränender Baum‘ bedeutet. Aus dem Wort cahuchu leitet sich unser Wort Kautschuk (engl. natural rubber) ab.

Der Kautschukbaum sondert aus einem weit verzweigten Röhrensystem unter der Rinde beim Anritzen Latex ab. Der Latex ist eine wässrige Dispersion von kolloidal verteilten Kautschukteilchen (Teilchengröße 0,15 bis 1,5 μm). Der Feststoffanteil beträgt ca. 30%. Durch Zugabe eines Elektrolyten, z.B. durch Ansäuern koagulieren die Kautschukteilchen und so lässt sich der Naturkautschuk als ein elastisches und teilweise auch plastisches (bleibend verformbares) Plastomer abtrennen. Die Eingeborenen Brasiliens verwendeten den Naturkautschuk zur Herstellung von elastischen und unzerbrechlichen Flaschen, von Spielbällen und von Fackeln.

In Europa ist Naturkautschuk seit 1745 bekannt. Dass Schwefel den zur Sprödigkeit und Klebrigkeit neigenden Naturkautschuk verbessert, hatten *Lüdersdorf* und *Hayward (1832/1836)* festgestellt. 1839 wurde von *Goodyear* die so genannte Vulkanisation von Naturkautschuk mit Schwefel zu Gummi im technischen Maßstab eingeführt (s. auch → Historisches: Seite 106). Die erste Verwendung von Gummi war die Luftbereifung von Pferdewagen (R. W. *Thomson, London, Patent* 1847), die bald in Vergessenheit geriet. Neu entdeckt hat sie 1888 *Dunlop (John Boyd 1840–1921, London)* für das Fahrrad.

Mit Zunahme der Produktion von Fahrrädern und Motorfahrzeugen wurde nach billigeren synthetischen Elastomeren gesucht, auch brachte die technische Entwicklung auf anderen Gebieten steigende Anforderungen an die Eigenschaften von elastischen Werkstoffen. Elastomere haben in der Technik neue Möglichkeiten eröffnet, z.B. gewann die Verwendung als Konstruktionsmaterial an Bedeutung. Die Folge war, dass der Anteil an synthetischen Elastomeren zunahm, während für Naturkautschuk der Anteil am Weltverbrauch sank.

Zusammenfassung über Elastomere aus vorhergehenden Abschnitten:

Für amorphe, weichelastische Polymere eignen sich lange, flexible, wenig verhakte Kettenmoleküle, deren Glastemperatur T_g unterhalb der Gebrauchstemperatur und meist unter 0 °C liegt. Elastomere liegen bei Gebrauchstemperatur im weichelastischen Zustand vor. Durch die freie Drehbarkeit der C–C-Bindungen können sie ihre Konformation schnell ändern.

Beispiele sind Polybutadien BR, Polyisopren IR. Wenn die Dehnung allzu lange anhält, können Ketten voneinander abgleiten und eine bleibende plastische Verformung verursachen.

Sind Doppelbindungen im Kettenmolekül vorhanden, so lässt sich das Abgleiten der Ketten durch weitmaschige Quervernetzungen über Hauptvalenzen mit einem geeigneten Reaktionspartner verhindern z.B. mit Schwefel. Zwischen den Quervernetzungen liegen dann mehr oder weniger lange, verknäuelte Kettenabschnitte. Bei Zugbelastung werden die verknäuelten Kettenabschnitte gestreckt. Beim Nachlassen der äußeren Kraft nehmen die Kettenabschnitte aufgrund der Wärmebewegung wieder eine verknäuelte Lage ein. Bei chemischer Quervernetzung sind Elastomere nicht mehr schmelzbar und schweißbar, sie zersetzen sich bevor sie schmelzen.

Naturkautschuk NR (Kautschuk engl. rubber, NR natural rubber)*

Naturkautschuk, dem das Kettenmolekül *cis*-1,4-Polyisopren zugrunde liegt, ist das am längsten bekannte Elastomer und kommt heute nur noch für hochwertige Autoreifen zur Anwendung. Naturkautschuk ist relativ teuer. Zur Verarbeitung und zur Einarbeitung von Zusatzstoffen wird Naturkautschuk mechanisch in besonderen Knet- und Walzwerken behandelt. Die mittleren Polymerisationsgrade betragen etwa 3000 bis 5000. Die Weiterverarbeitung erfolgt dann in ähnlicher Weise wie beim synthetischen Kautschuk *cis*-1,4-Polyisopren IR.

*Kurzzeichen nach DIN 7728 s. → Anhang

Isoprenkautschuk IR (engl. isopren rubber)

Die Herstellung von synthetischem Isoprenkautschuk, von *cis*-1,4-Polyisopren erfolgt stereospezifisch aus dem Monomer *cis*-1,3-Isopren − auch 2-Methyl-1,3-Butadien genannt − unter Verwendung von Metallocen-Katalysatoren. Diese gewährleisten die regelmäßige *cis*-Anordnung an der Doppelbindung und später die hervorragende Elastizität des Materials, wie sie auch der Naturkautschuk NR aufweist.

Der synthetische Isoprenkautschuk − auch Isopren-Elastomer oder Synthesekautschuk genannt − enthält in der Monomereinheit wie der Naturkautschuk noch eine Doppelbindung s. → Abb. 5.8. Er ist seiner Struktur nach ein amorphes Plastomer. Bei Gebrauchstemperatur liegt Synthesekautschuk im weichelastischen Zustand vor. Auf 80 °C erwärmt wird die Masse plastisch und kann in diesem Zustand verarbeitet z.B. extrudiert werden. Die Doppelbindungen im Polyisopren sind gegen Luftsauerstoff empfindlich, was zu Versprödung und Alterung führen kann. Kautschuk wird von Benzin und Benzol angegriffen, ist dagegen in Wasser, Alkohol und Aceton beständig.

Die Vorsilbe *cis* betrifft die Konfiguration des Kettenmoleküls. Um eine Doppelbindung besteht keine freie Drehbarkeit, es gibt *cis-trans*-Isomere (*cis-trans*-Isomerie s. → Abschn. 1.1.2, Seite 24). Bei der *cis*-Form setzt sich die Kette an der Doppelbindung in gleicher Richtung fort, bei der *trans*-Form in gegenüberliegender Richtung. Die räumliche Anordnung (Konfiguration) um die Doppelbindung wird bei der Herstellung fixiert. *Cis-trans*-Isomere haben unterschiedliche Eigenschaften.

Es gibt eine Vielzahl synthetischer Produkte mit deutlich vom Naturkautschuk abweichenden Strukturen, deren elastische Eigenschaften aber vergleichbar oder manchmal sogar besser sind.

Butadienkautschuk BR

Zur Herstellung von Polybutadienkautschuk kann je nach Katalysator die *cis* oder *trans* Konfiguration hergestellt werden.

$$H_2\overset{1}{C} = \overset{CH_3}{\underset{|}{\overset{2}{C}}} - \overset{3}{C}H = \overset{4}{C}H_2$$

1,3-Isopren

$$H_2\overset{1}{C}=\overset{2}{C}H-\overset{3}{C}H=\overset{4}{C}H_2$$

1,3-Butadien

↓

↓

$$\left[\overset{1}{C}H_2-\overset{CH_3}{\underset{|}{\overset{2}{C}}}=\overset{3}{C}H-\overset{4}{C}H_2\right]_n$$

1,4-Polyisopren

$$\left[\overset{1}{C}H_2-\overset{2}{C}H=\overset{3}{C}H-\overset{4}{C}H_2\right]_n$$

1,4-Polybutadien

cis-1,4-Polyisopren IR und NR

cis-1,4-Polybutadien BR

trans-1,4-Polyisopren IR

trans-1,4-Polybutadien BR

Andere Darstellung:

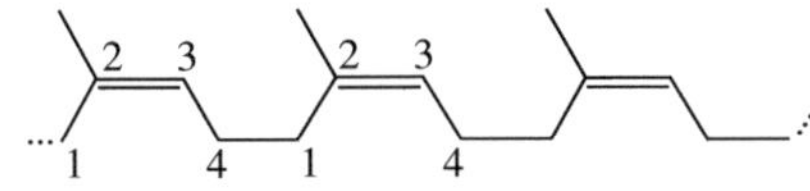

cis-1,4-Polyisopren IR

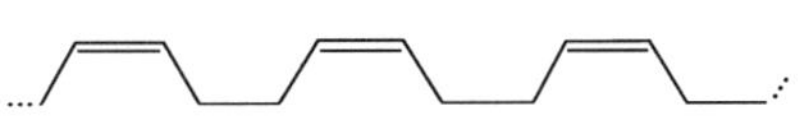

cis-1,4-Polybutadien BR

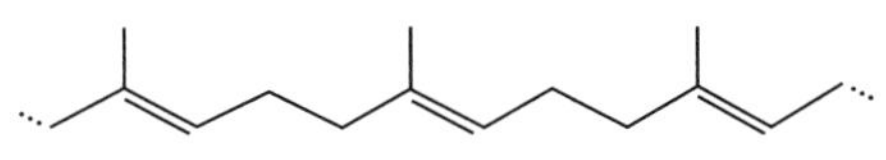

trans-1,4-Polyisopren IR
Guttapercha genannt.

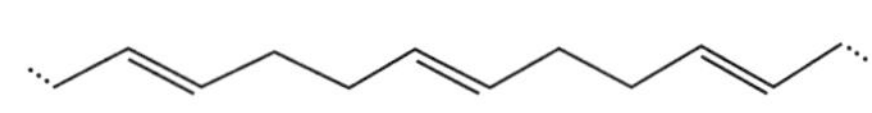

trans-1,4-Polybutadien BR

Abb. 5.8 cis- und trans-1,4-Polyisopren IR sowie cis- und trans-1,4-Polybutadien BR

Die lineare Anordnung der *trans*-Form neigt zu kristallinen Bereichen, was eine höhere Glastemperatur T_g und höhere Festigkeit zur Folge hat. Bei der *cis*-Form sind kristalline Bereiche wegen der ausgeweiteten Molekülstruktur weniger begünstigt. Die Doppelbindungen liegen hier sehr viel ungünstiger für eine Vernetzung, so dass die weitmaschige Quervernetzung über mehrere Schwefelatome durch die Vulkanisation (s. → weiter unten) für elastische Eigenschaften durchaus im Rahmen des erwünschten ist. Weitmaschige Vernetzung begünstigt die Dehnbarkeit, die Weichelastizität. Das synthetische *cis*-1,4-Polyisopren IR, dessen Struktur auch dem Naturkautschuk NR zugrunde liegt, hat bessere weichelastische Eigenschaften als das *trans*-1,4-Polyisopren IR.

SBR
Styrol/Butadien-Elastomer, Buna S
Poly(butadien-*co*-styrol), statistisches Copolymer

$$\left[(CH_2-CH=CH-CH_2)_l \cdots\cdots \left(CH_2-CH\!\!\left(\!\!\bigcirc\!\!\right) \right)_m \right]_n$$

Polybutadien BR   Polystyrol PS

l und m geben die unterschiedliche Anzahl der Monomere an, n den Polymerisationsgrad.

Der Synthesekautschuk SBR ist eines der wichtigsten und meist erzeugten Elastomere, das nach Vulkanisation (s. unten) hauptsächlich in der Reifenindustrie und auch für Förderbänder, Schläuche, Bodenbeläge u.a. verwendet wird.

Der statistisch verteilte Polystyrolanteil beträgt etwa 25 bis 30%. Höhere Anteile würden die Kettensteifigkeit erhöhen. Die linearen Polybutadienanteile begünstigen dagegen die bessere Kettenbeweglichkeit, die durch die freie Drehbarkeit um die C–C-Einfachbindungen zwischen den CH_2-Gruppen ermöglicht wird. Nach Vulkanisation ist Buna S allerdings weniger elastisch als vulkanisierter Naturkautschuk. Funktionszusatz- und Füllstoffe erhöhen Abrieb-, Wärme- und Alterungsbeständigkeit. SBR kann man auch als *innere Weichmachung von Polystyrol PS* betrachten (s. → Abschn. 5.3.1, Seite 178).

Chemische Vernetzungsreaktion, Vulkanisation

Die technisch wichtigste Vernetzungsreaktion ist heute nach wie vor die 1839 von *Goodyear* im technischen Maßstab eingeführte Heißvulkanisation für Naturkautschuk (Patent 1844). Bei der Heißvulkanisation wird elementarer Schwefel mit anderen Hilfsstoffen in den Naturkautschuk bzw. auch den Synthesekautschuk eingearbeitet. Nach der plastischen Verformung zum Formteil, z.B. zu Reifen wird durch anschließendes Erhitzen auf 125 bis 170 °C die Vernetzungsreaktion ausgelöst. Die mehr oder weniger vollständige Aufspaltung und Absättigung der Doppelbindungen führt zu dem sauerstoffbeständigeren und in organischen Lösemitteln unlöslichen Produkt *Gummi* mit stabilisierter (Gummi-)Elastizität. Die Schwefelbrücken können aus einer unterschiedlichen Anzahl von S-Atomen $(-S-)_x$ bestehen. Die → Abb. 5.9 zeigt ein vereinfachtes Schema der Vernetzung. Diese kann *räumlich* in vielfacher Weise ablaufen.

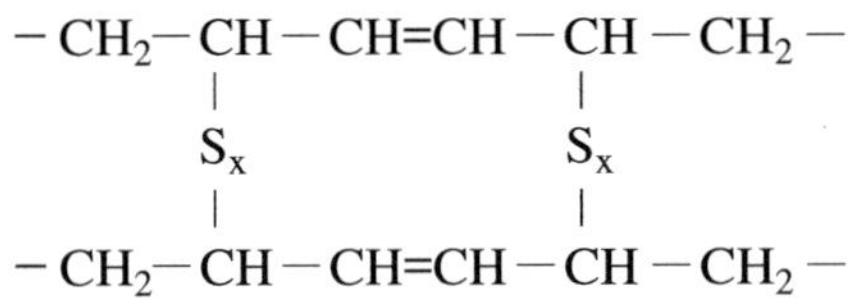

$$- CH_2- CH - CH{=}CH - CH - CH_2 -$$
$$\qquad\quad | \qquad\qquad\qquad |$$
$$\qquad\quad S_x \qquad\qquad\quad S_x$$
$$\qquad\quad | \qquad\qquad\qquad |$$
$$- CH_2- CH - CH{=}CH - CH - CH_2 -$$

Abb. 5.9 Vereinfachtes Schema der Vernetzungsreaktion, der Vulkanisation mit Schwefel

Mit zunehmender Vernetzung nimmt die Elastizität ab. Mit etwa 30 bis 50% Anteilen an Schwefel erhält man Hartgummi. Schwachvernetzter Gummi, so genannter Weichgummi mit nur 3 % Schwefel neigt wegen der verbliebenen Doppelbindungen mehr zur Alterung durch Luftsauerstoff.

Unter *Vulkanisation* versteht man also die weitmaschige dreidimentionale chemische Vernetzung von Natur- oder Synthesekautschuk, wodurch das Material chemisch beständiger wird und elastische Eigenschaften erhält. Vulkanisationsmittel ist in der Reifenindustrie elementarer Schwefel. Das Endprodukt nennt man *Gummi.*

Gummi ist unlöslich in polaren Lösemitteln (Wasser, Alkohol, Säuren u.a.), in unpolaren Lösemitteln z.B. Benzol allenfalls quellbar. Er ist nicht mehr plastisch verformbar und nicht schmelzbar. Durch Zusatzstoffe versucht man die Beständigkeit gegen unpolare Lösemittel (Öl), Temperatur und gegen Versprödung bzw. Alterung zu erhöhen, sie sollen den Radikalmechanismus der Autoxidation zum Kettenabbau verhindern.

Beispiele für Elastomere:

- Butadien-Elastomer BR ist abriebfest und rissbeständig. Es wurde zum Teil abgelöst von Styrol/Butadien-Elastomer SBR, Buna S.
- Chlorbutadien-Elastomer CR enthält keine Doppelbindungen und ist daher unempfindlich gegen Luftsauerstoff, Alterung und viele Chemikalien.
- Acrylnitril-Butadien-Elastomer NBR (früher Nitrilkautschuk) ist beständig gegen Kraftstoffe.
- Isopren-Isobutylen-Copolymer IIR (früher Butylkautschuk)
- Polyurethan PUR aus geeigneten Ausgangsstoffen und räumlich vernetzt s. → Abschn. 5.4.2, Seite 196.
- Copolymer PE-LLD (statistisch verteilte Polymere) s. → Abschn. 5.3.2, Seite 186.
- Polymerlegierungen, thermoplastische Elastomere s. → Abschn. 5.6.3, Seite 207.
- Siloxan-Elastomere: Während die Kettenmoleküle der weitaus meisten Elastomere aus einem Kohlenstoffgerüst $-C-C-$ aufgebaut sind, liegt den Siloxan-Elastomeren ein Silicium-Sauerstoff-Gerüst $-Si-O-Si-O-$ zugrunde. Siloxan-Elastomere werden wegen ihrer aufwändigeren und kostspieligeren Herstellung nur für spezielle Anwendungen in der Technik eingesetzt s. → Kap. 6, Seite 210.

Funktionszusatz-, Füll- und Verstärkungsstoffe

Unterschiedliche Zusatzstoffe begünstigen die Einsatzmöglichkeiten und verbessern die Materialeigenschaften. Bei Elastomeren unterscheiden sie sich zum Teil von denen bei Plastomeren und Duromeren.

» *Funktionszusatzstoffe*

Vernetzungsmittel ist z.B. Schwefel. Beschleuniger sind Aktivatoren, um die Vulkanisation zu beschleunigen.

Verarbeitungshilfen wie Weichmacher z.B. Polyisobutylen PIB (s. → Abschn. 5.2.2, Seite 167) verbessern die Verarbeitbarkeit des Kautschuks, begünstigen die Elastizität und dienen auch zur Verbilligung des Werkstoffs. Andere Verarbeitungshilfen sind natürliche und synthetische Öle, Harze, Paraffine u.a., sie werden in geringen Dosierungen zugesetzt.

Alterungsschutzmittel erhöhen die Lebensdauer des Gummis, schützen vor Licht, Wärme, Sauerstoff, Ozon und auch vor oxidationsfördernden Schwermetallen (Cu, Mn). Besonders wirksam sind Phenol-/Hydrophenol-Derivate. Ihr Eingriff in den Radikalmechanismus der Oxidation verhindert den Kettenabbau.

Haftmittel haben besondere Bedeutung bei Verbundwerkstoffen aus Gummi mit Stahlcord oder Geweben aus anderen Fasern z.B. bei Autoreifen. Die Haftung der verschiedenartigen Materialien untereinander wird verbessert, beispielsweise durch Resorcin-Formaldehydharze u.a.

» *Füllstoffe (Partikel)*

Aktive Füllstoffe sind beispielsweise Kieselsäure und Ruß. Sie erhöhen die Festigkeit und verbessern den Abriebwiderstand. Je kleiner die Teilchen (Partikel), je größer also ihre Oberfläche, desto mehr ist der Füllstoff geeignet.

Spezialruße werden als Füllstoffe z.B. von Polyisopren gut adsorbiert, bewirken dadurch eine zusätzliche Verfestigung und eine verbesserte Abriebfestigkeit. Ruß wirkt wie andere Antioxidantien als Lichtschutzmittel. Er absorbiert Licht, das dann für den Angriff auf die im Gummi verbliebenen Doppelbindungen nicht mehr zur Verfügung steht, damit kann die Alterung bzw. Versprödung verringert werden. Ruß färbt das Elastomer schwarz. Kieselsäure ist ein heller Füllstoff.

Inaktive Füllstoffe sind solche, die der Farbgebung dienen, Kreide, Kaolin u.a. werden als helle, billige Streckmittel zugesetzt.

» *Verstärkungsstoffe*

Fasern aus Stahl, Glas, Kohle, Polyamid, Polyester, Naturfasern u.a. – zum Teil in Form von Geweben – werden eingesetzt, um die mechanischen Eigenschaften der Gummiartikel wie Reifen, Transportbändern, Keilreimen u.a. zu verbessern.

5.6 Polymerlegierungen

5.6.1 Allgemeine Beschreibung einer Polymerlegierung

Polymerlegierung ist der zusammenfassende Begriff für

Propfcopolymere,
Polymermischungen, Polyblends,
Blockcopolymere.

Ähnlich wie bei den metallischen Legierungen resultieren aus mindestens zwei unterschiedlichen Komponenten – hier Polymeren – neue Eigenschaften, die mit den einzelnen Komponenten alleine nicht zu erzielen sind.

Polymerlegierungen setzen sich wie folgt zusammen:

- Im Überschuss vorhanden ist die zusammenhängende (kohärente) Phase. Sie bildet die *Matrix* und bestimmt überwiegend die Materialeigenschaften.
- Die *disperse Phase* liegt in Form von kleinen Bereichen (Domänen) vor und modifiziert die Eigenschaften der Matrix.

Ein disperses System (Mehrphasensystem) im strengen Sinne ist allerdings nur bei den Polyblends realisiert. Bei den Pfropfcopolymeren und Blockcopolymeren ist die disperse Phase chemisch durch Hauptvalenzen mit der Matrix verknüpft. Ein Vorteil dieser chemischen Verknüpfung von Matrix und disperser Phase ist die gute Feinverteilung der dispersen Phase, die schon bei geringem Gesamtanteil die Eigenschaften der Matrix optimal beeinflussen kann.

Eigenschaftsprofile, die man durch Polymerlegierungen erzielen kann:

- schlagzähe Plastomere erreicht man durch Pfropfcopolymere und Polymermischungen,
- thermoplastische Elastomere erreicht man durch Blockcopolymere.

5.6.2 Schlagzähe Plastomere

Schlagzähigkeit s. → DIN ISO 179 + 180, Seite 228.

Pfropfcopolymere

» *ABS*
Acrylnitril/Butadien/Styrol-Pfropfcopolymer, NBR-g-SAN

NBR steht für Acrylnitril/Butadien-Elastomer,
SAN steht für Styrol/Acrylnitril-statistisches
Copolymer.

g steht für pfropfen, engl. to graft.

Die Kettenmoleküle liegen nicht gerade (daher die
Kreise), wie in der schematischen Zeichnung dargestellt,
sondern verknäuelt vor. ABS ist ein amorphes Plastomer.

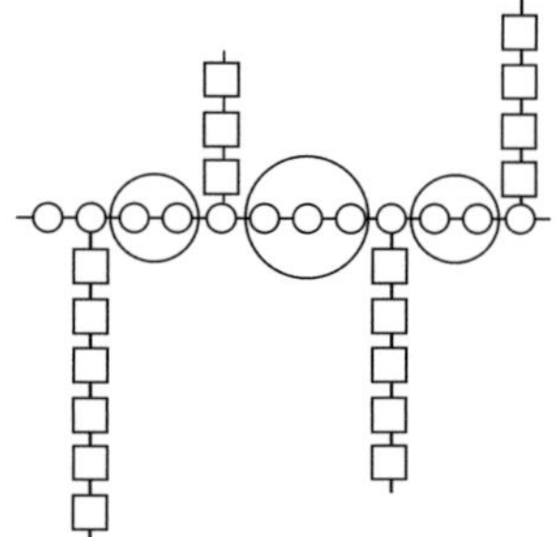

Die *Matrix* ist hartelastisch und bestimmt das mechanische Verhalten. Sie hat einen Anteil von 85 bis 95 % am Gesamtpolymer und besteht aus SAN, aus Styrol/Acrylnitril-Copolymer (statistisch verteilt), wobei der Massenanteil an Acrylnitril im SAN etwa 15 bis 35 % betragen kann.

Die *disperse Phase* ist weichelastisch und bestimmt die Tieftemperaturzähigkeit und die Schlagzähigkeit. Sie hat einen Anteil von 5 bis 15 % am Gesamtpolymer und besteht aus NBR Acrylnitril/Butadien-Elastomer. Diese Phase wird auch Rückgratpolymer genannt. Bei der Bezeichnung NBR-*g*-SAN wird das Rückgratpolymer NBR zuerst genannt.

Die hartelastische Matrix ist auf die weichelastische disperse Phase aufgepfropft. Aufgrund der Unverträglichkeit der Komponenten kommt es zu einer Entmischung dergestalt, dass sich in der harten Matrix kugelförmige Inseln von NBR bilden können (Kreise im oberen Bild).

$$\left[\left\{ \left(\underset{CH_2-CH}{\bigcirc} \right)_d \cdots \left(\underset{CH_2-CH}{CN} \right)_e \right\}_f \quad (CH_2-CH-CH-CH_2)_g \cdots \left(\underset{CN}{CH-CH_2} \right)_h \cdots (CH_2-CH=CH-CH_2)_i \quad \left\{ \left(\underset{CN}{CH-CH_2} \right)_k \cdots \left(\underset{\bigcirc}{CH-CH_2} \right)_l \right\}_m \right]_n$$

Die Bezeichnungen d, e, g, h, i, k, l geben an, dass die Anteile an Monomereinheiten unterschiedlich sind; f und m geben den Polymerisationsgrad des aufgepfropften SAN an und n den Polymerisationsgrad der in eckiger Klammer dargestellten Einheit.

Diese Copolymerisation kann auch als innere Weichmachung von Polystyrol PS und Polyacrylnitril PAN betrachtet werden. Es gibt weitere Möglichkeiten der chemischen Zusammensetzung, die zu Eigenschaftsvarianten führen.

Thermisches Verhalten von schlagzähem ABS:

Die hartelastischen Matrix SAN hat die Glastemperatur T_g von 105 °C, die weich-elastische, schlagzäh machende disperse Phase NBR hat die Glastemperatur T_g von −75 °C.

Für ABS ergibt sich daraus ein schlagzähes Gesamtverhalten in einem Anwendungsbereich von etwa −40 bis +100 °C, d.h. auch bei tiefen Temperaturen neigt dieser Werkstoff nicht zum Sprödbruch. Kurzzeitig ist ABS von etwa 90 bis 100 °C beanspruchbar, langzeitig bis etwa 85 °C.

Schlagzähes ABS kann durch eine variable Zusammensetzung von hart bis zähelastisch eingestellt werden. Auch bei tiefen Temperaturen neigen diese Werkstoffe nicht zum Sprödbruch. ABS hat hohe Festigkeit, Steifigkeit, Härte, Formbeständigkeit in der Wärme, Oberflächenglanz, es ist maßhaltig, chemikalienbeständig, wetterbeständig, schweiß- und klebbar, galvanisch metallisierbar (s. → Abschn. 7.2, Seite 219). Zusatzstoffe für ABS sind Glasfasern und Glimmer. Sie erhöhen den E-Modul.

Verwendung von ABS:

ABS wird für hochwertige Bau- und Ausstattungsteile in Automobilen und Flugzeugen verwendet, auch in der Elektro- und Phonoindustrie, im Sanitärbereich (galvanisierte Armaturen u.a), für Sport- und Freizeitartikel, Industrie-Schutzhelme u.v.a.

» *S/B*
Styrol/Butadien-Pfropfcopolymer BR-g-PS.

BR steht für Polybutadien, auch Butadien-Elastomer genannt. Bei der Bezeichnung BR-*g*-PS wird das Rückgratpolymer BR zuerst genannt. PS steht für Polystyrol.

Polystyrol PS (Anteile von 85 bis 95 %) ist auf Polybutadien BR (Anteile von etwa 5 bis 15 %) aufgepfropft. Aufgrund der Unverträglichkeit der beiden Komponenten kommt es zu einer Entmischung dergestalt, dass sich in der harten Polystyrolmatrix kugelförmige Inseln aus Polybutadien bilden (s. → Bild ABS, Seite 204).

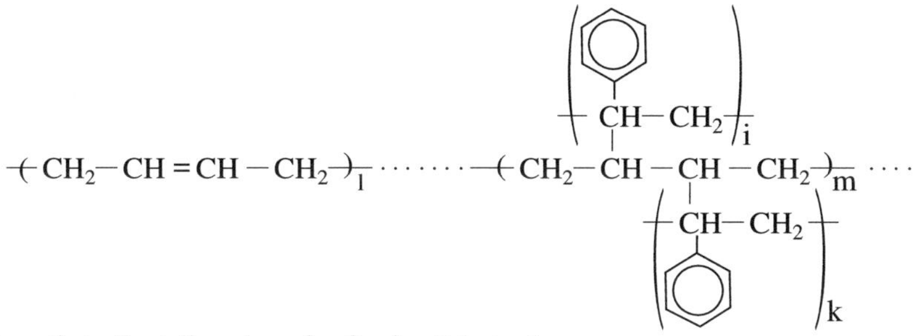

Schematische Darstellung des aufgepfropften Polystyrols

Thermisches Verhalten von schlagzähem S/B:

Die hartelastische Matrix Polystyrol hat eine Glastemperatur T_g von 90 °C, die weichelastische Phase Polybutadien hat eine Glastemperatur T_g von −90 °C.

Für S/B ergibt sich daraus ein schlagzähes Gesamtverhalten in einem Anwendungsbereich von etwa −40 bis +75 °C. Kurzzeitig ist S/B bis etwa 70 °C beanspruchbar,
langzeitig bis etwa 60 °C.

S/B ist neben seiner hohen Schlagzähigkeit bis −40 °C steif bis flexibel, formstabil,
hochglänzend, in den chemischen Eigenschaften dem Polystyrol ähnlich. Ungesättigte
Anteile des Polybutadiens machen es anfällig für Versprödung bei Licht- und Wärme-
einfluss (Alterung). Die Eigenschaften können durch Zusatzstoffe, Füll- und Verstärkungsstoffe verändert werden.

Verwendung von S/B:

S/B hat ein weites Anwendungsgebiet für Lebensmittelverpackungen, Haushaltsartikel, Büro- und Küchenmöbel, für Fernseh-, Radio- und Computergehäuse u.v.a.

Polymermischungen, Polyblends PB

Hier handelt es sich um echte Mehrphasensysteme, in denen die Einzelkomponenten
getrennt nebeneinander bestehen. Die Phasen sind nicht chemisch über Hauptvalenzen
miteinander verknüpft.

Mit Polymeren lassen sich jedoch nicht beliebige Mischungen herstellen. Beispielsweise kann man eine Polystyrolemulsion mit einer Polybutadienemulsion noch so
gründlich mischen, man bekommt nach dem Trocknen einen inhomogenen Stoff, der
unter den Fingern zerbröselt.

» *(PA 66 + PE)*

In der PA 66 Matrix werden Massenanteile von etwa 10 % lineares PE in Form von
Pulver verteilt. Ein Polyblend dieser Mischung ist auch bei Trockenheit in der Kälte
schlagzäh. Unpolares PE ermöglicht günstiges Gleitvermögen, PA 66 günstiges Ver-
schleißverhalten. Dieses Polyblend ist ein Werkstoff für Gleitlager.

» *(ABS + PVC)*

Mit dieser Mischung wird PVC schlagzäh gemacht sowie die Brennbarkeit von ABS
durch den Anteil an Chlor im PVC zurückgedrängt. Es ist selbsterlöschend.

5.6.3 Thermoplastisches Elastomer

Blockcopolymer

» *S/B/S*
Styrol/Butadien/Styrol-Dreiblockcopolymer PS-b-BR-b-PS

PS steht für Polystyrol
BR steht für Polybutadien
b steht für Blockcopolymer

Der Polymerisationsgrad der drei Blöcke kann unterschiedlich sein.

Die *Matrix* ist hier weichelastisch und ergibt ein entsprechendes weichelastisches Gesamtverhalten mit niedriger Glastemperatur T_g.

Die *disperse Phase* ist hartelastisch mit hoher Glastemperatur T_g. Sie hat stärkere Nebenvalenzkräfte als die Weichphase und ermöglicht so den Zusammenhalt der dispersen Phasen.

Die weichelastische, amorphe Matrix wird vom BR-Block (Anteile von etwa 70 %) gebildet, der von den beiden hartelastischen, steiferen PS-Blöcken eingefasst wird, von denen jeder einen Massenanteil von etwa 15 % der Gesamtmolmasse beitragen sollte.

Die Hartsegmente der dispersen Phase bilden über die stärkeren Nebenvalenzkräfte kleine, meist kristalline Bereiche. Sie fixieren bei Gebrauchstemperatur die weichelastischen Blöcke und bewahren vor dem Abgleiten der Phasen, was Voraussetzung für gummielastisches Verhalten ist. Bei höherer Temperatur lösen sich die Nebenvalenzen sowohl bei der hartelastischen Phase wie auch bei der weichelastischen Phase, so dass ein Schmelzen und Verarbeiten wie bei Plastomeren möglich ist.

Die Herstellung muss sehr sorgfältig erfolgen. Wenn an mehr als 10 % der Kettenmoleküle ein endständiger Block fehlt, werden die mechanischen Eigenschaften bereits merklich verschlechtert. Da beim BR-Block nach der Polymerisation eine Doppelbindung im Kettenmolekül verbleibt, ist die Alterungsbeständigkeit nicht sehr hoch. Es müssen Stabilisatoren zugesetzt werden.

Thermisches Verhalten von thermoplastischem Elastomer S/B/S:

Die weichelastische Matrix Polybutadien hat eine Glastemperatur von −90 °C, die hartelastische disperse Polystyrol-Phase hat eine Glastemperatur von 90 °C. Sie bildet über die stärkeren Nebenvalenzkräfte die Vernetzungsstellen, ihre Fließtemperatur (Übergang zur Schmelze) liegt bei 150 °C.

Thermoplastische Elastomere können oberhalb von etwa −90 bis etwa +90 °C wie Plastomere verarbeitet werden. Bei Gebrauchstemperatur fixieren die hartelastischen

Blöcke die weichelastische Phase, so dass das elastische Verhalten ohne Vulkanisation erhalten bleibt. Thermoplastische Elastomere können vor allem Weich-PVC ersetzen. Sie sind allerdings teuer und haben eine geringe Formbeständigkeit.

Verwendung von S/B/S:

Thermoplastische Elastomere werden im Automobil, Bauwesen, in der Medizin, für Kabel, Schläuche, Filme, Folien, Schuhe, Klebstoffe u.v.a. eingesetzt.

6 Polysiloxane SI

Eine andere Bezeichnung ist Silicon-Polymere

Silicium (Ordnungszahl 14) steht im Periodensystem der Elemente (PSE) unter Kohlenstoff (Ordnungszahl 6) in der Gruppe 14, in der dritten Periode. Das Si-Atom ist also größer als das C-Atom, woraus sich Unterschiede in den Bindungsverhältnissen und den Eigenschaften ergeben.

Kohlenstoff ist ein Nichtmetall, Silicium ein Halbmetall. Im Gegensatz zu der unpolaren, stabilen H–C-Bindung ist die H–Si-Bindung instabil. Während CO_2 ein Gas ist, ist SiO_2 die kleinste Einheit des harten Riesenmoleküls von Quarz (s. → Buch 1, Abschn. 4.2.8, Seite 207) mit hohem Schmelzpunkt. Die Si–O-Bindung bildet eine polare Atombindung, die völlige Elektronenübertragung vom Halbmetall Silicium auf den Sauerstoff wie bei den Metallen in den Metalloxiden findet nicht statt.

Die Fähigkeit des Kohlenstoffatoms, mit sich selbst Ketten und Ringe zu bilden, fehlt dem größeren Siliciumatom. Andere Bindungsverhältnisse führen zu einer Silicium-Sauerstoff-Kette. Während von den vier Valenzelektronen des Siliciums zwei Elektronen für die Kettenbildung mit Sauerstoff verbraucht werden, tragen die beiden restlichen Valenzelektronen organische Gruppen (s. → Abb. 6.1). Diese Verbindungen werden Polysiloxane genannt.

Bei den Polysiloxanen versucht man die anorganische, sehr stabile und in einem großen Temperaturbereich weitgehend beständige Si–O-Bindung auszunützen. Sie ist gegen Sauerstoff beständig, worauf die schwere Entflammbarkeit bis Nichtbrennbarkeit dieser Verbindungen zurückzuführen ist. Kombiniert sind diese Eigenschaften mit der chemischen Beständigkeit von organischen Gruppen, von Alkyl- und Arylgruppen. Als solche seien nur einige Beispiele genannt: Methylgruppen (CH_3-), die wasserabweisend sind, Phenylgruppen (H_5C_6-), die die Formbeständigkeit in der Wärme erhöhen, Vinylgruppen (H_2C=CH-), die eine weitmaschige oder engmaschige Vernetzung ermöglichen.

Insgesamt sind Polysiloxane korrosionsbeständig und haben neben einer hohen Kälte- und Wärmebeständigkeit eine gute elektrische Isolierfähigkeit. Die Gebrauchstemperaturen liegen etwa zwischen −100 und +180 °C, in Sonderfällen auch höher. Bei Zersetzung bildet sich SiO_2.

Man unterscheidet lineare, verzweigte und cyclische sowie weitmaschig- und engmaschig-vernetzte Polysiloxane.

Lineare Polysiloxane

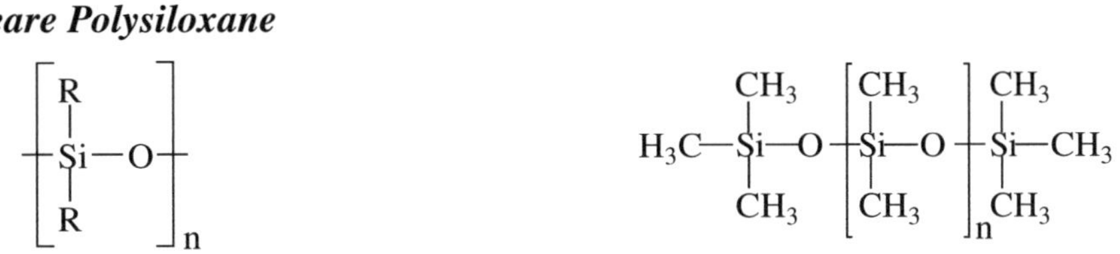

allgemeine vereinfachte Formel
R = Alkyl- oder Arylgruppen

Beispiel: Poly(dimethylsiloxan)

Abb. 6.1 Lineares Polysiloxan

In Abhängigkeit von der Molmasse erhält man viskose Öle, Pasten oder Fette. Lineare Polysiloxane besitzen einen niederen Dampfdruck, mischen sich nicht mit Wasser, lassen sich jedoch zu Emulsionen verarbeiten. Von tiefen bis zu hohen Temperaturen zeigen sie nur eine geringe Änderung der Viskosität.

Zur Anwendung kommen lineare Polysiloxane als Hydrauliköle, Schmiermittel, als Isolierpasten für Kunststoffpressformen sowie für den Feuchtigkeitsschutz.

Verzweigte Polysiloxane enthalten als verzweigende Bausteine tri- oder tetrafunktionelle Siloxan-Einheiten. Die Verzweigungsstelle kann in eine Kette oder auch in einen Ring eingebaut sein.

Cyclische Polysiloxane sind ringförmig aus difunktionellen Siloxan-Einheiten aufgebaut.

Siloxan-Elastomer SIR

Eine andere Bezeichnung ist Siliconelastomer oder Silicon*kautschuk*.

Anmerkung: Elastomere enthalten als letzten Buchstaben ein R. Dieses R steht für rubber (Kautschuk) (s. → Abschn. 5.5, Seite 198).

Siloxan-Elastomere sind Verbindungen, die Vernetzungs-Reaktionen (Vulkanisation) zugängliche Gruppen aufweisen wie H-Atome, OH- und Vinyl-Gruppen. Im Vergleich zu den Kautschukarten mit einer Kohlenstoffkette sind ihre mechanischen Eigenschaften bei Normaltemperatur weniger günstig. Im Gegensatz dazu sind sie jedoch bei erhöhten und bei tiefen Temperaturen den Kautschukarten mit einer Kohlenstoffkette überlegen. Das Quellverhalten in unpolaren Lösemitteln (Benzin, Benzol) wird von den unpolaren organischen Gruppen des Siloxan-Elastomers bestimmt, solange keine Füll- und Zusatzstoffe enthalten sind. Die Quellung geht zurück, wenn das Lösemittel entfernt wird, ohne dass Schaden im Elastomer entstanden ist. Füll- und Zusatzstoffe beeinflussen das mechanische und chemische Verhalten der Vulkanisate. Gegen Alkohol und Glycerin ist die Beständigkeit gut, Säuren und Alkalien zerstören auf Dauer die Si–O-Kette, besonders bei höherer Temperatur, ebenso heißes Wasser.

Siloxan-Elastomer wird als plastische Masse oder in gießfähiger, streichfähiger und knetfähiger Form geliefert. Für die Vulkanisation gibt es verschiedene Vernetzungsverfahren, die von den Komponenten des Elastomers abhängen z.B. die Heißvernetzung mit Peroxiden, die katalytische Kaltvernetzung u.a.

Siloxan-Elastomere werden für Dichtungsmassen, Schläuche, Kabeln, Isolierungen bei tiefen und hohen Temperaturen eingesetzt; Sie dienen zur Herstellung von Förderbändern, Druckbändern und Prägewalzen. Weitere Einsatzgebiet sind in der Elektroindustrie, in Flugzeugen und Schiffen.

Siloxanharze

Siloxanharze sind räumlich mehr oder weniger stark vernetzte Polymethyl- oder Polymethylphenylsiloxane. Sie besitzen die Eigenschaften von Duromeren. Die Wahl der organischen Gruppen und die Änderung des Verhältnisses von nicht-vernetzender und vernetzender Gruppen bestimmt das Eigenschaftsbild der Siloxanharze. Allgemein haben sie eine hohe Oberflächenhärte, sind temperatur- und witterungsbeständig und nicht brennbar.

Verwendet werden Siloxanharze beispielsweise in der Elektrotechnik für Isolierlacke sowie für Schutzanstriche bis etwa 300 °C.

7 Verbundwerkstoffe mit einem Polymer als Matrix

Mit Verbundwerkstoffen besteht eine weitere Möglichkeit, Polymerwerkstoffe mit verbesserten mechanischen und thermischen Eigenschaften bei gleichzeitig geringem Gewicht, hoher Korrosionsbeständigkeit und Maßhaltigkeit herzustellen.

Der Unterschied zu den Polymerlegierungen (s. → Abschn. 5.6, Seite 203), die ebenfalls bestimmte, neue Eigenschaften ermöglichen, besteht darin, dass ungleichartige Stoffkomponenten in geeigneter Form und geeigneter räumlicher Verteilung kombiniert werden. Das so genannte Mehrstoffsystem der Verbundwerkstoffe ist zusammengesetzt aus der *polymeren Matrix* als kontinuierliche Phase und der dispersen Phase, dem *Verstärkungsstoff*.

Vgl.: Anorganische Verbundwerkstoffe sind beispielsweise Drahtglas und Stahlbeton.

7.1 Faserverbund

Mit dem Begriff ‚Faserverbund' verbindet man allgemein den Begriff ‚Verbundwerkstoff'. Beide Begriffe werden synonym verwendet.

Dem Faserverbund kommt besondere Bedeutung für die Herstellung von hochbeanspruchten Konstruktionsteilen zu, er kann zum Teil metallische Werkstoffe ersetzen. Fasern werden als Endlos- oder Kurzfasern eingesetzt, auch als Faserschichten wie Gewebe (aus Kett- und Schussfäden) und Matten (verfilzte Fasern). Werden Fasern in ihrer verstreckten, d.h. in Zugrichtung orientierten Form beansprucht, weisen Konstruktionsteile eine hohe Festigkeit auf.

Eigenschaften von Fasern und polymerer Matrix müssen aufeinander abgestimmt sein: z.B. sind ein möglichst übereinstimmender thermischer Ausdehnungskoeffizient und E-Modul erforderlich. Die Festigkeit des Verbunds hängt nicht zuletzt vom Grenzflächenverhalten zwischen Faser und Matrix ab. Nur wenn die Fasern fest mit der Matrix durch haftvermittelnde Zusatzstoffe verbunden oder Faseroberflächen mit entsprechenden funktionellen Gruppen versehen sind, werden die äußeren Kräfte ausreichend über physikalische oder chemische Bindungen von der Verstärkungsfaser auf die Matrix übertragen.

Verstärkungsfasern für Polymere

» *Glasfaser (GF)*

Für den Faserverbund kommt der Glasfaser die größte Bedeutung zu. Die Bezeichnung ist dann *GFK*, gla<u>s</u>faserverstärkter <u>K</u>unststoff.

Zur Anwendung kommt ein so genanntes E-Glas, ein alkaliarmes Glas mit einem erhöhten Aluminiumoxid- und Magnesiumoxidgehalt, es ist ein Spezialglas für erhöhte mechanische Anforderungen, auch bei hoher Temperatur.

Glasfasern zeigen ein völlig anderes mechanisches Verhalten als dick hergestelltes Glas. Mit abnehmendem Querschnitt nimmt die Zugfestigkeit zu. Die Oberflächenfehler werden geringer.

Verwendung der GF:

Im großtechnischen Maßstab werden glasfaserverstärkte Plastomere und Duromere für Bauteile im Automobilbau, im Maschinenbau und in der Elektrotechnik verwendet, ebenso für hohe schlanke Türme wie Leuchttürme, Waschtürme bei den Rauchgasentschwefelungsanlagen u.a.

» *Carbonfaser (CF)*

Carbonfasern (Kohlenstofffasern) werden trotz der höheren Herstellungskosten zunehmend im Leichtbau für Carbonfaserverstärkte Kunststoffe *CFK* verwendet.

CF werden in Pyrolyse-Verfahren beispielsweise aus Polyacrylnitrilfasern (PAN-Fasern) oder Cellulosefasern hergestellt.

Verwendung von CFK:

Carbonfaserverstärkte Kunststoffe finden vor allem in der Luft- und Raumfahrt, auch zunehmend im Fahrzeugbau Verwendung. Im Flugzeugbau werden z.B. Seitenleitwerke aus dem Verbund von Carbonfasern mit Epoxidharzen hergestellt. Die Herstellung von Bauteilen aus CFK hat u.U. große Vorteile gegenüber der Herstellung aus Metallen, z.B. bei der Herstellung von ungewöhnlich geformten Bauteilen.

» *Aramidfaser*

Handelsnamen Kevlar. Die Aramidfaser (PTPA s. → Abschn. 5.3.3, Seite 188), ein aromatisches Polyamid, ist ebenfalls teurer als Glasfaser. Aramidfasern können mit Carbonfasern kombiniert werden: so wird die Zähigkeit der Carbonfasern auf den Verbund übertragen und ihre Schwächen wie z.B. geringe Druckfestigkeit durch die Aramidfaser verringert.

7.1.1 GF-verstärkter Verbundwerkstoff mit einem Duromer als Matrix

Herstellung von Bauteilen für den Fahrzeugbau

Die Herstellung dieser Bauteile benötigt zwei Arbeitsgänge: erst wird das so genannte SMC-Halbzeug – eine Harzmatte – aufgebaut (s. → nächste Seite). Anschließend folgt die Formung des gewünschten glasfaserverstärkten Bauteils durch Pressen. Beispiele für herzustellende Bauteile: Stoßfänger, Heckspoiler, Armaturenträger, Motorhauben, auch Haushaltsgeräte wie Wannen, Spülen u.a.

» *Herstellung von SMC -Halbzeug*

SMC, <u>S</u>heet <u>M</u>olding <u>C</u>ompound (s. →Abb. 7.1, Seite 216) nennt man eine flächige Pressmasse aus Duromeren, die mit Glasmatten verstärkt ist. Sie ist nur pressbar, nicht spritzbar.

Ein wichtiger Schritt bei der Herstellung von SMC-Halbzeug ist der Mischungsprozess, genannt Compoundierungsprozess. Zunächst werden die Komponenten für das Duromer und die zur Erzielung bestimmter Eigenschaften erforderlichen Zusatzstoffe ohne die Verstärkungsfasern gemischt. Für die *Matrix* wird beispielsweise vom ungesättigten Polyester (UP) in Styrol- oder Vinylacetatlösung ausgegangen. Die dreidimensionale Vernetzung mit Styrol führt zum ungesättigten Polyesterharz (UP-Harz s. → Abb. 5.7, Seite 195), kurz Polyesterharz oder nur *Harz* genannt. Diese so genannte Harzstammpaste bildet die Matrix.

» *Funktionszusatzstoffe* sind der Härter, z.B. ein Peroxid als Initiator für die Polymerisation. Von ihm hängt der Vernetzungsgrad ab. Oft sind Beschleuniger für die Härtung notwendig. Schwerentflammbarkeit erreicht man durch Zugabe von Halogenverbindungen. Den festen Verbund von Matrix und Faser stellt der Haftvermittler her.

» *Füllstoffe* können gezielt die Oberfläche, die Schwindung, die Steifigkeit und die Farbe beeinflussen. Der prozentuale Anteil an Füllstoffen hat auch wesentliche Auswirkungen auf die Kosten.

» *Verstärkungsstoff* ist die Glasfaser GF.

Die Harzstammpaste wird auf der Harzmattenmaschine (s. →Abb. 7.1, Seite 216) auf einer PE-Folie zu Endlosbahnen von etwa 1,50 m Breite und 1 cm Dicke ausgewalzt. In diese wird die Glasmattenverstärkung aus so genannten Rovings gelegt, dann mit der gleichen Harzstammpaste beschichtet und anschließend mit PE-Folie abgedeckt.

Anmerkung: Rovings sind Faserstränge aus sehr vielen Fasern, sehr großer Länge (Endlosfasern, Filaments) mit Durchmessern von einigen µm, z.B. bei Glasfasern von 8 bis 20 µm.

Glasfaser-Rovings können sowohl als Endlosstränge oder zu Langfasern mit ca. 25 bis 50 cm Länge geschnitten und unregelmäßig verteilt eingelegt werden. Die Orientierung der Glasfasern beeinflusst Festigkeit und Steifigkeit richtungsabhängig. Die Eigenschaften können anisotrop oder isotrop angelegt werden. Speziell endlose, gerichtete Rovings ermöglichen sehr hohe Festigkeit und Steifigkeit dort einzubringen, wo sie später im Bauteil gefordert werden. Durch ein bestimmtes Verhältnis von wirr verteilten Fasern zu gerichtet eingebrachten Endlosfasern kann man die Eigenschaften den Erfordernissen anpassen.

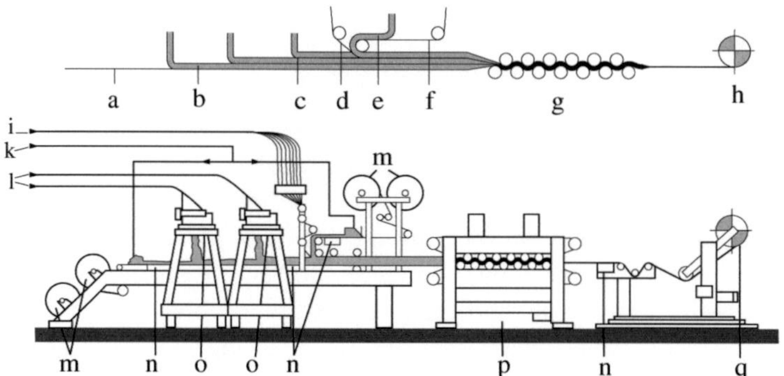

Abb. 7.1 Harzmattenmaschine zur Herstellung von SMC-Halbzeug. Quelle Studienarbeit BA Karlsruhe Wolfgang Huber
Oberes Bild zeigt wie die Harzmatte aufgebaut ist: **a** Polyethylen-Trägerfolie; **b** Harzstammpaste; **c** geschnittene Rovings; d Rovings; **e** Harzstammpaste; **f** Polyethylen-Deckfolie; **g** Entlüften, Imprägnieren und Verdichten der Harzmatte; **h** aufgerollte Harzmatte;
Unteres Bild zeigt die Maschine, wie die einzelnen Komponenten zur Herstellung der Harzmatte zugeführt werden: **i** Rovings; **k** Harzstammpaste; **l** Schneidwerkzeuge für die Rovings; m Rollen für die Polyethylen-Folie; **n** Kraftmessdose; **o** Breitschneidwerkzeug; **p** Tränkstation; **q** Wickelstation.

Der so erhaltene Faserverbund kann für den Pressvorgang zur Formung des Bauteils noch nicht verwendet werden. Die Bahnen werden zunächst in Stücke entsprechender Größe geschnitten, zu Zick-Zack Gelegen gefaltet und dann eine Woche bei etwa 20 °C gelagert. Diesen Vorgang nennt man ‚Reifung'. Die Klebrigkeit der Harzmatte nimmt ab, die Viskosität steigt mit der einsetzenden Polymerisation an, die Härtung beginnt.

Rezeptur und Lagertemperatur sind von besonderer Bedeutung, um die Polymerisation nur bis zu einem bestimmten Grad ablaufen zu lassen. Die ‚gereiften' Harzmatten werden *Prepregs* genannt. (engl. preimpregnated, vorimprägniert)

» *Pressen des Bauteils*

Die ‚gereiften' Harzmatten werden, gegebenenfalls mit einer Schablone auf die gewünschte Größe für das spätere Bauteil zugeschnitten und in das auf 135 bis 180 °C (je nach Rezeptur der Masse) aufgeheizte Formwerkzeug eingelegt. Um gute Oberflächen zu erzielen, sind die formgebenden Flächen verchromt. Danach wird die Presse geschlossen. Im aufgeheizten Werkzeug wird die Harzmatte, die bei der vorangegangenen Behandlung noch nicht ausgehärtet war, plastisch verformt. Durch den Pressdruck zum Fließen gebracht, füllt sie jeden Hohlraum im Werkzeug aus. Die vollständige Aushärtung, die chemische Vernetzung des ungesättigten Polyesters mit Styrol, erfolgt bei dem angewandten Druck im Laufe von etwa zwei bis vier Minuten. Nach dem Pressvorgang, dem Abschluss der Vernetzungsreaktion wird das Bauteil entformt, entgratet und abgekühlt.

» *IMC-(in mould coating)Verfahren*

Um Oberflächenqualitäten zu erreichen, die gut aussehen, kratzfest und schmutzabweisend sind, kann das SMC-Verfahren mit dem IMC-Verfahren gekoppelt werden.

Es entfallen dann aufwändige Nachbehandlungen. Nach weitgehender Härtung des Konstruktionsteils wird dabei das Formwerkzeug einige Zehntel Millimeter geöffnet und ein Oberflächenharz eingespritzt. Dies wird mit dem Bauteil zu Ende gehärtet. Für dieses Verfahren gibt es verschiedene Varianten.

» *Nachbehandlung des fertigen Bauteils*

Der spanenden Bearbeitung kommt wegen der großen Formgestaltungsmöglichkeiten der Bauteile keine besondere Bedeutung zu. Falls aber nötig, müssen bestimmte Vorsichtmaßnahmen eingehalten werden und die Oberflächen gut durchgehärtet sein, um den Verbund nicht zu beschädigen. Dafür werden Hartmetall-, diamantbestückte oder keramische Werkzeuge aus Korund (Al_2O_3) oder Siliciumcarbid (SiC) eingesetzt. Spanende Bearbeitungen sind: Stanzen, Sägen, Trennen, Bohren, Drehen, Fräsen, Schleifen, Brechen der Kanten und die Vorbereitung der Oberflächen zum Kleben.

Zum *Polieren* stehen spezielle Polier- und Glanzwachse zur Verfügung. Zum *Lackieren* werden PUR-Lacke verwendet. Die Lackierung ist gut durchführbar, verteuert aber das Bauteil. *Kleben* von GFK-Bauteilen ist der Niet-, Schraub- und Bolzenverbindung vorzuziehen.

» *Eigenschaften von Bauteilen aus SMC-Halbzeug*

Die Auswahl der Duromere bestimmt die Festigkeit, Steifigkeit, die Wärme- und Chemikalienbeständigkeit. Ebenso können die Eigenschaften durch die Art der Fasern und ihren Volumenanteil verändert werden. Für Bauteile im Fahrzeugbau werden Glasanteile von 30, 35, 40 oder 45 % verwenden. Die geringen Massendichten von 1,7 bis 2,0 g/cm^3 bieten Vorteile gegenüber Aluminium und Stahl und können zu Kraftstoffeinsparungen beitragen. Neben vorzüglichen Crash-Eigenschaften sind die Gestaltungsmöglichkeiten sehr vielfältig.

Betrachtet man die Kennwerte E-Modul und Zugfestigkeit für einen Stoßfänger, der mit einem Anteil an Glasfasern von 30 % hergestellt wurde, so reichen sie allerdings nicht an die einer Stahlstoßstange heran. Der Nachteil gegenüber Stahl lässt sich ausgleichen, indem der Glasanteil an besonders beanspruchten Stellen erhöht wird.

	E-Modul	Zugfestigkeit längs
		N/mm^2
GFK mit einem Duromer	17 500	207
Stahl	210 000	3 800

Herstellung von Bauteilen aus BMC-Formmasse

BMC, <u>B</u>ulk <u>M</u>oulding <u>C</u>ompound nennt man eine teigige Masse aus Duromeren, die mit Kurzglasfasern verstärkt ist. Sie kann in Granulatform hergestellt werden.

Die BMC-Formmasse aus Harz mit Schnittglasfasern wird in Wirbelschichtmischern oder Knetern hergestellt. Bei diesem Compoundierungsprozess wird die Anordnung der Verstärkungsfasern im Verbund nicht beeinflusst: sie liegen wirr verteilt. Die Eigenschaften des späteren Bauteils sind isotrop. Die Formgebung der BMC-Formmasse zu Bauteilen kann durch Druck und Wärme auf Pressen oder durch Spritzgießen erfolgen.

7.1.2 GF-verstärkter Verbundwerkstoff mit einem Plastomer als Matrix

Die so genannten *GMT-Formteile* sind glasmattenverstärkte Thermoplaste (Plastomere)*. Als Matrix wird meist Polypropylen PP verwendet. Eine höhere Wärmebeständigkeit erreicht man mit Polyamid PA 6 und PA 66 sowie mit Polyester (PET) und Polyblends. Sind die Glasfasern als Langfaser in das flächige Halbzeug eingelegt, dann können im Pressverfahren großflächige, kompliziert geformte, auch dünnwandige Fertigteile in Großserie hergestellt werden.

*Im Gegensatz zu SMC und BMC (in englisch) steht die Abkürzung GMT mit der deutschen Bezeichnung glasfaserverstärkte Thermoplaste.

Die späteren mechanischen Eigenschaften des Bauteils hängen auch hier von der Matrix, vom Glasfasergehalt und den entsprechenden Funktionszusatz- und Füllstoffen ab.

Beispiel für Materialeigenschaften von glasmattenverstärktem Polypropylen PP-GMT:

	Materialeigenschaften von PP-GMT
E-Modul	4 200 bis 5 800 N/mm^2
Zugfestigkeit	50 bis 80 N/mm^2
Massendichte	1,12 bis 1,2 g/cm^3

Kurzfaserverstärkte Plastomere ermöglichen die Herstellung von Granulat, das im Spritzgießverfahren verarbeitet werden kann.

GMT-Bauteile werden im Fahrzeugbau, im Maschinenbau, in der Möbelindustrie und in der Elektrotechnik verwendet.

7.1.3 Verbund mit einem Elastomer als Matrix

Der Aufbau eines Stahlgürtelreifens (vereinfacht)

Synthesekautschuk wird zu mittleren Molmassen mit Hilfe von Polymerisationsreglern hergestellt, so dass eine gute Verarbeitung möglich ist. Er wird nach exakt eingehaltenen Rezepten mit Zusatz- und Füllstoffen gemischt und für einen PKW-Reifen schließlich zu einem komplizierten Verbund aufgebaut. Der Rohling wird in Pressen in einem Arbeitsgang geformt und vulkanisiert.

7.2 Verchromtes ABS

Das ABS Pfropfcopolymer (s. Abschn. 5.6.2, Seite 203/204) kann mit Glasfaser verstärkt werden, außerdem lassen sich die Oberflächen von Formteilen mit einer Metallschicht z.B. Chrom überziehen.

Galvanisieren von ABS
Es sind folgende Verfahrensschritte durchzuführen:

- Beizen: Eintauchen des ABS-Formteils in eine stark oxidierend wirkende Chrom-schwefelsäure. An der Oberfläche entstehen Carboxylgruppen ($-COOH-$) als Haftstellen.

- Aktivieren: Einwirken einer Lösung von Zinn(II)chlorid oder Palladiumsalz. Anschließend Reduktion der anhaftenden Sn^{2+}-Ionen in einem Reduktionsbad zu Zinnkristallkeimen:

$$Sn^{2+} + 2\,e^- \rightarrow Sn$$

- Leitendmachen, galvanische Verkupferung: An den Sn-Kristallkeimen beginnt in einem Kupfer(II)-Bad die Abscheidung einer leitenden Kupferschicht:

$$Cu^{2+} + Sn \rightarrow Cu + Sn^{2+}$$

- Verkupferung: Es wird weiter elektrolytisch Kupfer abgeschieden:

$$Cu^{2+} + 2\,e^- \rightarrow Cu$$

- Die Kupferschicht kann verchromt, aber auch vernickelt, verzinnt, versilbert oder vergoldet werden.

Hartverchromte ABS Spritzgussteile werden heute als Ersatz für Metalle z.B. bei Armaturen verwendet. Die Vorteile sind: niedere Massendichte, kontrollierbare Leitfähigkeit, Vereinfachung der Montage, Kostenersparnis, größere Freiheit in der Formgebung.

Anhang

Berechnungen
zu → Tabelle 2.3, zu den Spalten 2 bis 4

- **Spalte 2** Berechnung von kg CO_2, die bei der Verbrennung von 1 kg
  Energieträger entstehen.

Methanol, CH_3OH

Stoffmengengleichung	CH_3OH	+	$1\frac{1}{2}\,O_2$	$\longrightarrow$	CO_2	+	$2\,H_2O$
Massengleichung	32	+	48	=	44	+	36
In kg	1	+	1,5	=	1,38	+	1,12

Aus **1 kg Methanol** entstehen bei der Verbrennung neben 1,12 kg Wasser
→ **1,38 kg CO_2**.

Anmerkung: Auch die Wasserbildung trägt zur hohen Energiebilanz bei.

Methan wird als Hauptbestandteil von Erdgas der Berechnung zugrunde gelegt.

Stoffmengengleichung	CH_4	+	$2\,O_2$	$\longrightarrow$	CO_2	+	$2\,H_2O$
Massengleichung	16	+	64	=	44	+	36
In kg	1	+	4	=	2,75	+	2,25

Aus **1 kg Methan** entstehen bei der Verbrennung neben 2,25 kg Wasser
→ **2,75 kg CO_2**.

Octan C_8H_{18} wird als Beispiel für die Berechnung von Ottokraftstoff zugrunde
gelegt:

Stoffmengengleichung	C_8H_{18}	+	$12,5\,O_2$	$\longrightarrow$	$8\,CO_2$	+	$9\,H_2O$
Massengleichung	114	+	400	=	352	+	162
In kg	1	+	3,50	=	3,08	+	1,42

Aus **1 kg Octan** entstehen bei der Verbrennung neben 1,42 kg Wasser
→ **3,08 kg CO_2**.

Pentadecan $C_{15}H_{32}$ wird als Beispiel für die Berechnung von Heizöl und
Dieselkraftstoff zugrunde gelegt:

Stoffmengengleichung	$C_{15}H_{32}$	+	$23\,O_2$	$\longrightarrow$	$15\,CO_2$	+	$16\,H_2O$
Massengleichung	212	+	736	=	660	+	288
In kg	1	+	3,47	=	3,11	+	1,36

Aus **1 kg Pentadecan** entstehen bei der Verbrennung neben 1,36 kg Wasser
→ **3,11 kg CO_2**.

Kohle:

Stoffmengengleichung	C	+	O_2	$\longrightarrow$	CO_2
Massengleichung	12	+	32	=	44
In kg	1	+	2,66	=	3,66

Aus **1 kg Kohle (= 1 SKE)** entstehen bei der Verbrennung
→ **3,66 kg CO_2**.

- **Spalte 3** Berechnung des SKE-Faktors:

Die Einheit SKE (Steinkohleneinheit) ist bezogen auf den Energieinhalt von 1 kg Durchschnittssteinkohle.
1 SKE entspricht definitionsgemäß 29300 kJ (s, → Abschn. 2.1.1, Seite 66).

Methanol:
Die SKE für Methanol ergibt sich aus dem Quotienten aus 19760*/29300 = 0,67 kJ/kg
1 kg Methanol liefert so viel Energie wie 0,67 kg Steinkohle.
SKE-Faktor Methanol 0,67.

Methan:
Die SKE für Methan wird aus seinem Heizwert H_u in kg berechnet:
Die SKE für Methan ergibt sich aus dem Quotienten aus 50082*/29300 = 1,7 kJ/kg
1 kg Methan liefert so viel Energie wie 1,7 kg Steinkohle.
SKE-Faktor Methan 1,7.

Flüssiggas (Propan, Butan):
Die SKE für Flüssiggas ergibt sich aus dem Quotienten aus 46055*/29300 = 1,57 kJ/kg
1 kg Flüssiggas (Mittelwert Propan, Butan) liefert so viel Energie wie 1,57 kg Steinkohle.
SKE-Faktor Flüssiggas 1,57.

Ottokraftstoff:
Die SKE für Ottokraftstoff ergibt sich aus dem Quotienten aus 43534*/29300 = 1,49 kJ/kg
1 kg Ottokraftstoff liefert so viel Energie wie 1,49 kg Steinkohle.
SKE-Faktor Ottokraftstoff 1,49.

Leichtes Heizöl bzw. Dieselöl:
Die SKE für leichtes Heizöl bzw. Dieselöl ergibt sich aus dem Quotienten aus
41441*/29300 = 1,41 kJ/kg.
1 kg leichtes Heizöl bzw. Dieselöl liefert soviel Energie wie 1,41 kg Steinkohle.
SKE-Faktor Heizöl bzw. Dieselöl 1,41.

* s. → Tabelle 3, Seite 230

- **Spalte 4** Berechnung der Abgabe von kg CO_2 pro SKE, d.h. die Abgabe von kg CO_2 bei gleicher Energieabgabe.

Methanol: 1,38/0,67 = **2,06 kg CO_2/SKE**
Erdgas: 2,75/1,7 = **1,62 kg CO_2/SKE**
Octan (Ottokraftstoff): 3,08/1,49 = **2,07 kg CO_2/SKE**
Pentadecan (leichtes Heizöl, Dieselöl): 3,11/1,41 = **2,20 kg CO_2/SKE**
Kohle: 3,66/1 = **3,66 kg CO_2/SKE**

Gegenüber Kohle gibt Erdgas ca. ½ so viel CO_2 ab,
gegenüber Ottokraftstoff und leichtem Heizöl bzw. Dieselkraftstoff gibt Erdgas
ca. 1/3 weniger CO_2 (ca. 30%) ab, bei gleicher Energieabgabe.

Tabellen

Tabelle 1

Aus E. Riedel, Allgemeine und Anorganische Chemie s. Literaturverzeichnis

Bindung	Bindungslänge in pm	Bindungsenergie in kJ/mol (25 °C)
H–H	74	436
O=O	121	498
N≡N	110	945
Cl–Cl	199	244
C–C	154	348
C=C	134	615
C≡C	120	811
C–H	109	416
C=O	120	811

Tabelle 2

Die angegebenen Werte können nur ca.-Werte darstellen. Manche Werte sind
gemittelt, da uneinheitliche Angaben vorliegen.

Energieträger	Brennwert	
	in kJ/kg	in kJ/Nm^3
Wasserstoff	141800	12740
Methan, Erdgas	55500	39820
Propan	50350	100900
Butan	49530	133880
Methanol	22604	
Octan	47720	
Benzol	42363	
Benzin, handelsüblich	46046	
Petroleum (Flugturbinenkraftstoff)	43953	
Heizöl, (etwa auch Dieselkraftstoff)	ca. 43116 bis 45209 (Mittel 44162)	
Wassergas		12600
Generatorgas (aus Koks/Kohle)		5000 bis 8400
Synthesegas		11000
Kohlenmonoxid		12600
Acetylen		58800
Raffineriegas		ca. 30000 bis 60000

Nm^3= Norm-m^3 (Norm-Kubikmeter) s. → Glossar.

Tabelle 3

Die angegebenen Werte können nur ca.-Werte darstellen. Manche Werte sind gemittelt, da uneinheitliche Angaben vorliegen. Fossile Energieträger unterscheiden sich nach ihrem Herkunftsland, es gibt z.B. eine Vielzahl an Kohlearten und Gasfamilien.

Energieträger	Heizwert H_u	
	in kJ/kg	in kJ/Nm³
Wasserstoff	120000	10780
Methan / Erdgas	50082	35880
Propan	46370	92930
n-Butan	45740	123640
Kokereigas		17500
Synthesegas		ca. 10000 bis 12000
Kraftstoffkomponenten:		kJ/l
Heptan	44400	30600
Octan	44162	
‚Isooktan'	44200	30800
Benzol	40300	35600
Methanol	19760	15930
Ethanol	26900	21400
Ottokraftstoff normal	43534	31800
Ottokraftstoff Super	42700	32700
Dieselkraftstoff	42750	35600
Heizöl	ca. 40604 bis 42279 Mittel 41441	
Kohle Steinkohle	29300	
Petrolkoks	31000	
Holz	18300	
Restmüll	ca. 11000 bis 12000	

Steinkohle bis Anthrazit ca. 33100 bis 35400 Mittel 34250

Tabelle 4

Feuergefährliche Systeme

Energieträger	Flammpunkt in °C	Brennpunkt in °C	Zündtemperatur in °C	Zündbereich Volumenanteil Gas (%) in Luft
Acetylen	<0		335	2,5 – 80
Wasserstoff	<0		560	4,0 – 75,6
Kohlenmonoxid	<0		605	12,5 – 75
Methan	<0	allgemein	645	4,9 – 15,1
Ottokraftstoff	−20	etwa 10 °C	> 200	0,6 – 8
Ethylenoxid	−18	höher		2,6 – 100
Benzol	−11	als der	560	1,2 – 8
Acrylnitril	−5	Flammpunkt		2,8 – 28
Methanol	11		455	5,5 – 44
Ethanol	13		425	3,5 – 15
Styrol	32			1,2 – 8,9
Flugturbinen-kraftstoff (Petroleum)	21 bis 55			
Dieselkraftstoff	55 bis 100		ca. 200	0,6 – 6,5
Heizöl	55 bis 100			
Schmieröle	55 bis 100			
Erdöl	55 bis 100			
Ruß			550	

Flammpunkt FP. charakterisiert feuergefährliche Flüssigkeiten. Er gibt die niedrigste Temperatur in °C an, bei der unter genormten Bedingungen sich aus einer brennbaren Flüssigkeit bei Atmosphärendruck (101,3 kPa) Dämpfe in solchen Mengen entwickeln, dass ein Zündfunke das über der Flüssigkeitsoberfläche befindliche Dampf-Luft-Gemisch entflammen kann. Die Flamme erlischt jedoch wieder, wenn die Zündquelle entfernt wird.

Brennpunkt ist die Temperatur in °C, bei der ein brennbarer Stoff z.B. das Alkan-dampf-Luft-Gemisch nach Entflammung weiter brennt. Es muss dafür eine um 10 °C höhere Temperatur vorhanden sein als der → Flammpunkt anzeigt.

Zündtemperatur oder Selbstentzündungstemperatur in °C: Es ist die niedrigste Temperatur, bei der ein brennbarer Stoff (Gas, Dampf, Staub, fein zerteilter fester Stoff) an heißen Flächen ohne Fremdzündung zündet. Die Zündung wird dabei durch eine deutlich wahrnehmbare Flamme oder Verpuffung oder beides zugleich angezeigt. Dies ist entsprechend der Norm nur dann gegeben, wenn die Entzündung an einer Probe innerhalb der ersten fünf Minuten in einem Versuchsraum eintritt.

Zündbereich: Er gibt für feuergefährliche Systeme die Explosionsgrenzen in Volumenanteilen des Gases (%) in Luft an.

Tabelle 5

Massendichten und thermische Daten für ausgewählte Polymere aus dem Kap. 5.

T_g: Glastemperatur, T_m: Kristallitschmelztemperatur, T_f: Fließtemperatur. Die Daten verstehen sich als Durchschnittswerte. Quelle Dr. Maurer BASF Ludwigshafen

Polymere	Massendichte in g/cm^3	T_g in °C	T_m in °C	T_f in °C
Standard-(Massen-)polymere				
Polyethylen, niedere Dichte PE-LD	0,918	< −100	108 bis 115	−
Polyethylen, hohe Dichte PE-HD	0,95 bis 0,97	−95	130 bis 137	−
isotaktisches Polypropylen PP-i:	0,91	−30 bis 0	160 bis 165	175
Polyvinylchlorid hart PVC-U	1,4	80	−	−
Polystyrol PS	1,05	100	−	160
Technische Polymere				
Polyoxymethylen POM:	1,42	−38	175 bis 200	−
Polyacrylnitril PAN	1,17	100	−	317
Polymethylmethacrylat PMMA	1,12 bis 1,18	105	−	180
Polyamid 66 PA 66	1,14	−	270	−
Polyethylenterephthalat PET	1,26	69	278	−
Polybutylenterephthalat PBT	1,20	22	232	−
Polycarbonat PC	1,2	145	240	−
Polyurethan PUR	−	−	−	−
SAN, Massenanteil Styrol 70 und Acrylnitril 30 in % statistisch verteilt	1,08	106	−	180
ABS Acrylnitril/Butadien/Styrol-Pfropfcopolymer, BR-*g*-SAN	1,04 bis 1,06	−	−	−
Polyethylen linear niedere Dichte, PE-LLD	0,918 bis 0,935	−	122 bis 124	−
Hochtemperaturbeständige Polymere				
Polytetrafluorethylen PTEF	2,00 bis 2,18	−20	327	
PAI, PEEK, PEK, PESU, PI, PPE, PPS, PTPA, PPH	s. Tabelle 10.1			
Duromere				
Kondensationsharze				
Phenol-Formaldehyd-Harz PF	1,20 bis 2,10	−	−	−
Reaktionsharze				
Ungesättigte Polyester UP-Harz	1,22 bis 1,27	−	−	−
Epoxyharze, EP-Harz	1,20 bis 1,22	−	−	−
Elastomere				
cis-1,4-Polyisopren IR	−	−73	−	−
trans-1,4-Polyisopren IR	−	−55	−	−
cis-1,4-Polybutadien BR	−	−100	−	−
trans-1,4-Polybutadien BR	−	−55	−	−
Buna S	−	−60	−	−

DIN-Normen für den Teil 2, Polymerwerkstoffe (eine Auswahl)

Gruppierung polymerer Werkstoffe DIN 7724
Kurzzeichen von Polymeren DIN 7728
Normung der Formmassen DIN 7708
    Teil 1 Bezeichnung (Kurzzeichen) und Einteilung (Homopolymere, Copolymere
    und Polymergemische)
    Teil 2 Herstellung von Probekörpern. Kurzzeichen für verstärkte Kunststoffe.
Funktions-Zusatzstoffe, Füllstoffe und Verstärkungsstoffe DIN EN ISO 1043
Kennzeichnung der Formteile DIN ISO 11469

Bestimmungsmethoden für Kennwerte, für Eigenschaften von Polymerwerkstoffen:
Schmelzindex DIN ISO 1133
Viskositätszahl (K-Wert) DIN 53726
Bestimmung der Massendichte der Formmasse DIN 53479
Biegefestigkeit DIN 53452
Elastizitätsmodul, E-Modul DIN 53457
Formbeständigkeit DIN ISO 75
Kerbschlagzähigkeit, DIN ISO 179 + 180, DIN 53453
Kriechmodul DIN ISO 899
Schlagzähigkeit DIN ISO 179 + 180
Schubmodul DIN 53445
Torsionsmodul DIN 53445
Zeitstandfestigkeit DIN 53444
Zugversuch DIN ISO 527, DIN 53457,
Dehnung DIN ISO 527
Zugfestigkeit DIN EN ISO 527

Weitere DIN-Angaben:
DIN-Taschenbücher Beuth Verlag
Siehe unter Literatur → Franck, → Schwarz, → Domininghaus.

Kurzzeichen für eine Auswahl von Polymeren nach DIN 7728

ABS	Acrylnitril/Butadien/Styrol-Pfropfcopolymer, NBR-*g*-SAN
(ABS+PVC)	Polyblend, eine Polymermischung aus ABS und PVC
BR	cis-1,4-Butadien-Elastomer, Butadienkautschuk
BMC	<u>B</u>ulk <u>M</u>oulding <u>C</u>ompound
EP	Epoxidharz
GFT	Glasfaserverstärkte Thermoplaste
GMT	Glasmattenverstärkte Thermoplaste
IMC	*in mould coating*
IR	cis-1,4-Isopren-Elastomer, Isoprenkautschuk
	chemisch wie → NR Naturkautschuk
LCP	Flüssigkristall Polymer, liquid crystalline polymer
MF	Melamin-Formaldehydharz
NBR	Acrylnitril/Butadien-Elastomer
NR	Naturkautschuk cis-1,4-Isopren-Elastomer, chemisch wie → IR
PA	Polyamid
PA 6	Poly(ε-caprolactam, Perlon)
PA 66	Poly(hexamethylenadipinsäureamid, Nylon)
(PA 66+PE)	Polyblend, eine Polymermischung aus PA 66 und PE
PA 610	Poly(hexamethylensebacamid
PA 12	Poly(12-laurinlactam)
PAC	Polyacetylen
PAI	Poly(amidimid)
PAK	Polycyclische aromatische Kohlenwasserstoffe
PAN	Polyacrylnitril
PBT	Polybutylenterephthalat
PC	Polycarbonat
PE	Polyethylen
PE-C	Polyethylen chloriert
PE-HD	Polyethylen hoher Dichte
PE-LD	Polyethylen niedriger Dichte
PE-LLD	Polyethylen linear, niedrige Dichte
PEEK	Poly(etheretherketon)
PEK	Polyetherketon
PES auch PESU	Poly(ethersulfon)
PET	Poly(ethylenterephthalat)
PE-UHMW	Polyethylen mit ultrahoher Molmasse
PF	Phenol-Formaldehydharz
PI	Polyimid
PIB	Polyisobutylen
PMMA	Polymethylmethacrylat
POM	Polyoxymethylen (Polyformaldehyd, Polyacetal)

PP	Polypropylen
PP-a	Polypropylen ataktisch
PP-i	Polypropylen isotaktisch
PPE	Polyphenylenether
PPH	Polyphenylen
PPS	Polyphenylensulfid
PS	Polystyrol
PTFE	Polytetrafluorethylen
PTPA	Poly(p-Phenylenterephthalamid), Aramidfaser
PUR	Polyurethan
PVAC	Polyvinylacetat
PVC	Polyvinylchlorid
PVC-C	PVC chloriert
PVC-E	Emulsions-PVC
PVC-P	Weich-PVC Formmasse, enthält Weichmacher
PVC-S	Suspensions-PVC
PVC-U	Hart-PVC, weichmacherfrei
SAN	Styrol/Acrylnitril-Copolymer
S/B	Styrol/Butadien-Pfropfcopolymer BR-g-PS
SBR	Styrol/Butadien-Elastomer, Buna S, Poly(Butadien-co-Styrol)
S/B/S	Styrol/Butadien/Styrol-Dreiblockcopolymer PS-*b*-BR-*b*-PS
SI	Polysiloxan (Silicon)
SIR	Siloxan-Elastomer, Siloxankautschuk
SMC	Sheet Molding Compound
UF	Harnstoff-Formaldehydharz
UP	ungesättigtes Polyesterharz

Anmerkung für BR, IR, NR, NBR, SBR und SIR: R steht für engl. rubber. Diese Bezeichnungen stehen heute für Elastomere (Kautschuke), also nicht für Gummi, d.h. nicht für vulkanisierte Elastomere. Die alte Bezeichnung R wurde beibehalten.

Glossar

Erläuterungen für wichtige Begriffe
Der Pfeil → bedeutet hier, dass der Begriff innerhalb des Glossars erklärt wird.

Additive: Zusatzstoffe für Kraftstoffe sowie für mineralische und synthetische Schmieröle zur Verbesserung der Qualität.

Aliphatisch nennt man offenkettige gesättigte und ungesättigte Kohlenwasserstoffe. Sie können sowohl verzweigt, wie auch unverzweigt sein. Ringförmig (cyclisch) gesättigte und ungesättigte Kohlenwasserstoffe nennt man **Cycloaliphaten** oder **Alicyclen.**

Alkane: Allgemeine Summenformel C_nH_{2n+2}.

Alkene: Allgemeine Summenformel C_nH_{2n}.

Alkine: Allgemeine Summenformel C_nH_{2n-2}.

Alkylgruppe: Fehlt einem Alkan an der endständigen CH_3-Gruppe ein H-Atom, so nennt man den Rest R Alkylrest oder Alkylgruppe.
Beispiele: $H_3C-CH_2-CH_2-CH_3$ Butan, $H_3C-CH_2-CH_2-CH_2-$ Butylrest oder Butylgruppe.

Antioxidantien sind Radikalfänger, die die Autoxidation, die radikalartige, oxidative Spaltung der zu schützenden Stoffe, z.B. Kohlenwasserstoffe verlangsammen oder verhindern.

Atmosphärendruck: Falls nichts anderes angegeben, gilt stets der Atmosphärendruck, der früher mit 1 atm angegeben wurde. Heute wird die Einheit Pascal Pa für den Druck verwendet, daneben ist auch die Einheit bar zulässig. 1,013 bar = 1,013 $\cdot 10^5$ Pa = 1013 hPa = 101,3 kPa.

Atombindung: Sie ist eine relativ starke von Nichtmetallatom zu Nichtmetallatom gerichtete Bindung, bei der die beteiligten Atome jeweils ein bzw. zwei oder drei durch Valenzstriche symbolisierte Elektronenpaare gemeinsam besitzen. Andere Bezeichnungen für Atombindung sind Elektronenpaarbindung oder kovalente Bindung. Veraltet ist die Bezeichnung homöopolare Bindung.

Azeotropisches Gemisch: Ein azeotropisches Gemisch ist ein aus zwei oder mehreren Flüssigkeiten zusammengesetztes Gemisch, das trotz seiner unterschiedlichen Zusammensetzung einen einheitlichen Siedepunkt besitzt.

Bakterizide wirken gegen Bakterien.

Biegefestigkeit: Zum Bruch führende Spannung beim Biegeversuch.

Bindungsenergie ist ein Maß für die Festigkeit einer Atombindung, s. Anhang Tabelle 1. Sie gibt an, wieviel Energie aufgewendet werden muss, um eine Atombindung zu lösen bzw. wieviel Energie frei wird, wenn eine Bindung ausgebildet wird.

Bindungslänge ist der Abstand zwischen den Atomkernen zweier, durch Atombindung miteinander verbundener Atome, s. Anhang Tabelle 1.

Biozide ist eine Sammelbezeichnung für Mittel, die pflanzliches, tierisches und mikrobielles Leben abtöten.

Brennwert (früher obere Heizwert Ho) ist der Quotient aus der bei der vollständigen Verbrennung und auf 25 °C abgekühlten frei werdenden Verbrennungswärme eines Brennstoffs und der Masse des Brennstoffs. Da der bei der Verbrennung entstandene Wasserdampf als Wasser kondensiert, ist der Brennwert um die Kondensationswärme des Wassers höher als der → Heizwert H_u. Der Brennwert wird in kJ pro kg des Brennstoffs (kJ/kg) angegeben. Brennwerte einiger Energieträger s. Anhang Tabelle 2.

Cetanzahl ist die Maßzahl für die Zündwilligkeit des Dieselkraftstoffs.

***Cis-trans*-Isomerie,** auch → Konfigurationsisomerie genannt: Um eine Kohlenstoff-Doppelbindung besteht keine freie Drehbarkeit. Unterschiedliche Atome oder Atomgruppen an einer Doppelbindung sind räumlich festgelegt. Bei der *cis*-Form befinden sie sich auf der gleichen Seite der Doppelbindung, bei der *trans*-Form auf der gegenüberliegenden Seite.

Cracken: Spalten, ‚brechen' von langkettigen Kohlenwasserstoffen zu kürzerkettigen Kohlenwasserstoffen bei Temperaturen von etwa 400 bis 800 °C. → Hydrocracken, Katcracken, Steamcracken.

Dampfreformierung: → Steamreforming.

Dichte auch → Massendichte genannt: ρ = Masse/Volumen = m/V in kg $\cdot$ m^{-3} oder in g $\cdot$ cm^{-3} (→ NTP).

DIN <u>D</u>eutsches <u>I</u>nstitut für <u>N</u>ormung e.V., es ist Mitglied in europäischen und internationalen Organisationen. Man ist an einer Standardisierung zum Beispiel für wissenschaftliche Begriffe, Gesetze, Regeln u.a. durch internationale Organisationen wie → EN, ISO und → IUPAC interessiert. Maßgebend für das Anwenden jeder Norm ist deren Fassung nach dem neuesten Ausgabedatum.

DIN EN ISO bedeutet: Die Deutsche Norm DIN hat den Status einer <u>E</u>uropäischen <u>N</u>orm EN und einer <u>I</u>nternationalen <u>O</u>rganisation for <u>S</u>tandardization ISO.

Dipol: Ein Dipol ist ein Paar nahe benachbarter, gleich großer, jedoch entgegengesetzter elektrischer Ladungen.

Dipol-Dipol-Kräfte: Sie werden auch Nebenvalenzkräfte, zwischenmolekulare Bindungskräfte oder *van der Waals*-Kräfte genannt. Sie wirken zwischen → polaren Kohlenwasserstoffmolekülen, in denen H-Atome durch Heteroatome ersetzt sind. Dipol-Dipol-Kräfte sind gerichtete Anziehungskräfte und stärker als die ungerichteten → Dispersionskräfte, was sich vor allem auf die thermischen Eigenschaften auswirkt.

Dispersionskräfte: Sie werden auch Nebenvalenzkräfte, zwischenmolekulare Bindungskräfte oder *van der Waals*-Kräfte genannt. Sie wirken zwischen → unpolaren Kohlenwasserstoffmolekülen. Sie beruhen auf schwachen, ungerichteten Anziehungskräften, verursacht durch zeitlich veränderliche Ladungsverschiebungen der Elektronen in der Atomhülle.

Doppelbindung: Sie stellt eine ungesättigte chemische Bindung dar, die durch zwei parallele Striche dargestellt wird, die je eine → σ-Bindung und eine → π-Bindung symbolisieren. Schreibweise $H_2C=CH_2$.

Dreifachbindung: Sie stellt eine stark ungesättigte chemische Bindung dar, die durch drei parallele Striche dargestellt wird, die je eine $\rightarrow$ σ-Bindung und zwei π-Bindungen symbolisieren. Schreibweise $HC\equiv CH$.

Einfachbindung, $\rightarrow$ Atombindung oder $\rightarrow$ Sigma(σ)-Bindung genannt: Sie wird durch einen einfachen Strich dargestellt. Schreibweise H_3C-CH_3.

Elastizitätsmodul E-Modul (Mehrzahl Moduln): Der E-Modul ist eine Kennzahl für die Elastizität der Stoffe. Er ist eine Material-konstante, eine Maßzahl für den Widerstand des Materials gegen Verformung. Er ist definiert als das Verhältnis von Spannung σ und der von ihr verursachten Dehnung ε. Ist der Zahlenwert des E-Modul hoch, so bedeutet dies, dass eine große Kraft eine geringe Verformung des Materials bewirkt. Ist der Zahlenwert des E-Moduls niedrig, so bedeutet dies, dass eine geringe Kraft eine starke Verformung bewirkt. $E = \sigma/\varepsilon$ gemessen in N/mm^2. ($N \rightarrow$ Newton ist eine Kraft)

Elektronegativität EN (dimensionslose Zahl). Sie ist ein Maß für die Tendenz von Atomen zur Aufnahme von Elektronen. Fluor ist das elektronegativste Element mit dem höchsten EN-Wert von 4,1.

E-Modul $\rightarrow$ Elastizitätsmodul

Enthalpieänderung ΔH^0 nennt man die Enthalpie (Reaktionswärme), die bei einer chemischen Reaktion bei konstantem Druck frei (exotherm) oder verbraucht (endotherm) wird.

Erdgas: H-Erdgas (high caloric Gas), Methananteil zwischen 87 und 99,1 % mit geringem N_2- und CO_2-Anteil. L-Erdgas (low caloric Gas), Methananteil zwischen 79,8 und 87 % und etwas höherem Anteil an N_2 und CO_2.

Erneuerbare Energie: Darunter versteht man ‚nichterschöpfbare' Energie im Gegensatz zu den natürlichen fossilen Primärenergieträgern Kohle, Erdöl und Erdgas deren Ressourcen endlich sind.

ETBE: Ethyl-tertiär-butyl-ether wird Ottokraftstoff zur Erhöhung der $\rightarrow$ Octanzahl zugesetzt. ETBE kann mit Bioethanol hergestellt werden. Eine andere Bezeichnung ist *tert*-Buthyl-ethyl-ether.

***Fischer-Tropsch*-Synthese:** Ausgehend von Synthesegas ($CO + H_2$) wird dieses in einem katalytischen Verfahren bei erhöhter Temperatur und unter Druck bei Zuführung von Wasserstoff beispielsweise zu gesättigte Kohlenwasserstoffen umgesetzt. Bei unterschiedlichen Reaktionsbedingungen enstehen Alkane in allen Siedebereichen zur Herstellung von Otto- und Dieselkraftstoff u.a.

Formmasse: Sie besteht aus einem Basispolymer und den für spezielle, gewünschte Eigenschaften zugesetzten Zusatzstoffen (Funktionszusatz-, Füll- und Verstärkungsstoffe).

Formstoff nennt man die Formmasse, wenn daraus durch $\rightarrow$ Urformen Halbzeug oder Formteile hergestellt werden. Die Formmasse ist dann der eigentliche Werkstoff.

Formteile sind aus dem Formstoff bzw. aus dem Werkstoff hergestellte Erzeugnisse mit einer bestimmten Gestalt und Abmessung, die durch $\rightarrow$ Urformen direkt in die endgültige, bleibende Form gebracht wurden.

‚freies Volumen': Bei Temperaturerhöhung führen Kettenmolekülabschnitte der amorphen Plastomere zunehmend Umlagerungs- und Rotationsbewegungen aus.

Diese Bewegungen erfolgen in Hohlräume hinein, in Leerstellen, in ‚freies Volumen' zwischen den Verknäuelungen der Kettenmoleküle.

Fungizide wirken gegen Pilze.

Funktionelle Gruppen: Sie werden von → Heteroatomen und Hetroatomgruppen gebildet. Aufgrund ihrer höheren Elektronegativität (EN) entsteht aus einem unpolaren organischen Molekül ein → polares Molekül.

Galvanisieren: Überziehen einer Oberfläche mit einer Metallschicht durch elektrolytische Abscheidung.

Gasflaschen sind drucksichere, nahtlose Stahlflaschen. Sie dienen als Behälter für stark verdichtete Gase oder Gasgemische. Die alte Flaschenkennzeichnung gilt ab 1. Juli 2006 nicht mehr. Die Farbe des Flaschenkörpers ist ab diesem Datum nicht mehr einheitlich vorgeschrieben, aber die Farbe der Flaschenschulter ist nach EN 1089-3 festgelegt.

Gerüstisomerie: Bei gleicher Summenformel gibt es gerade (unverzweigte) und verzweigte Kettenmoleküle. Es gilt die systematische Bezeichnung nach IUPAC wie in der Tabelle 1.1 angegeben. Die Kennzeichnung mit der Vorsilbe Iso- ist nur noch für Isobutan (2-Methylpropan), Isopentan, Isohexan und die Gruppe Isopropyl $(H_3C)_2CH-$ zugelassen. Unverzweigte und verzweigte Kettenmoleküle unterscheiden sich in Siedepunkt und Schmelzpunkt. Nur in der Technik wird für 2,2,4-Trimethylpentan die Bezeichnung Isooktan verwendet. Octan und Isooctan unterscheiden sich im Einfluss auf das Klopfverhalten des Ottokraftstoffen.

ΔH^0 → Enthalpieänderung

Halbzeuge sind vorgeformte Produkte wie Folien, Bahnen, Tafeln, Blöcke, Rohre, Profile u.a., die durch Umformen (nicht → Urformen!), d.h. durch Warmformen in die endgültige Form gebracht werden.

Heizgase (Brenngase): Erdgas, Raffineriegas (Methan, Ethan), Flüssiggas (Propan, Butan), Generatorgas.

Heizwert H_u (unterer Heizwert): Hat der Wasserdampf bei einem Verbrennungsvorgang die Möglichkeit, ohne Kondensation abzuziehen, d.h. wird keine Kondensationswärme des Wassers frei, so erfasst man den Heizwert. Er ist niedriger als der → Brennwert. Die Einheit kJ/kg gibt den Quotienten aus der bei vollständiger Verbrennung einer bestimmten Brennstoffmenge freiwerdenden Verbrennungswärme und der Masse des Brennstoffs an. Heizwerte (H_u) einiger Energieträger s. Anhang Tabelle 3.

Herbizide wirken gegen Pflanzen. Sie werden hauptsächlich angewendet gegen Unkraut.

Heteroatome sind in der organischen Chemie eine Sammelbezeichnung für alle chemisch gebundenen Atome außer Kohlenstoff und Wasserstoff. Beispiele Sauerstoff-, Stickstoff- Schwefel- und Halogenatome sowie Fe in Ferrocen und Si in Polysiloxanen.

***Hooke*-Gesetz:** Das Gesetz beschreibt die lineare Abhängigkeit zwischen Spannung σ und Dehnung ε: $E = \sigma/\varepsilon$, E ist die Bezeichnung für den → E-Modul. Das Gesetz beschreibt das elastische Verhalten: eine Verformung stellt sich bei Krafteinwirkung momentan ein, bleibt bei gleichbleibender Belastung konstant und geht spontan zurück, wenn die Kraft weggenommen wird.

Hybridisierung: lat. hybrid gemischt. Die Hybridisierung ist die Mischung von Atomorbitalen derselben Hauptquantenzahl, aber unterschiedlicher Nebenquantenzahlen unter Bildung von so genannten Hybridorbitalen. Beispiel: Beim Kohlenstoffatom werden das 2s-Orbital (mit 2 Elektronen) mit den drei p-Orbitalen (mit 2 Elektronen) zu vier energetisch gleichwertigen Orbitalen kombiniert, d.h. zu vier $2sp^3$ Hybridorbitalen ‚gemischt‘.

Hydrocracken: Langkettige n-Alkane werden in Gegenwart von Wasserstoff katalytisch zu kürzerkettigen Alkanen gecrackt z.B. zur Herstellung von Kraftstoffen.

Insektizide: Stoffe, die für Insekten schädlich sind.

ISO: Abkürzung von International Organization for Standardization.

Isomere sind Verbindungen mit der gleichen Summenformel, jedoch mit verschiedener Anordnung von Atomen und Bindungen, d.h. mit verschiedenen Strukturen.

IUPAC: International Union of Pure and Applied Chemistry. Darin gibt es verschiedene Kommissionen, zum Beispiel für die Nomenklatur in der anorganischen, organischen und makromolekularen Chemie.

Kälteraffination: Entparaffinierung der Schmierölfraktion: Zur Erniedrigung des → Pourpoints wird das → Solventraffinat einer Kälteraffination (Entparaffinierung) unterworfen. Das Lösemittel wird so gewählt, dass es eine gute Löslichkeit für das Schmieröl, nicht aber für die langkettigen Paraffine besitzt.

Katcracken: Langkettige n-Alkane werden katalytisch zu kürzerkettigen Alkanen, Isoalkanen, Alkenen und Aromaten gecrackt.

Konfiguration: Sie gibt die starre räumliche Anordnung der Atome und Atomgruppen in einem Molekül an, wie sie bei der Synthese fixiert wurde. Beispiel *cis-trans*-Isomere. Durch unterschiedliche Anordnung entstehen **Konfigurationsisomere**, die sich chemisch und physikalisch unterscheiden. Um zu einer anderen Konfiguration zu kommen, müssen Bindungen gelöst werden.

Konformation: Darunter versteht man eine der zahlreichen räumlichen Anordnungen eines Kettenmoleküls, soweit sie durch Drehung um Einfachbindungen entstehen können. Die freie Drehbarkeit von Einfachbindungen führt somit durch Rotation zu verschiedenen **Konformationsisomeren** (Rotationsisomere). Die Isolierung der einzelnen Konformationsisomere ist bei kleinen Molekülen nicht möglich, isolieren lassen sie sich bei sehr großen Molekülen, den Makromolekülen. Beispiele Knäuel, Helix.

Konstitution, oft auch nicht ganz korrekt → Struktur genannt: Konstitution gibt den chemischen Aufbau, d.h. die Art und Anordnung der Atome, deren Verknüpfungsart und ihre Stellung in einer *ebenen* Darstellung an.

Konstruktionspolymere zeichnen sich durch besondere mechanische Eigenschaften wie hohe Festigkeit, Steifigkeit und Zähigkeit bei geringem Gewicht aus sowie durch relativ hohe Wärmebeständigkeit und gute Chemikalienbeständigkeit.

Kriechen eines Polymerwerkstoffs ist die irreversible Verformung unter dauernder

Einwirkung einer Kraft. Die Verformung kann dabei so groß werden, dass sie letztendlich zum Bruch führt.

Langzeitverhalten: Das Langzeitverhalten der Polymerwerkstoffe kann durch den Kriechversuch angegeben werden.

Legierte Öle: Mineralöle und Syntheseöle mit Zusatz von Additiven.

Lineare Kettenmoleküle: Es sind kettenförmige Polymere im Vergleich zu räumlich vernetzten Polymeren.

MAK-Werte: <u>M</u>aximale <u>A</u>rbeitsplatz-<u>K</u>onzentration gesundheitsschädlicher Stoffe.

Massendichte meist nur → Dichte genannt.

Mehrbereichsöle sind Öle mit einem hohen → <u>V</u>iskositäts<u>i</u>ndex VI. Je höher der VI ist, desto geringer ist der Einfluss der Temperatur auf die Viskosität des Öls. Bei niederen Temperaturen ist die Viskosität gering, bei hohen Temperaturen höher. (Normalerweise ist es umgekehrt!) s. → Viskositätsindex VI-Verbesserer.

Memory-Legierungen: Es sind Legierungen, die nach einer ‚eingefrorenen' Orientierung die für die Raumtemperatur spannungslose Verknäuelung wieder einnehmen können. Beispiele: Ni-Ti-Legierung, Cu-Zn-Al-Legierung.

Mesomerie tritt bei Verbindungen mit Mehrfachbindungen auf, die unter Normalbedingungen sich in einem besonders energiearmen Zustand befinden, Beispiel Benzol. Ein mesomerer Zustand lässt sich nicht durch eine einzelne Formel beschreiben. Es gibt verschiedene Grenzstrukturen.

Metastabiles System: Zunächst muss einem Bruchteil der Moleküle eine Mindestenergie, die Aktivierungsenergie zugeführt werden, um beim Zusammenstoß der Moleküle erfolgreich reagieren zu können.

MTBE: Methyl-tertiär-butyl-ether kann Ottokraftstoff zur Erhöhung der Octanzahl zugesetzt werden. Eine andere Bezeichnung ist *tert*-Butyl-methyl-ether. Es wird heute durch ETBE (Ethyl-tertiär-butyl-ether) ersetzt.

Nanotechnik: Die Längendimensionen in der Nanotechnik sind von der Größenordnung 10^{-9} m.

Naphtha, auch Leichtbenzin genannt. Es ist eine wertvolle Fraktion (C_5/C_6) bei der Erdölfraktionierung,

Naphthene: Gesättigte ringförmige Kohlenwasserstoffe.

Nebenvalenzkräfte: Zwischenmolekulare Bindungskräfte, van der Waals-Kräfte, Beispiele → Dispersionskräfte, → Dipol-Dipol-Kräfte, → Wasserstoffbrückenbindung.

N Newton ist die Größe eine Kraft = Masse × Beschleunigung = kg m s^{-2}

Nm^3: Norm-Kubikmeter

NTP <u>n</u>ormal <u>t</u>emperature <u>p</u>ressure, Normzustand nach DIN 1343: Bezeichnung für einen durch Normtemperatur T_n = 273 K bzw. t_n = 0 °C und Normdruck p_n = 1,013 bar = 101,3 kPa festgelegten Zustand eines festen, flüssigen oder gasförmigen Stoffs. Die IUPAC empfiehlt als Standarddruck 10^5Pa = 1 bar, als Standardtemperatur T = 273,5 K (0°C) oder 298,5 K (25°C).

Octanzahl ist die Maßzahl für die Klopffestigkeit von Ottokraftstoff.

Paraffine nennt man ölige, wachsartige oder feste Gemische gesättigter aliphatischer Kohlenwasserstoffe (etwa C_{20} bis C_{40}), die zu Kerzen, Schmiermitteln u.a. benutzt werden. (Alte Sammelbezeichnung für → Alkane).

Pestizid: Sammelbezeichnung für Schädlingsbekämpfungsmittel. Es sind chemische Mittel zum Schutz von Mensch, Tier und Pflanzen (→ Fungizide, → Insektizide, → Herbizide u.a.).

π-Bindung, Beispiel: Ein Elektron nimmt im energetisch höherliegenden $2p_z$-Orbital des Kohlenstoffatoms an der → Hybridisierung nicht teil: Dieses Elektron hat eine höhere Reaktionsfähigkeit und kann sich mit einem ebenso rektionsfähigen, einzelnen Elektron eines $2p_z$-Orbitals eines anderen C-Atoms überlappen. Beispiel: $H_2C=CH_2$, die Doppelbindung besteht aus eine → σ-Bindung und einer π-Bindung.

π-Elektronensextett: Im aromatischen Ring von Benzol treffen sich sechs Elektronen in den p-Orbitalen im Ring. Sie sind nicht an ein bestimmtes Atom gebunden, sondern im Ring frei beweglich, delokalisiert. → Mesomerie

Polares Molekül: In einem Kohlenwasserstoffmolekül ist ein oder sind mehrere H-Atome durch ein Heteroatom ersetzt. Ein → elektronegatives Atom in einem Molekül hat eine stärkere Tendenz, seine Valenzschale auf acht Elektronen aufzufüllen. Zur völligen Übertragung von Elektronen, wie bei der Ionenbindung kommt es jedoch nicht. Es entsteht ein polare Atombindung (δ^-), ein polares Molekül.

Primärenergieträger: Kohle, Erdöl, Erdgas. Sie stehen direkt nach der Förderung für eine Reihe von Energieumwandlungsprozesse zur Verfügung.

Pyrolyse: Thermische, d.h. trockene Behandlung von Kohle unter Luftabschluss. Es ist ein Entgasungsverfahen. Man unterscheidet zwei Arten der Pyrolyse, das → Schwelen und das → Verkoken.

Pourpoint (engl. Fließpunkt) gibt die Temperatur an, bei der das Mineralöl (Diesel) gerade noch fließt.

R kann für eine Alky- oder Arylgruppe stehen z.B. Methylrest oder Methylgruppe.

Radikale sind elektrisch neutrale Teilchen (Atome, Moleküle) mit einem ungepaarten Elektron. Sie sind unbeständig und daher sehr reaktionsfähig. Beispiele: H•, CH_3•

Relaxation lat. relaxare erholen: Unter Relaxation versteht man bei Plastomeren das Abklingen von Spannungen, die durch eine konstante, langzeitige Krafteinwirkung (Verformung) auf die Kettenmoleküle entstanden sind. Es ist die verzögerte Einstellung eines Gleichgewichtzustands, die Spannungen zunehmend abbaut, im Extremfall auf Null. Die Relaxation erfordert Zeit und ist temperaturabhängig.

Rektifikation: Bezeichnung für die Gegenstromdestillation zur Trennung von Gemischen unterschiedlich siedender Flüssigkeiten. Anwendung bei der Erdölfraktionierung.

RME: <u>R</u>apsöl<u>m</u>ethyl<u>e</u>ster, Biodiesel

Rotationssymmetrisch ist ein Gebilde bezüglich einer Achse dann, wenn es sich nach Drehung um diese Achse nicht vom ursprünglichen Zustand unterscheidet. s. → σ-Bindung.

Schlagzähe Plastomere: Beispiele: Pfropfcopolymere (ABS, S/B) und Polymermischungen (PA 66 + PE), (ABS + PVC).

Schmierfette: Es sind Schmierstoffe, die aus einem Mineralöl oder Syntheseöl als Grundöl mit Zusätzen von Dickungsmitteln und Additiven hergestellt werden.

Schwelen: → Pyrolyse bei etwa 450 °C

Sekundärenergieträger: Kraftstoffe, Heizöl, Wasserstoff. Sie werden aus den Primärenergieträgern Kohle, Erdöl und Erdgas hergestellt.

SI-Einheiten (Systeme International d'Unites) auch Basis- oder Grundeinheiten genannt. Es sind sieben Einheiten (Meter, Kilogramm, Sekunde, Ampere, Kelvin, Candela, Mol), von denen andere Einheiten, wie Newton, Pascal, Watt, Coulomb, Liter u.a. abgeleitet sind.

σ-Bindung: Eine C–C-Einfachbindung nennt man auch σ-Bindung oder Atombindung. Sie liegt rotationssymmetrisch zur Verbindungsachse der Atomkerne. Nach Drehung um diese Achse besteht kein Unterschied zum ursprünglichen Zustand.

SKE: → Steinkohleneinheit

SKE-Faktor: Beim Vergleich des Energieinhalts verschiedener Energieträger wird in der Technik häufig der SKE-Faktor angegeben. Der SKE-Faktor gibt den Energieinhalt pro kg Energieträger an. 1 kg Steinkohle hat den SKE-Faktor 1.

Solventraffination: Mit speziellen Extraktionsmitteln werden Aromaten (Krebsgefahr!), Cycloalkane (Naphthene) und Verunreinigungen aus Mineralöl herausgelöst.

Stahl-(Druck-)flaschen → Gasflaschen.

Steamcracken Erdölfraktionen werden durch Zusatz von Wasserdampf (ohne Katalysator) in einem Röhrenöfen, der von außen auf 800 bis 900 °C beheizt ist → gecrackt. Es entstehen hauptsächlich Ethen, Propen, daneben auch Butadien u.a., es sind Monomere zur Synthese von Polymeren.

Steamreforming (Dampfspaltung): Erdgas wird unter Druck (etwa 40 bar) mit Wasserdampf in Gegenwart eines Ni-Katalysators und hoher Temperatur (etwa 830 °C) zu Synthesegas ($CO + H_2$) umgesetzt.

Steifigkeit ist der Widerstand eines Körpers gegen die Verformung. Steife Materialien haben einen hohen → Elastizitätsmodul. Spezifische Steifigkeit ist das Verhältnis von Elastizitätsmodul zur Massendichte.

Steinkohleneinheit SKE: Um die unterschiedlichen Energieträger in der Technik vergleichbar zu machen, hat man die Steinkohleneinheit SKE eingeführt. 1 SKE ist der mittlere Energieinhalt von 1 kg einer Durchschnittssteinkohle. 1 SKE entspricht 29300 kJ oder 8,141 kWh (früher 7000 kcal)

Sterische (räumliche) Hinderung: Darunter versteht man z.B. die Behinderung der Beweglichkeit der Kettenmoleküle durch sperrige Gruppen.

Struktur: Sie gibt den chemischen Aufbau, d.h. die Art und Anordnung der Atome, deren Verknüpfungsart und ihre Stellung in der *räumlichen* Darstellung an. Oft wird für Konstitution (ebene Darstellung) in nicht ganz korrekter Weise die Bezeichnung Struktur verwendet.

TA Luft, _T_echnische _A_nleitung zur Reinhaltung der Luft: Gesetzliche Regelung zur Begrenzung der Emissionen von luftverunreinigenden Anlagen.

Tribologie: Sie befasst sich mit Wechselbeziehungen zwischen Reibung, Schmierung und Verschleiß sowie deren Entstehung.

Unpolare Kohlenwasserstoffmoleküle: Sie bestehen nur aus Kohlenstoff- und Wasserstoffatomen.

Urformen ist die spanlose, bleibende Formgebung zur Herstellung von Halbzeug oder Formteilen aus einem Polymerwerkstoff durch Extrudieren, Kalandieren, Spritzgießen, Blasformen oder Pressen.

Valenzelektronen: Elektronen auf der äußersten Schale eines Atoms, der Valenzschale.

**Van der Waals****-Kräfte:** Sammelbezeichnung für die zwischenmolekularen Bindungskräfte, die auf schwachen elektrostatischen Wechselwirkungen zwischen neutralen Atomen und Molekülen beruhen. Siehe auch → Dispersionkräfte, → Dipol-Dipol-Kräfte, → Wasserstoffbrückenbindung.

Verkoken: → Pyrolyse bei etwa 1000 °C

Vierbindigkeit: Die vier Valenzelektronen des Kohlenstoffatoms können vier Atombindungen ausbilden.

Viskoelastisches Verformungsverhalten: Spannungen werden bei Plastomeren irreversibel _und_ reversibel abgebaut (Relaxation), jedoch zeitverzögert.

Viskosität: → Zähigkeit, innere Reibung.

Viskositätsindex VI: Es ist ein konventionallen Maß für die Temperaturabhängigleit der → Viskosität.

Viskositätsverbessere (VI-Verbesserer): Sie ermöglichen den Einsatz der Mehrbereichsöle bei hohen und tiefen Temperaturen.

Vulkanisation: Die weitmaschige Quervernetzung von Kautschuk mit Schwefel.

Wärmebeständigkeit beschreibt den Einfluss, den die Temperatur auf das Verhalten und die Eigenschaften beispielsweise polymerer Formteile ausübt. Polymere sind im Gegennatz zu den Metallen nur in geringem Umfang wärme- und formstabil. Da auch die Zeitdauer Einfluss hat, wird eine maximale Gebrauchstemperatur für kurze und für lange Einwirkungszeiten angegeben.

Wasserstoffbrückenbindung: Im speziellen Fall, wenn ein positiv polarisiertes Wasserstoffatom $H^{\delta+}$ in die Nachbarschaft eines nichtbindenden Elektronenpaars eines stark elektronegativen Atoms kommt, kann sich eine ‚Brücke', eine Wasserstoffbrückenbindung ausbilden. Starke elektronegative Elemente sind z.B. N und O, wie sie in HO-, HN- und O=C-Gruppen vorkommen. Die Wasserstoffbrückenbindung ist stärker, als die Dipol-Dipol-Bindung, dementsprechend erhöhen sich auch die thermischen Daten.

Zähigkeit: Zähigkeit bei Feststoffen ist eine stoffspezifische Eigenschaft, sich unter mechanischer Beanspruchung plastisch verformen zu können. Sie verhindert, dass ein Material bei Krafteinwirkung nach geringer Deformation schnell und spröde bricht.

Zugfestigkeit ist die höchste Zugspannung, d.h. der höchste Punkt im Spanungs-Dehnungs-Diagramm. Sie entspricht der maximal möglichen Belastung beim Zugversuch. Die Zugspannung wird an Probekörpern mit definierter Form ermittelt.

Literaturverzeichnis

Chemie für Ingenieure

Hoinkis Jan, Lindner Eberhard: Chemie für Ingenieure
     13. Auflage 2007, Wiley-VCH Verlag, Weinheim New York

Weiterführende Literatur für Organische Chemie und Polymerchemie

Bargel Hans Jürgen: Werkstoffkunde
     9. Auflage 2005, Springer-Verlag, Berlin, Heidelberg
Ehrenstein G. W.: Mit Kunststoffen konstruieren
     2. Auflage 2002, Carl Hanser Verlag, München, Wien
Erhard Gunter: Konstruieren mit Kunststoffen
     3. Auflage 2004, Carl Hanser Verlag, München, Wien
Franck Adolf: Kunststoff-Kompendium
     Herstellung, Aufbau, Verarbeitung, Anwendung, Umweltverhalten und Eigen-
     schaften der Thermoplaste, Polymerlegierungen, Elastomere und Duroplaste
     6. Auflage 2006, Vogel-Buchverlag, Würzburg
Hornbogen Erhard: Werkstoffe, Aufbau und Eigenschaften von Keramik-, Metall-
     Polymer- und Verbundwerkstoffen
     8. Auflage Springer Verlag 2006, Berlin, Heidelberg
Ilschner – Singer: Werkstoffwissenschaften und Fertigungstechnik
     4. Auflage 2005, Springer-Verlag Berlin, Heidelberg
Kaiser Wolfgang: Kunststoffchemie für Ingeniure
     2006, Carl Hanser Verlag, München, Wien
Latscha Hans Peter, Kazmaier Uli, Klein Helmut Alfons: Organische Chemie
     5. Auflage 2002, Springer Verlag, Berlin, Heidelberg, New York
Menges Georg: Werkstoffkunde der Kunststoffe
     5. Auflage 2002, Carl Hanser Verlag, München, Wien
Petermann J.: Fachbereich Chemietechnik Universität Bochum
     Mikrostrukturen und Eigenschaften der Polymere
Roos – Maile: Werkstoffkunde für Ingenieure
     2. Auflage 2005, Springer Verlag, Berlin, Heidelberg
Schrader Bernhard: Kurzes Lehrbuch der Organischen Chemie
     2. Auflage 1985, Walter de Gruyter Lehrbuch, Berlin, New York
     Bilder Seite 158, Abb. 31a und c
Schwarz Otto (Hrsg,): Kunststoffkunde
     8. Auflage 2005, Vogel Buchverlag, Würzburg
Tieke Bernd: Makromolekulare Chemie
     2. Auflage 2005, WILLEY-VCH Verlag, Weinheim, New York
Weißbach Wolfgang: Werkstoffkunde
     16. Auflage 2007, Vieweg, Wiesbaden

Nachschlagewerke

Buddrus Joachim: Grundlagen der Organischen Chemie
    3. Auflage 2003, Walter de Gruyter, Berlin, New York
Breitmaier Eberhard, Jung Günther: Organische Chemie
    5. Auflage 2005, Georg Thieme Verlag, Stuttgart
Campus: $\underline{C}$omputer $\underline{A}$ided $\underline{M}$aterial $\underline{P}$reselection by $\underline{U}$niform $\underline{S}$tandards
    Es ist eine Datenbank für Polymere, die stets aktualisiert bei der BASF
    vorliegt
D'Ans-Lax: Taschenbuch für Chemiker und Physiker, Springer Verlag
    DIN-Taschenbücher, Beuth Verlag, Berlin
Domininghaus Hans (Begr.), Eyerer Peter (Hrsg.), Elsner Peter, Altmann Otto: Die
    Kunststoffe und ihre Eigenschaften
    6. Auflage 2005, Springer Verlag, Berlin, Heidelberg
Feßmann – Orth: Angewandte Chemie und Umwelttechnik für Ingenieure
    Handbuch für Studium und betriebliche Praxis
    2. Auflage 2002, ecomed Sicherheit in der ecomed verlagsgesellschaft,
    Landsberg/Lech
Römpp-Lexikon Chemie / Hrsg: Jürgen Falbe, Bearb. von Eckhard Amelingmeier
    [Begr. von Herrmann Römpp], 10. Auflage 1999, Thieme Verlag Stuttgart,
    New York.

Stichwortverzeichnis

Periodensystem der Elemente

		1 Ia s^1	2 IIa s^2	3 IIIb d^1	4 IVb d^2	5 Vb d^3	6 VIb d^4	7 VIIb d^5	8 d^6	9 VIIIb d^7	10 d^8	11 Ib d^9	12 IIb d^{10}	13 IIIa p^1	14 IVa p^2	15 Va p^3	16 VIa p^4	17 VIIa p^5	18 VIIIa p^6
1	1s	1 H																	2 He
2	2s 2p	3 Li	4 Be											5 B	6 C	7 N	8 O	9 F	10 Ne
3	3s 3p	11 Na	12 Mg											13 Al	14 Si	15 P	16 S	17 Cl	18 Ar
4	4s 3d 4p	19 K	20 Ca	21 Sc	22 Ti	23 V	24 Cr	25 Mn	26 Fe	27 Co	28 Ni	29 Cu	30 Zn	31 Ga	32 Ge	33 As	34 Se	35 Br	36 Kr
5	5s 4d 5p	37 Rb	38 Sr	39 Y	40 Zr	41 Nb	42 Mo	43 Tc	44 Ru	45 Rh	46 Pd	47 Ag	48 Cd	49 In	50 Sn	51 Sb	52 Te	53 I	54 Xe
6	6s 4f 5d 6p	55 Cs	56 Ba	57 La*	72 Hf	73 Ta	74 W	75 Re	76 Os	77 Ir	78 Pt	79 Au	80 Hg	81 Tl	82 Pb	83 Bi	84 Po	85 At	86 Rn
7	7s 5f 6d	87 Fr	88 Ra	89 Ac**	104 Rf	105 Db	106 Sg	107 Bh	108 Hs	109 Mt	110 Uun	111 Rg	112 Uub	(113)	114 Uuq	(115)	(116)	(117)	(118)

Hauptgruppen — Nebengruppen — Hauptgruppen

Lanthanoide * (4f-Elemente)	58 Ce	59 Pr	60 Nd	61 Pm	62 Sm	63 Eu	64 Gd	65 Tb	66 Dy	67 Ho	68 Er	69 Tm	70 Yb	71 Lu
Actinoide ** (5f-Elemente)	90 Th	91 Pa	92 U	93 Np	94 Pu	95 Am	96 Cm	97 Bk	98 Cf	99 Es	100 Fm	101 Md	102 No	103 Lr